★ 了不起的中国科技 ★

嫦娥探月回来了

王琼 付中梁 著

王晓旭 绘

童趣出版有限公司编　人民邮电出版社出版

北　京

图书在版编目（ＣＩＰ）数据

嫦娥探月回来了 / 王琼，付中梁著 ；王晓旭绘 ；
童趣出版有限公司编. -- 北京 ：人民邮电出版社，
2022.9
（了不起的中国科技）
ISBN 978-7-115-59728-1

Ⅰ．①嫦… Ⅱ．①王… ②付… ③王… ④童… Ⅲ.
①月球探索－中国－少儿读物 Ⅳ．①V1-49

中国版本图书馆CIP数据核字(2022)第134530号

责任编辑：刘佳娣
责任印制：李晓敏
美术设计：刘　丹

编　　　：童趣出版有限公司
出　　版：人民邮电出版社
地　　址：北京市丰台区成寿寺路 11 号邮电出版大厦（100164）
网　　址：www.childrenfun.com.cn

读者热线：010-81054177
经销电话：010-81054120

印　　刷：雅迪云印（天津）科技有限公司
开　　本：889×1194　1/16
印　　张：2.75
字　　数：60 千字
版　　次：2022 年 9 月第 1 版　2024 年 8 月第 4 次印刷
书　　号：ISBN 978-7-115-59728-1
定　　价：58.00 元

嫦娥五号的组成

地月往返轨道器

月面着陆器

支撑舱（属轨道器）

对接舱（属轨道器）

月面上升器

再入地球返回器

嫦娥五号探测器由轨道器、着陆器、上升器、返回器组成，它们像串糖葫芦一样连接在一起。

嫦娥五号探测器直径约 4.4 米，高约 7.2 米，发射质量约 8.2 吨，有两层楼房那么高，是个名副其实的"大块头"。它是我国迄今为止最大的深空探测器。

先让我们来简单地了解下 4 个"器"的功能吧。

1 轨道器 相当于太空巴士，负责地月之间的往返运输。

2 着陆器 的作用是带着上升器降落到月球表面，完成采样。

3 上升器 的作用是把样品从月面运输到月球轨道。

4 返回器 则用来携带样品进入地球大气层，并返回地面。

北京时间 2020 年 11 月 24 日 4:30，长征五号遥五运载火箭托举着嫦娥五号探测器，从中国文昌航天发射场 1 号塔架腾空而起。

与前几次的探月任务相比，嫦娥五号探测器最重要的任务目标就是"采样返回"。这是实现中国探月工程三步走战略"绕、落、回"中的第三步——"回"。

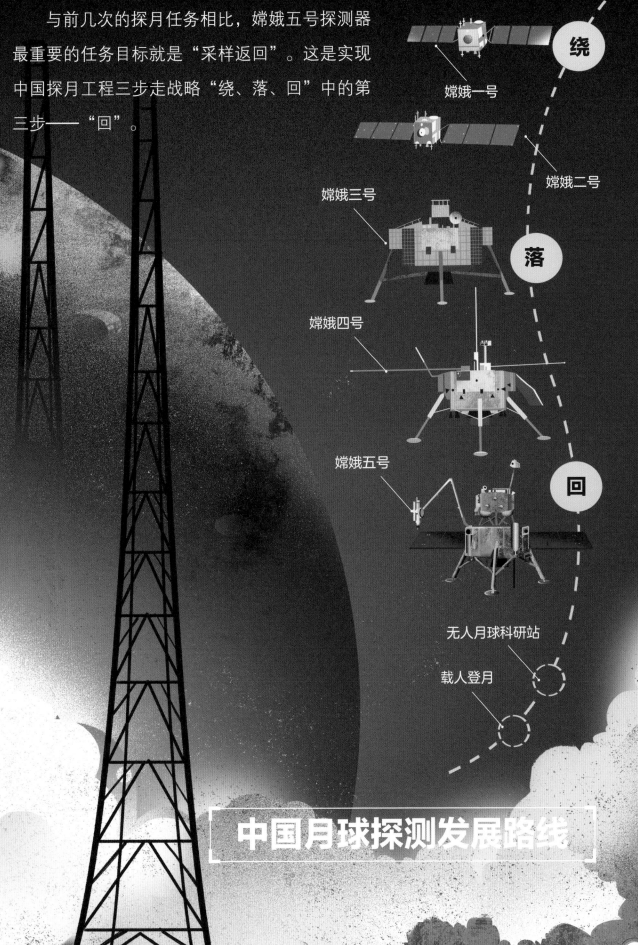

绕

嫦娥一号

嫦娥二号

嫦娥三号

落

嫦娥四号

嫦娥五号

回

无人月球科研站

载人登月

中国月球探测发展路线

长征五号遥五运载火箭先后进行了助推器分离、整流罩分离和一二级分离，飞行速度越来越快，高度也越来越高。经过 2184 秒的飞行后，它到达了太平洋波利尼西亚群岛的上空，高度大约 300 千米。

长征五号运载火箭是我国目前体积最大、运载能力最强的火箭，又被人们亲切地称为"胖五"。

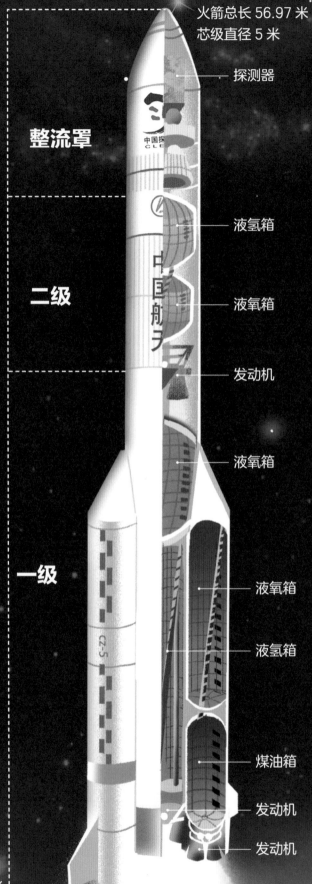

火箭总长 56.97 米
芯级直径 5 米

探测器

整流罩

液氢箱

二级

液氧箱

发动机

液氧箱

一级

液氧箱

液氢箱

煤油箱

发动机

发动机

助推器直径 3.35 米

在这里，它和嫦娥五号探测器进行了告别，将其送入了一条通往月球的"高速公路"——地月转移轨道。

嫦娥五号探测器独自踏上了前往月球的漫漫征程。

第四步
嫦娥五号和火箭分离

第三步
一二级分离

第二步
整流罩分离

第一步
助推器分离

嫦娥五号探测器在地月转移飞行途中原本要进行3次中途修正，相当于开车的时候稍稍打3次方向盘来调整方向。但由于地面飞行控制人员的"驾驶"水平十分高超，并且嫦娥五号的"方向盘"指向非常精准，嫦娥五号探测器最终只进行了2次中途修正。

中途修正

在地月转移过程中，探测器会受到火箭发射入轨初始偏差、导航误差等多种因素的影响，逐渐偏离设计轨道。由于路途遥远，这些微小的误差会逐渐累积，放大到不可接受的程度。

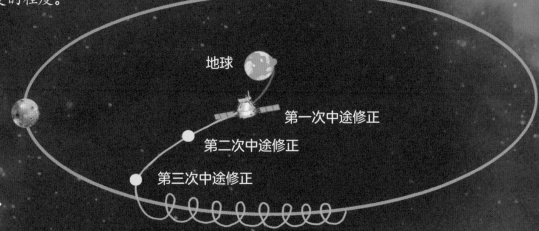

因此，每隔一段时间要进行一次轨道机动，来消除探测器实际飞行轨道与设计轨道之间的偏差，确保探测器始终在正确的轨道上飞行。

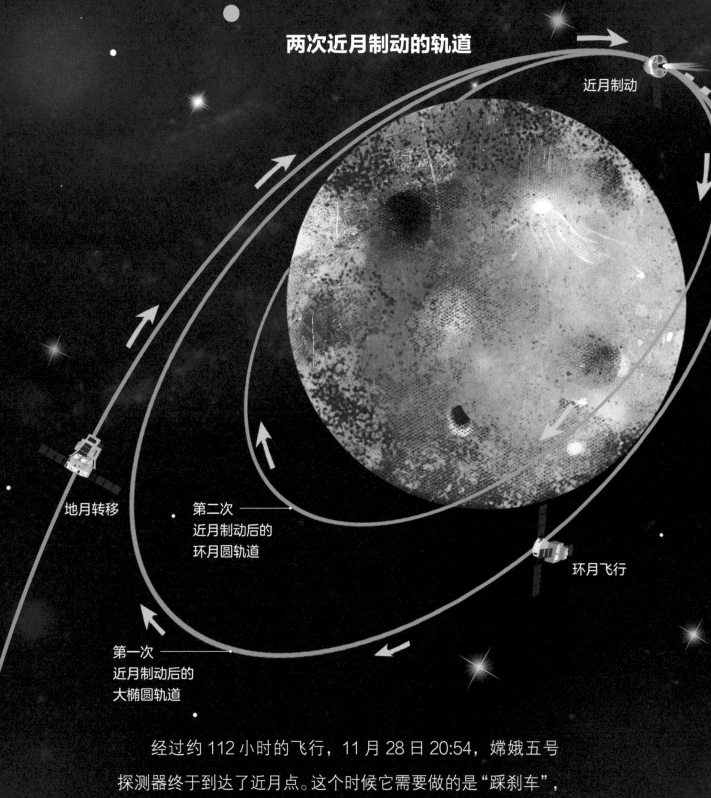

两次近月制动的轨道

近月制动

地月转移

第二次
近月制动后的
环月圆轨道

环月飞行

第一次
近月制动后的
大椭圆轨道

　　经过约 112 小时的飞行，11 月 28 日 20:54，嫦娥五号
探测器终于到达了近月点。这个时候它需要做的是"踩刹车"，
也就是近月制动。但是力度必须拿捏得刚刚好，刹车踩多了，
探测器会一头撞向月球；刹车踩少了，探测器又无法被月球
捕获，会离月球越来越远。

近月制动

　　探测器经过地月转移飞行，到达月球附近时的速度约为 2.5 千米 / 秒，需要降到环绕月球所需的 1.7 千米 / 秒左右，这意味着要降低约 0.8 千米 / 秒的速度。嫦娥五号探测器在距月面 200 千米的近月点进行了两次近月制动，第一次制动后进入了周期 8 小时的大椭圆轨道，第二次近月制动后进入了周期 117 分钟的环月圆轨道。

近月制动时的探测器

2020 年 11 月 30 日 4:36，嫦娥五号探测器在环月轨道上分离成了两部分——轨道器和返回器的组合体（简称为轨返组合体），以及着陆器和上升器的组合体（简称为着上组合体）。

它们有着不同的使命，着上组合体要降落到月球表面完成采样，轨返组合体则留在月球轨道上，等待接收上升器送上来的样品。

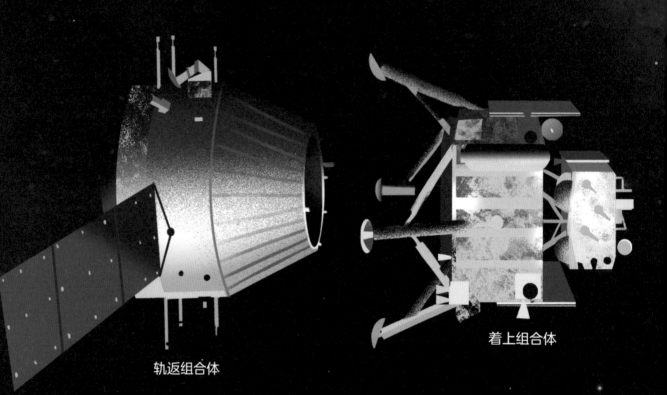

轨返组合体

着上组合体

嫦娥五号探测器分离成两部分

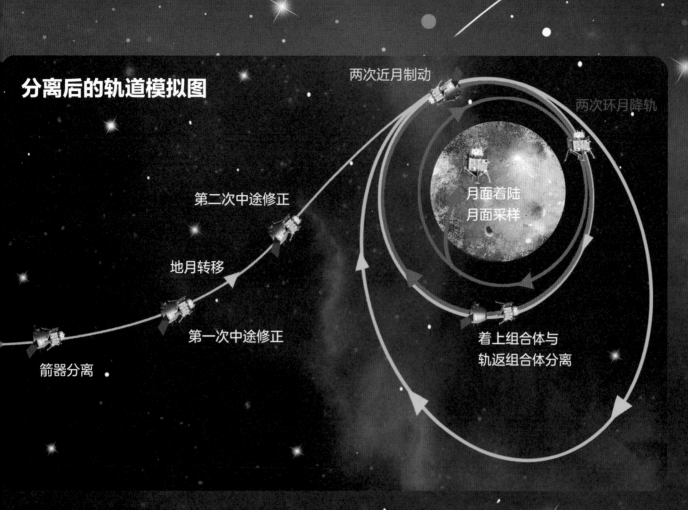

分离后的轨道模拟图

两次近月制动

两次环月降轨

第二次中途修正

地月转移

第一次中途修正

箭器分离

月面着陆
月面采样

着上组合体与
轨返组合体分离

着上组合体奔向月球去采样

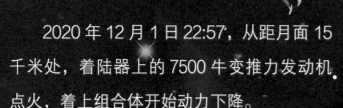

2020 年 12 月 1 日 22:57，从距月面 15 千米处，着陆器上的 7500 牛变推力发动机点火，着上组合体开始动力下降。

在经历约 14 分钟的飞行后，嫦娥五号探测器的着上组合体稳稳地降落在月球正面风暴洋（月球最大的月海）东北部的预定区域。这个地方后来被命名为天船基地。

地外天体软着陆

嫦娥五号探测器选择的是软着陆。这种方式的好处在于探测器在下降过程中逐渐减速，最后着陆时相对速度很小，从而保证到达天体表面后设备仍能正常工作。与之相对的是硬着陆，也就是以自由落体的方式"撞"向天体表面，可想而知，那样探测器肯定"粉身碎骨"了。

为什么要配置变推力发动机？

由于月球表面没有大气，因此不能使用降落伞，而是要借助反推发动机来减速和抵消重力。嫦娥五号的着上组合体在降落过程中需要消耗大量的推进剂，质量会变得越来越轻。如果采用恒定推力的发动机，就不能完美地匹配和抵消重力，着陆控制将变得非常困难。

变推力发动机点火

动力下降过程

    在嫦娥五号动力下降过程中,通过7500牛变推力发动机的反推,着上组合体的速度逐渐降为0,姿态调整为竖直。在距离月球表面100米的高度附近,着上组合体悬停在半空中,采用激光三维和光学成像等地形识别敏感器来检测着陆区域的障碍,并找到相对平坦的着陆点。此后,着上组合体瞄准着陆点进行斜向下飞行,并平稳、缓慢地降落到月面。

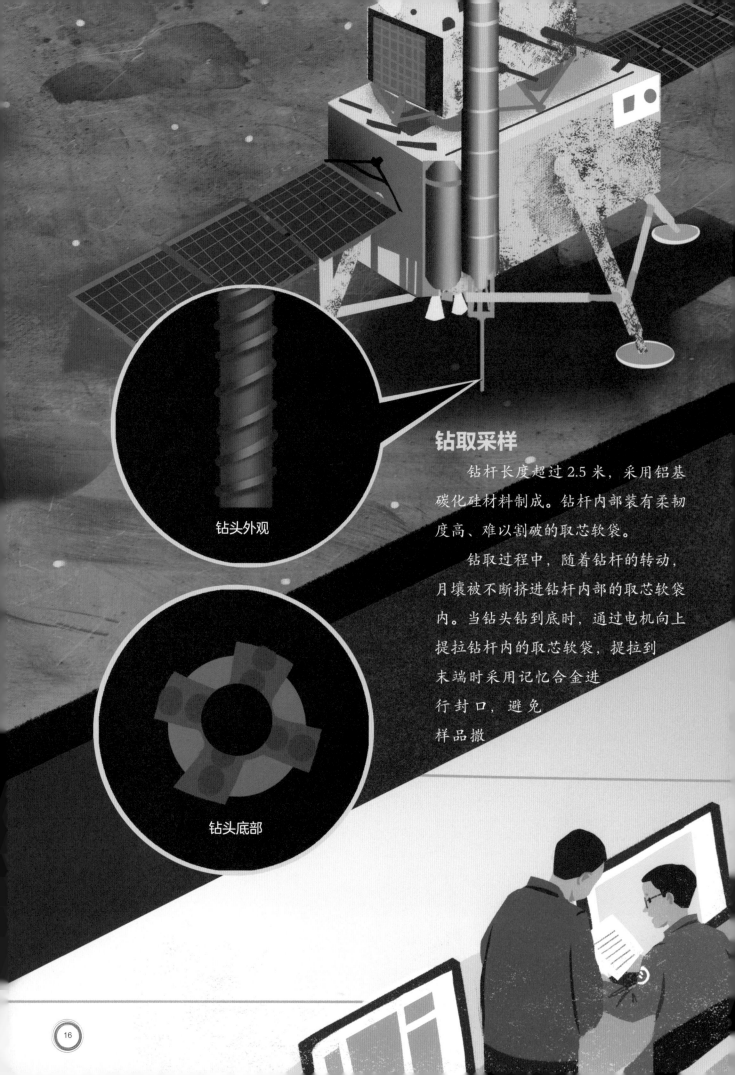

钻取采样

　　钻杆长度超过 2.5 米，采用铝基碳化硅材料制成。钻杆内部装有柔韧度高、难以割破的取芯软袋。

　　钻取过程中，随着钻杆的转动，月壤被不断挤进钻杆内部的取芯软袋内。当钻头钻到底时，通过电机向上提拉钻杆内的取芯软袋，提拉到末端时采用记忆合金进行封口，避免样品撒

钻头外观

钻头底部

漏出来。整个过程就好像"包香肠"。随后，将装有样品的取芯软袋一圈一圈地缠绕到钻取样品罐内，再将钻取样品罐分离，使之靠重力掉入密封罐内。这样一来，钻取采样的工作就完成了，获取了保持原有剖面层理信息的月球样品。

嫦娥五号探测器的月面采样工作，设计了两种"挖土"模式：一种是钻具钻取采样，另一种是机械臂表取采样。

12月2日凌晨1:48，着陆器开始钻取采样工作。一开始，钻进非常顺利，但当钻到了大约1米深度的时候，钻具卡住了，加大力度也没有办法继续深入。从月壤结构探测仪的微波探测图像来看，在那个位置有不少石块。为了安全起见，工程师们决定不再钻进，而是把已经采到的样品取回来。取回来的样品被装在取芯软袋内，一圈圈缠绕到钻取样品罐内，最后，钻取样品罐掉入位于上升器顶部的密封罐内。这时候已经是4:53了。

表取采样工作场景

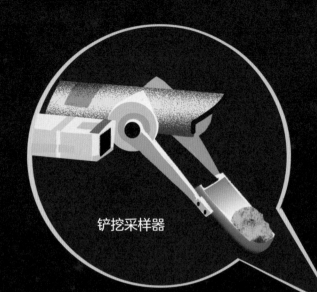

铲挖采样器

旋挖采样器

三关节（肩、肘和腕）
四自由度（肩俯仰＋肩偏航，
肘俯仰和腕俯仰）机械臂

表取采样装置

  表取采样装置主要包括三关节四自由度机械臂、铲挖采样器、旋挖采样器、远摄相机和近摄相机等部件。

  远摄相机和近摄相机就像是人的眼睛，分别装在机械臂肘部和采样器上，从不同的距离和角度观察采样区域的情况。

  机械臂就像人的手臂一样，能够灵活地伸到采样位置的上方。

  铲挖采样器像个带盖的铲子，兼具挖取、铲挖、抓取3种功能，用来收集松散的月球样品。旋挖采样器则能对一些相对密实或板结的目标进行浅钻，并通过末端的花瓣结构实现样品收集，还能用来采集黏性月球样品。

随后，就轮到表取采样装置"登台亮相"了，6:30，表取采样工作开始。机械臂上装了远摄相机和近摄相机，挖土作业前要先用它们看一看采样区域的情况。根据相机图像，地面操作人员操控机械臂在月面灵巧地铲取土壤。每铲到一抔土壤后；机械臂就把它们倒入着陆器顶部的表取样品罐内。

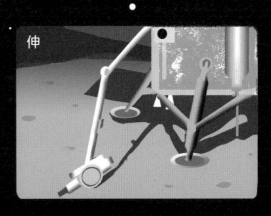

伸

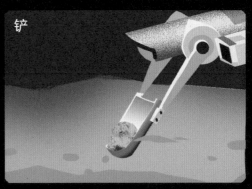

铲

抬

转

倒

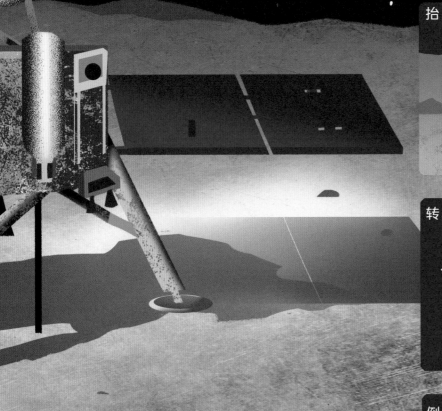

在 3 个位置进行了 12 次铲取后，表取样品罐看上去快被装满了。

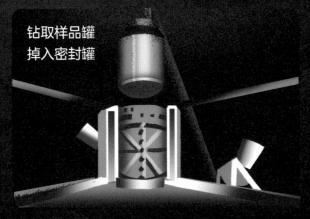

钻取样品罐
掉入密封罐

表取样品罐被装满后，关上盖子，机械臂抓起表取样品罐，精准地放入了上升器顶部的密封罐内。22:30，整个表取采样与封装工作完成了。

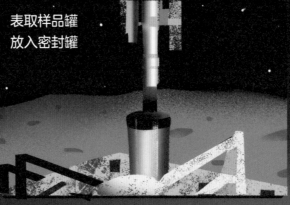

表取样品罐
放入密封罐

关盖密封

钻取和表取的样品都被装进了密封罐，盖紧盖子，这样珍贵的月球样品就"打包"好了。预定在月面的工作时间总共只有48小时，接下来还有很多重要的工作需要完成。剩下的时间要展开国旗自拍，进行返程前的准备。

"打包"月球样品

嫦娥五号着上组合体全景相机环拍成像

嫦娥五号着上组合体全景相机环拍成像

　　五星红旗在月面成功展开，这是我国在月球表面首次实现国旗"独立展示"。已经完成表取采样的机械臂和采样器抓紧时间进行同框留念。

12 月 3 日 23:10，上升器返程的时间到了，它已经和着陆器脱开了连接，是时候和着陆器说再见了。随着尾部的 3000 牛发动机喷出了明亮的火焰，上升器从着陆器顶部起飞，迅速地升空而去。6 分钟后，上升器准确地进入了轨道。在那里，轨返组合体已经等它很久了。

姿态调整

月面起飞与上升模拟图

垂直上升

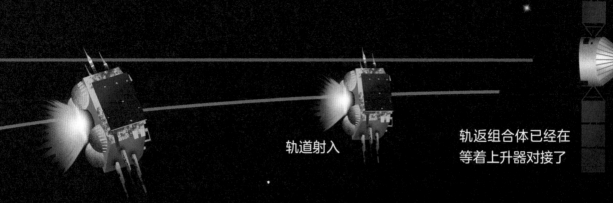

轨道射入

轨返组合体已经在
等着上升器对接了

月面起飞与地面发射火箭不同

与地面发射火箭不同，月面起飞不具有成熟的发射塔架系统，着陆器将作为上升器的临时塔架。地面上的发射塔架是平坦、坚实的，火箭发射后一开始进行垂直上升。而月面上的塔架可能在着陆时就造成了倾斜，因此月面起飞可能是在斜面上进行的，并且在起飞的一瞬间，着陆器还可能进一步陷入松软的月壤中，对上升器造成干扰。

此外，在地面上，发射塔架的位置是明确的，发射方位要通过先进的光电设备事先进行精确瞄准。而在月面上，这个起飞初始基准就需要临时测量和确定了。

月面起飞的"拦路虎"

起飞不确定性是上升器遇到的最大"拦路虎"。除了地面测控的帮助，上升器还需要依靠敏感器测量、图像匹配等多种方式，来获取起飞平台的位置和姿态，从而计算出飞行轨迹，并自动导航至月球轨道上的目标点。因此，别看上升器个头儿不大，它可是超级"聪明"的哦！

经过几次轨道调整，12月6日2:13，上升器准确到达轨返组合体前方50千米、上方10千米的预定位置，月轨无人交会对接开始了！

**首次月轨
无人交会对接**

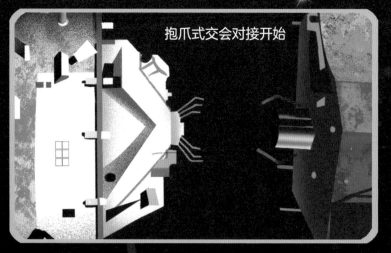

抱爪式交会对接开始

巧妙的对接

轨返组合体重达 2 吨多，上升器的质量却只有其 1/6。两者质量悬殊，如果采用传统的碰撞式对接，极易导致上升器被撞飞。

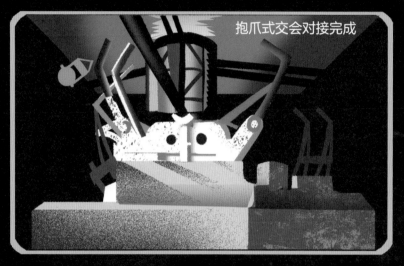

抱爪式交会对接完成

为此，工程师专门设计了抱爪式抓捕对接机构。每套抱爪犹如两只手臂，在 1 秒内快速合拢形成闭合空间，将位于上升器的被动锁柄牢牢地抓在抱爪内部，使其再也无法"逃脱"。工程师还把 3 套抱爪设计成星形周向布局，这样一来，在对接的同时也实现了自动对准中心。

交会对接原理：
轨道器上配置的激光雷达、微波雷达、光学成像敏感器等就像是轨道器的"眼睛"

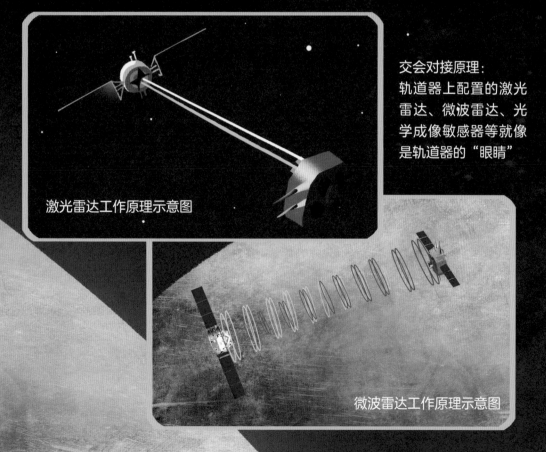

激光雷达工作原理示意图

微波雷达工作原理示意图

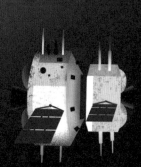

5:42，上升器和轨返组合体完成交会对接。

6:00，月球样品密封罐成功地从上升器转移到了返回器内，返回器舱盖关闭。

样品转移过程图

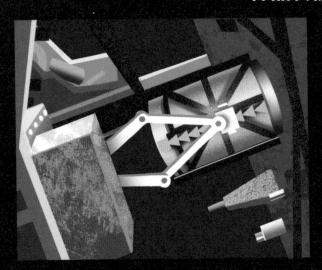

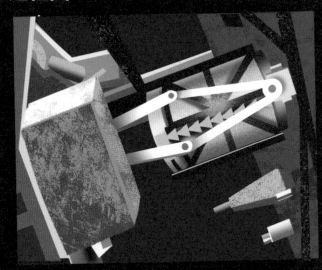

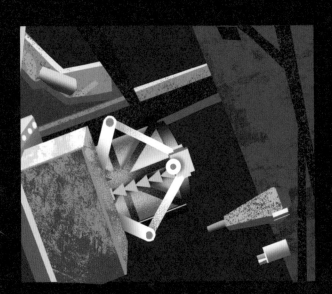

样品转移机构

　　设计师从尺蠖的身上找到了灵感，提出了一种仿尺蠖连杆棘爪式转移机构，通过连杆机构的反复展开和收缩运动，就可以实现装有月球样品的密封罐的转移运动。整个转移过程如同尺蠖的运动，一伸一缩，不断前进。

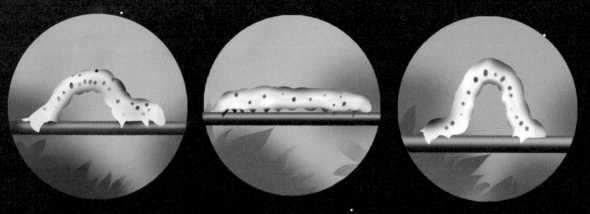

尺蠖运动图

转移机构的机械原理图

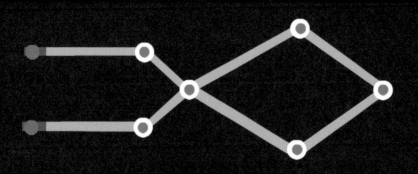

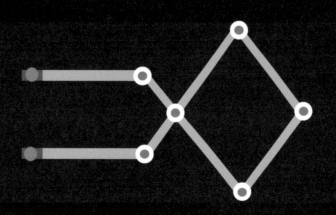

无人交会对接和样品转移就像接力比赛中的交接棒过程。

分离对接舱和上升器组合体

上升器和对接舱组合体完成使命图

洋文化产业的创造主体和参与主体的人才是海洋文化产业研究最基本的逻辑出发点。对海洋文化产业的研究更应该落脚于人及其所构成的产业实践主体，而非落脚于资本和价值等产业物质的研究，这样才是抓住了根本。

二 研究目的

在中国海洋文化产业发展的实践中，市场经济体制的日益完善为不同区域的海洋文化产业发展成功提供了制度保障，产业主体转型发展和产业结构优化升级为海洋文化产业发展提供了动力保障，创意创新和科学技术为海洋文化产业发展提供了智力支撑。在多元力量的保障下，不同沿海地区依托当地的海洋文化资源条件和特色优势，以国家和地方政策为指导，制定了符合区域发展的海洋文化产业发展模式和对接政策体系，并鼓励大力发展海洋文化产业，形成产业集群、集聚式发展，但是也存在着一个不争的事实就是：在海洋文化产业的发展进程中，依然是混合所有类型的海洋文化产业主体来作为产业发展战略、模式、政策和制度的实施客体，并没有针对不同的海洋文化产业主体类型来进行相应的发展规划、打造适应的发展模式、制定相应的发展政策。这就导致出现以下两种困境：第一，在现有的海洋文化产业发展模式中，海洋文化产业主体之间没有形成有效的、连续的良性互动，致使海洋文化产品和服务的有效供给不足。从横向海洋文化产业价值链角度来看，在海洋文化产业的内容创意—生产制造—营销推广—渠道传播—消费交换整个过程中，产业活动实践主体之间交互不充分，导致产业市场在价值创造中存在着一系列的问题，诸如一些创意无法转换为商品，或者生产出的创意产品因为渠道和营销不力而难以进入流通环节等，这就使得在整个纵向的产业市场中，政府、企业等营利性组织和个人经营者以及非营利组织等产业主体之间难以形成有效的沟通和促进。比如政府过多地将公益性海洋文化产品与服务的供给交给市场，以营利为目的的市场经营者为了获取最大利润而忽略了公众尤其是农村地区对海洋文化的真正需求，致使准公益性海洋文化产业和经营性海洋文化产业界限不明，公益性海洋文化产品和服务的有效供给不足，引发了海洋文化产业负价值效应的外溢。第二，海洋文化产业市场主体发展不均衡。尤其是作为最大市场主体的企业，其中较大规模的企业为了占领市场份额、追求规模效益而不断扩大竞争范围，甚至不惜破坏海洋生态环境，导致出现诸多不合理的海洋文化资源开发和利用现象,而对海洋环境资源破坏最少的,产业行为最为生态化的但是规模较小的个体从业主体和部分民营经营者,其产业主体地位却得不到应有的重视和保护,造成了整个海洋文化产业市场发展的混乱,不利于产业整体的健康发展。

鉴于海洋文化产业主体系统内主体间性不强,产业主体之间交流互动不充分,以及海洋文化产业市场主体发展不平衡等问题,本书立足于马克思主义文化经济学、习近平新时代海洋强国的论述、产业价值链理论、海洋经济可持续发展、"海洋命运共同体"理念等基本理论与方法,在兼顾哲学考量和经济考量的基础上,系统地研究中国海洋文化产业主体系统的分类构成、发展状况和发展模式,以期实现以下目标:

第一,分析海洋文化产业主体系统的构成,明确海洋文化产业主体的分类,对各海洋文化产业主体的内涵进行界定,并解析其功能、特点,以及各产业主体间的互动机理。首先,运用产业价值链理论,结合中国海洋文化产业的发展实际,横向分析海洋文化产业活动实践主体体系的具体构成,即分析每个产业价值链节点对应的产业活动实践主体,然后纵向分析这些产业活动实践主体对应到海洋文化产业市场中,可以归类为哪几种组织类型。其次,对海洋文化产业主体体系内的各个产业活动实践主体和其构成的产业市场主体的内涵进行界定。最后,分析这些海洋文化产业主体的特点和功能,以及在海洋文化产业主体系统中,它们之间的运转机理和交流互动关系。

第二,分析目前中国海洋文化产业主体的发展现状,找到在当前发展模式下,产业主体发展存在的问题以及导致这些问题的原因。首先,从哲学意义上定性考量海洋文化产业主体的发展现状,对各个海洋文化产业主体所体现的主体间性做定性的描述性分析,然后运用实证研究的方法,设计计量模型对中国海洋文化产业主体经济意义上的发展绩效做定量分析。其次,利用定性分析和定量考察相结合的方式,分别分析政府力量、市场力量和社会力量三个层面中各类海洋文化产业主体的发展现状、政策需求以及发展的制约因素等情况。最后,通过对各类海洋文化产业主体发展现状的分析,确定中国海洋文化产业主体发展中存在的问题,并分析导致目前产业主体发展现状和问题形成的原因。

第三,提出中国海洋文化产业主体平衡、协调发展应达到的目标和发展机制,重构海洋文化产业发展模式,优化产业主体发展对接政策。

首先，针对中国海洋文化产业主体发展情况和存在的问题，提出中国海洋文化产业主体总体发展的指向和目标，分析海洋文化产业主体发展模式重构的必要性和思路。其次，结合当前中国海洋文化产业发展的实际情况，提出各类产业主体应有的发展观念、发展战略、发展方式和发展目标，重构海洋文化产业主体系统的发展模式总框架。最后，根据所重构的海洋文化产业主体发展模式，进行对接政策的优化设计。

通过本书的理论架构和实证研究，希望为探究中国海洋文化产业主体系统及其发展机理提供理论和方法；为促进海洋文化产业主体系统优化和产业市场主体协调、平衡发展，缓和和解决人民日益增长的对美丽海洋、美好生活的需要和海洋文化发展不平衡、不充分之间的矛盾提供决策依据；为优化海洋文化产业主体的发展模式和战略以及海洋文化产业主体发展的政策制定提供参考；为实现海洋经济可持续、高质量发展，共建美丽、和平、和谐的海洋世界提供帮助。

三 研究意义

海洋文化产业以人的智慧和创意为核心要素，兼顾经济、文化、生态的协调发展于一体，是推动中国海洋经济发展由"技术驱动"向"创新驱动"跨越发展的线路之一，其实践主体——产业主体是海洋文化产业健康、可持续发展的核心力量和主导因子。探讨海洋文化产业主体研究的基本框架和海洋文化产业主体系统内各产业主体之间的互动机理和交互发展关系，以及建立能够促进各类海洋文化产业主体之间平衡、协调发展的模式、衔接政策和保障机制，对于完善海洋文化产业的理论研究有一定的推动作用。同时，通过对目前中国海洋文化产业及产业主体发展现状的梳理，对在产业实际发展过程中实现不同海洋文化产业主体之间的平衡、协调、互动关系，推动中国海洋文化产业健康、可持续发展具有重要的理论意义和实践价值。

（1）理论意义

任何一个产业的兴起与发展都离不开产业主体的建设，产业主体不但是海洋文化的创造者、参与者和消费者，同时又是海洋文化产业经济活动的主要有机体和能动者，在海洋文化产业的健康、可持续发展上起着主体的决定性作用。在海洋文化产业中，不同类型的产业主体之间相互交流互动，相辅相成，从而推动海洋文化产业主体有机系统不断实现平衡、协调发展。① 因此，从产业主体的角度出发，梳理中国海洋文化产业主体的分类和各产业主体的功能特点，研究海洋文化产业中不同类型的产业主体之间的互动关系、发展状况、应有的发展指向、发展模式、扶持政策和保障体系，才是解决海洋文化产业健康、可持续发展的关键问题，才是抓住了海洋经济转型升级发展中"为了谁，依靠谁"的本质。

首先，目前中国学术界对海洋文化产业的研究视角虽广而多，但对海洋文化产业主体尚未有专门深入的研究，且对文化产业主体的研究也是凤毛麟角，没有鞭辟入里的系统阐释。因此，明确海洋文化产业主体系统的分类构成、分析各类产业主体的内涵、功能、特征以及它们之间的交互关系等理论问题，可以在一定程度上完善海洋文化产业研究的基本理论框架，促进海洋文化产业及其相关研究的规范化、系统化。其次，在中国海洋文化产业的发展中，产业主体发展不平衡、产业主体之间交互不充分等问题制约了海洋文化产业的健康、可持续发展，因此，运用实证研究和理论研究相结合的方法，探究目前中国海洋文化各类产业主体的发展现状和存在的问题，找出导致目前中国海洋文化产业主体这种发展现状的原因，能够为实现海洋文化产业主体系统之间的平衡、稳定、协同发展奠定基础、提供经验。最后，根据中国海洋文化产业主体系统的结构组成和各类产业主体的发展现状，构建能够协调各类产业主体之间不断交互运行，促进产业主体之间平衡发展的基本模式、对接政策和保障措施，可以为海洋文化产业主体提供新的研究视角，增强海洋文化产业研究的科学性、系统性、理论性和前瞻性。

（2）实践价值

我们处于中国特色社会主义建设的新时代，紧随着全面加快建设海洋强国和坚定文化自信的步伐，海洋文化产业也该责无旁贷地承担起以中国传统海洋文化为底蕴，促进海洋经济发展转型与崛起的一方责任。以海洋文化产业主体作为研究对象，是对海洋文化产业发展实践问题的基本思考逻辑出发点。

首先，近年来中国政府不断加大对海洋文化产业的重视，并将海洋文化产业发展纳入国家海洋发展顶层设计，中央和地方各级政府也陆续

---

① 徐文玉：《基于产业主体的海洋文化产业发展研究》，《浙江海洋学院学报》（人文社科版）2016年第12期。

出台了大量促进和规范海洋文化产业发展的政策和措施，在这些政策下，不同产业主体发展海洋文化产业，实现了怎样的发展绩效？解决这个问题，能够为政府寻找各类海洋文化产业主体发展对接政策的缺陷和完善措施提供决策和参考。其次，在目前中国海洋文化产业发展模式下，产业主体呈现怎样的发展现状？是什么原因导致了中国海洋文化产业主体现在的发展态势？不同产业主体应该通过怎样的发展模式来实现海洋文化产业主体系统的健康、可持续运转？实证分析这些问题，既是对海洋文化产业主体系统内各类产业主体之间作用机制的客观刻画，也是对不同海洋文化产业主体发展效应的理性考量，对不同产业主体采取不同发展模式、利用相应的产业政策来发展海洋文化产业具有现实指导意义。最后，建立海洋文化产业主体发展的保障机制和措施，从政府力量、市场力量、社会力量等多个方面提出保障海洋文化产业不同主体既能协调、平衡发展又能相辅相成、互相促进的基础保障设施建设和完善措施，为经济转型升级中产业主体的均衡、良性发展和相应产业政策的优化研究提供经验依据。

笔者希望通过本书的研究，在实践中能够最终帮助中国海洋文化产业主体系统在稳定、平衡、协调运转的状态下，各类产业主体与全社会各利益主体之间形成共同保护海洋文化、建设海洋生态文明、发展海洋文化产业的合力，从而推动海洋文化产业的健康、可持续发展。

第二节　国内外研究综述

一　国外研究现状

欧洲沿海地带得天独厚的海洋地理环境，使得其在面对海洋时带有掠夺性和侵略性的价值取向，以及勇于挑战海洋、征服海洋的禀性特征，因此，欧洲的航海业和海上贸易比较发达，海洋文化产业的兴起较早。从当前的研究来看，西方国家，以及日韩等亚洲地区的一些沿海国家，对海洋文化产业的研究更多的是以实证的形式对如何发展和分析区域特色海洋文化产业加以研究，且所经营产业门类主要集中于海洋文化旅游业、海洋休闲渔业、海洋节庆类文化产业等现代海洋文化产业门类，理论性的研究相对较少。

在理论研究方面，韩国木浦大学海洋与岛屿文化院多年来持续开展多海岛文化资源开发利用调研，系统研究韩国岛屿的旅游开发情况与海岛文化发展体系的定位，总结了韩国在海洋文化旅游上的经验，尝试寻找海岛文化资源开发利用的新空间，而且在韩国的海洋文化产业发展中，尤为注重对海洋文化遗产的保护和开发。以"济州海女"为例，韩国的海女和学界很早就联合起来，要求政府为海女文化申遗，为此，济州道政府在2011年12月成立"济州海女文化保存和继承委员会"，并实施了"海女文化世界化5年计划"，在2015年向韩国文化财厅（文物局）提出申遗要求，通过民间力量与政府力量的通力合作，在2016年，"韩国济州海女"被列入联合国教科文组织人类非物质文化遗产名录，此后，韩国政府开发了一系列以"济州海女"为文化内核的海洋文化保护和开发利用活动，既实现了海女们以原始捕捞方式增进自身权益的期望，又传承了海洋安全和渔业丰收的传统信仰，同时通过"海女博物馆"的建立和旅游项目的开发，为当地的经济发展注入动力，更重要的是，把济州海女文化作为人类文化的普遍价值推广到国际舞台，得到国际社会的认可。澳大利亚有着丰富的海洋世界文化和自然遗产，从1937年建立第一个海洋公园——绿岛海洋公园，到今天，澳大利亚已在各个州建立了60余个不同特色的海洋公园，既保护了海洋生态系统，又增加了海洋文化休闲业、渔业、海洋博览业等相关海洋文化旅游及服务产业带来的收入，类似这种海洋文化资源的开发利用以及通过国家海洋公园式的海洋生态和文化的保护模式，也是澳大利亚地区海洋文化产业研究的领域之一。日本鹿儿岛大学和神奈川大学的国际岛屿教育研究中心近年来对日本岛屿文化产业的丰富内涵、特点、分类、发展状况和相关发展政策等内容开展了深入的研究，在开发海洋特色文化及产业化方面能够结合地方历史人文特点，充分利用自然资源，倡导保护性开发，建设个性化配套设施，同时注重体制机制的系统化设计，通过官民结合的方式来推动地方特色海洋文化的开发及海洋文化产业的发展。美国的历史文化资源虽然相对较为贫乏，但是其海洋文化产业的发展却十分迅速，滨海旅游业、休闲邮轮业、海洋影视业等都富有特色，美国的海洋与大气局也针对海洋水下遗产保护、开发等专项问题，开展了海洋文化产业中关于遗产保护方法和法律规定等内容的研究，这一方面归功于其在经济、技术和知识等方面的优势；另一方面，其科技创新加版权保护的发展策略使海洋文化产业的发展受益匪浅。英国则注重海洋文化的立法工作，通过将海洋文化的发展和保护上升到法律层面来推动海洋文化产业的发展。

在实证研究方面，欧美学者对海洋休闲渔业和滨海文化旅游业展开了广泛研究，比如利用成本分析法和视觉评价法分析海洋文化旅游拥挤度与人们愿意消费的海洋休闲垂钓之间的关系，滨海地区海洋文化旅游业的产业价值以及生态景观、人文景观等海洋文化景观的美学价值分析。其中，Sandro Formica 和 Muzaffer Uysal[1] 采用数据调查分析法，根据不同年龄、不同收入、不同性别的人群在意大利传统海洋文化节庆活动中占据的市场份额，提出了针对不同层次的消费群体应该有的海洋文化产业市场发展策略。Chris Ryan[2] 研究了新西兰地区毛利人所拥有的海洋木船雕刻文化、海神祭祀音乐和舞蹈等极具原始风味的文化，以及对这些海洋文化资源的旅游开发策略和方法；Ron Ayres[3] 认为独具特色的原住民族文化是发展海洋文化旅游业的核心竞争力所在，他强调要为满足大众的多样化需求而开发更多的旅游产品，这其中最重要的就是在旅游产品中注入当地的文化元素和地域特色；Russo[4] 分析了威尼斯水城作为海洋文化遗产城市在海洋旅游大量开发后所面临的后续停滞饱和问题，并对此提出了可行性的解决方法和可持续发展建议。美国学者 Golgan[5] 在对美国海洋经济做分类研究时，提出利用海洋人文和自然景观开展的滨海旅游休闲活动极大地解决了美国的就业问题，促进了美国基础设施的建设，使得依赖于海洋文化发展起来的海洋水族馆、海上娱乐等活动得以高速发展，应该成为以后着重发展的海洋经济领域之一。

二 国内研究现状

中国海洋文化产业发展的研究工作是在中国海洋文化研究不断构建、

---

① Sandro Formica, Muzaffer Uysal, "Market Segmentation of an International Cultural-Historical Event in Italy", *Journal of Travel Research*, Vol. 7, No. 3, March 1998, p. 24.

② Chris Ryan, "Tourism and Cultural Proximity Examples from New Zealand", *Annals of Tourism Research*, Vol. 29, No. 4, April 2002, pp. 952-971.

③ Ron Ayres, *Cultural Tourism in Small-Island States: Contradictions and Ambiguities*, *Island Tourism and Sustainable Development*, Praeger Publishers, 2002, p. 234.

④ Russo, "The Vicious Circle of Tourism Development in Heritage Cities", *Annals of Tourism Research*, Vol. 29, No. 1, January, 2002, pp. 165-182.

⑤ Golgan S., "The Ocean Economy of the United States: Measurement, Distributiono & Trends", *Ocean & Coastal Management*, Vol. 71, No. 2, February, 2013, pp. 334-343.

发展、完善的基础上萌生的，学术界对中国海洋文化的研究为中国海洋文化产业研究的兴起奠定了理论基础。因此，要对中国海洋文化产业目前的研究有一个完整认识，首先要对中国海洋文化的研究有一个基本的了解。

中国对海洋文化开始进行系统的研究和探讨始于 20 世纪 90 年代。1997 年中国海洋大学率先成立海洋文化研究所，曲金良教授主编了中国第一部海洋文化学的基础理论专著《海洋文化概论》。[①] 他认为"海洋文化是人类源于海洋而生成的精神的、行为的、社会的和物质的文明化生活内涵。海洋文化的本质，就是人类与海洋的互动关系及其产物"。这一说法得到学术界的普遍认可，并在目前被广泛应用。此后，关于海洋文化的研究范围不断扩大，到今天，学者们对海洋文化的研究已经涵盖了海洋文化的概念分析与内涵界定、海洋文化的特征和分类、海洋文化的地位和作用、海洋文化史、海洋文化遗产保护研究、中西方海洋文化的比较研究、海洋文化与海洋意识、海洋文化的价值取向、海洋文化与海洋经济的互动关系、海洋文化生态研究、海洋文化的学科建设等多个方面，发展迅猛，成绩斐然。尤其伴随着中国"海洋强国"战略的推进和"一带一路"倡议的实施，关于海洋文化的研究正在不断地涌现出一系列具有时代意义的研究成果。

丰厚的海洋文化研究成果为海洋文化产业研究的产生和发展奠定了坚实的理论基础和实践经验。随着我们国家对海洋经济的重视和全民海洋意识的提高，与海洋文化和海洋经济密不可分的海洋文化产业作为一种新兴业态，开始受到许多学者的关注。目前，对海洋文化产业的研究主要包括以下几个方面：

（一）海洋文化产业的概念界定及其分类研究

就海洋文化产业的概念界定而言，张开城[②]定义海洋文化产业为文化产业的一个领域，兼具海洋经济发展的组成要素。他界定海洋文化产业为"从事涉海文化产品生产和提供涉海文化服务的行业"，是海洋物质文化、海洋制度文化、海洋精神文化和海洋行为文化按照工业标准进行生产、再生产、存储以及分配后的有形产品和无形服务的集合；曲金良[③]同

① 曲金良：《海洋文化概论》，青岛海洋大学出版社 1999 年版，第 13 页。
② 张开城：《广东海洋文化产业》，海洋出版社 2009 年版，第 23 页。
③ 曲金良：《中国海洋文化基础理论研究》，海洋出版社 2014 年版，第 34 页。

样也认为海洋文化产业是文化产业大门类中的一个次级综合门类，并根据文化产业的概念内涵引申，将"从事与海洋相关的文化产品的生产和服务的经营性行业"称为"海洋文化产业"，而"从事与海洋相关的文化产品的生产和服务的非经营性行业"一般视为"海洋文化事业"；日本学者日下公人①认为，海洋文化产业不仅包括利用海洋文化资源提供产品和服务的产业，应该也包括那些在产品与服务中注入了海洋文化元素，或者利用海洋文化资源为其他商品提供文化附加值、创造经济效益的涉海产业。

有别于以上观点，齐晓丰②认为，海洋文化产业是指从事涉海文化产品生产和服务供给的行业，其实质单纯是将海洋文化进行产业化，其中海洋文化是该产业的精髓与发展原动力，而海洋文化产业则是海洋文化的具体表现形式和经济载体；张耀谋和李世新③从海洋文化产业的具体属性入手来阐述海洋文化产业的概念，认为海洋文化产业从性质上讲是以经济效益为目的的经营性行业，从产业过程上看是将海洋文化按照产业化流程进行生产和分配的产业过程，从产业功能来说，是以满足精神需求为目的的产业门类。

就海洋文化产业的分类构成而言，不同学者对海洋文化产业的分类方式不尽相同。张开城④认为，海洋文化产业所涉及的范围主要覆盖海洋节庆会展产业（包括涉海节庆、博览会、博物馆等）、海洋休闲文化产业（包括滨海城市观光、体验渔业与观光渔业、观赏性专门养殖、涉海休闲体育等）、海洋文化旅游产业（包括滨海居民饮食起居、服饰、风俗传统、精神信仰等产业开发）、海洋文化创意与设计产业（例如珊瑚和珍珠贝类工艺品创意设计、涉海题材文艺和戏曲及电影电视剧制作等）等多个行业门类，并随着海洋文化产业的不断发展，又涌现出了休闲文化和滨海休闲业、体验文化和滨海体验业、养生文化和滨海养生业、商务文化和滨海商务旅游业、会展文化和滨海节庆会展业、演艺文化和滨海演艺业、数字动漫文化和数字动漫业、游艇文化和滨海游艇业等8个新兴

---

① ［日］日下公人：《新文化产业论》，范作申译，东方出版社1989年版，第32页。
② 齐晓丰：《中国海洋文化产业的优势分析及几点建议》，《海洋信息》2014年第4期。
③ 张耀谋、李世新：《海洋文化与海南海洋文化产业发展思考》，《海南金融》2011年第8期。
④ 张开城：《海洋文化和海洋文化产业研究述论》，《理论研究》2016年第4期。

产业门类。曲金良①将海洋文化产业化分为海洋旅游业、海洋休闲渔业、海洋节庆会业、海洋博览业、海洋民俗产业、海洋工艺品业、海洋传媒业、海洋咨询业、海洋演艺业、海洋竞技业等 10 个具体门类。李涛②则从现代互联网生活的角度，将海洋文化产业分为现场体验式海洋文化产业和离场体验式海洋文化产业。

海洋文化产业的内涵及其分类特征，决定了海洋文化产业区别于其他产业的独特内涵和本质特征，海洋文化产业既在文化发展规律的约束范畴内，同时也依赖于海洋相关的产业资源和空间环境，使得海洋文化产业在文化的广泛辐射下，既具涉海性，又与陆域产业休戚相关。③

（二）海洋文化产业结构和布局研究

区域研究和个案研究是学者对中国海洋文化产业结构和布局理论探索的主要方法。

区域研究主要集中在山东半岛、苏东、长三角、珠三角、环渤海等地区。吕振波④根据山东半岛蓝色经济区建设的战略框架提出部署蓝区海洋文化产业发展的战略思路；高乐华等⑤从资源与市场两个角度对山东半岛蓝色经济区的海洋文化资源进行了分类与普查，并按照市场需求将海洋文化资源划分为观赏型、教育型、体验型和服务型；张元等⑥总结了苏东地区海洋文化产业"带状""点轴式"和"阶梯式"三种集聚发展模式；徐从江、瞿群臻⑦提出基于区域间协同发展的雁阵模式与基于产业间协同发展的产业集群模式相结合的长三角区域海洋文化产业发展模式；郭汉⑧构建了基于迈克尔·波特钻石模型的长三角海洋文化产业竞争力的

① 曲金良：《中国海洋文化基础理论研究》，海洋出版社 2014 年版，第 40 页。

② 李涛：《基于科技与文化融合的海洋文化产业研究》，《文化艺术研究》2014 年第 4 期。

③ 王颖：《山东海洋文化产业研究》，博士学位论文，山东大学，2010 年，第 43 页。

④ 吕振波：《论山东半岛蓝色经济区构建下的海洋文化产业发展》，《产业经济》2011 年第 12 期。

⑤ 高乐华、曲金良：《基于资源与市场双重导向的海洋文化资源分类与普查——以山东半岛蓝色经济区为例》，《中国海洋大学学报》（社会科学版）2015 年第 5 期。

⑥ 张元、洪晓楠：《"一带一路"倡议下苏东地区海洋文化产业集聚发展模式研究》，《广西社会科学》2018 年第 2 期。

⑦ 徐从江、瞿群臻：《长三角区域海洋文化产业发展模式与路径选择》，《安徽农业科学》2013 年第 8 期。

⑧ 郭汉：《长三角海洋文化产业竞争力实证研究》，《中外企业家》2018 年第 35 期。

评价指标体系。另外，谢安、邹瑜静①和赵燕华等②都提出要利用区域特色塑造海洋文化品牌、打造海洋文化产业核心竞争优势。

在个案研究中，许多学者以浙江舟山海洋文化产业为个例展开了不同领域的分析：何龙芬③、王文佳等④、李智等⑤都对舟山群岛海洋文化产业发展展开研究，指出要因岛制宜构建不同种类的海洋文化产业集聚区；叶云飞⑥从企业的视角提出要积极发展舟山特色海洋文化企业，实行民营化海洋文化企业管理机制；王颖和阳立君⑦从时间、空间和时空结合维度提出了市场驱动型、政府主导型、市场与政府相结合三种集群形成机理；叶武跃和林宪生⑧运用 AHP 模型确定辽宁省海洋文化主导产业，提出以一类支柱型产业为主导，一个中心城市为依托，多条轴线为链条的发展模式。另外，以其他省市为个案的研究也有不少：兰波⑨分析了广西东兴京族的海洋文化特色，提出了当地特色物质文化和经济协调发展的路径；韩兴勇、刘泉⑩以上海金山嘴渔村为例研究了海洋文化产业如何促进渔村渔业的转型发展和渔民的增收。

（三）海洋文化产业发展战略与发展模式研究

目前，对海洋文化产业发展战略和发展方式的研究，范围较广、形式多样，既有全国性的研究，又有不同省份的研究。

① 谢安、邹瑜静：《广东海洋强省发展战略背景下发展海洋文化产业的思考与对策建议》，《中国集体经济》2016 年第 18 期。
② 赵燕华、李文忠、申光龙：《天津：海洋文化产业战略体系构建》，《开放导报》2016 年第 4 期。
③ 何龙芬：《海洋文化产业集群形成机理与发展模式研究——以舟山群岛为实证》，硕士学位论文，浙江海洋大学，2011 年，第 56 页。
④ 王文佳、胡高福：《海洋文化集群内在规律及发展思路探讨——以浙江舟山为例》，《亚太经济》2015 年第 4 期。
⑤ 李智、马丽卿：《产业融合背景下的舟山海洋文化产业新发展》，《海洋开发与管理》2018 年第 1 期。
⑥ 叶云飞：《试论海岛海洋文化产业的发展策略——以舟山群岛海洋文化产业发展为例》，《浙江海洋学院学报》（人文科学版）2005 年第 4 期。
⑦ 王颖、阳立君：《舟山群岛海洋文化产业集群形成机理与发展模式研究》，《人文地理》2012 年第 6 期。
⑧ 叶武跃、林宪生：《辽宁省特色海洋文化产业的集聚化发展模式探讨》，《海洋开发与管理》2013 年第 10 期。
⑨ 兰波：《东兴京族海洋文化产业的优势和契机分析》，《贵州民族研究》2016 年第 4 期。
⑩ 韩兴勇、刘泉：《发展海洋文化产业　促进渔业转型与渔民增收的实证研究——以上海市金山嘴渔村为例》，《中国海洋社会学研究》2014 年第 2 期。

从全国性的研究来看，郝鹭捷和吕庆华[①]以生产要素、产出效能、市场需求、创意人才、政府行为5个方面的15个相关评价指标构建了海洋文化产业的竞争力评价体系，并运用因子分析法对中国沿海9个省市区的海洋文化产业竞争力进行分析，认为海洋文化产业与海洋经济之间存在长期协整关系，并在此基础上提出了将供给侧结构性改革作为沿海区域海洋文化产业发展的方向。齐晓丰[②]分析了中国海洋文化产业的发展优势，并针对中国海洋强国战略的思路提出了发展海洋文化产业的具体措施建议。尤晓敏和瞿群臻[③]剖析了促进中国海洋文化产业集群协同创新的因素，并从集群开放程度、政府协调引导和创新人才培养模式等方面提出对策建议。张睿和瞿群臻[④]从人才集聚环境、集聚载体和分层次集聚模式等方面提出促进海洋文化产业人才合理高效集聚的对策。尚方剑[⑤]、张敏[⑥]、梁银花等[⑦]都从构建国际竞争力的角度对中国海洋文化的国际竞争力进行定量以及定性的评价分析，找出制约中国海洋文化产业国际竞争力的因素及提升对策。宁波[⑧]认为，在发展海洋文化产业的策略上，要秉承提高认识，政策保障；公益优先，经济协同；重视传承，大胆创新的原则。

细看当前海洋文化产业的研究成果，基于地方产业资源禀赋条件和特点、特色，构建适合当地海洋文化发展的路径和模式等研究内容十分丰富，所涉及的区域也基本涵盖了中国的沿海省份。郝鹭捷和吕庆华[⑨]利用区位商法测量了福建省海洋文化产业发展的集聚水平，并认为中国海

---

① 郝鹭捷、吕庆华：《我国海洋文化产业竞争力评价指标体系与实证研究》，《广东海洋大学学报》2014年第10期。

② 齐晓丰：《中国海洋文化产业的优势分析及几点建议》，《海洋信息》2014年第4期。

③ 尤晓敏、瞿群臻：《海洋文化产业集群协同创新问题及对策研究》，《中国渔业经济》2013年第5期。

④ 张睿、瞿群臻：《我国海洋文化产业及其人才集聚模式优化研究》，《经济与管理》2013年2月。

⑤ 尚方剑：《我国海洋文化产业国际竞争力研究》，博士学位论文，哈尔滨工业大学，2012年，第106页。

⑥ 张敏：《基于国际竞争的我国海洋文化发展战略研究》，博士学位论文，哈尔滨工业大学，2012年，第137页。

⑦ 梁银花、李杰耘：《生态位角度的海洋文化产业竞争力分析》，《管理纵横》2012年第6期。

⑧ 宁波：《海洋文化产业及其发展策略刍议》，《中国渔业经济》2013年第2期。

⑨ 郝鹭捷、吕庆华：《基于产业集群视角的福建海洋文化产业发展研究》，《广东海洋大学学报》（社会科学版）2015年第5期。

洋文化产业的集群发展是政府机构、金融机构、海洋文化创意群体、高校科研机构及相关中介组织四种力量综合作用的结果；林泓①从福建经济转型升级与海洋文化产业发展的互动机制入手，分析了福建省海洋文化产业发展的制约因素、发展模式及战略举措；吴小玲②和郑贵斌等③都提出了依托当地海洋文化产业资源发展海洋文化产业的思路与实例研究；方忠④提出闽台两地借助共同的海洋文化渊源和交流互动开展海洋文化产业协同发展的思路。

（四）海洋文化产业发展政策制度研究

中国海洋文化产业发展历史短暂，相关的政策和规划尚不健全，因此作为一个新兴研究领域，中国学者对海洋文化产业发展相关政策与制度的研究比较少。但是关于整个文化产业发展的政策以及制度规范的研究相对较多，也有部分学者从产业主体的角度来研究中国文化产业的发展，对海洋文化产业及其产业主体的研究来说，是一种很好的经验借鉴。邹桂斌⑤分析了中国海洋文化产业发展的社会治理策略，提出要健全中国海洋文化产业发展的政策法规；周达军等⑥通过分析中国政府海洋产业政策的实施机制，为优化中国海洋文化产业政策提供了借鉴；郑敬高等⑦、于思浩⑧和王琪等⑨都从政府的角度分析了海洋公共管理和海洋公共产品供给上政府应发挥的角色和作用，为海洋文化产品公共产品和服务的供

① 林泓：《经济转型升级背景下福建省海洋文化产业发展研究》，《台湾农业探索》2014年第4期。

② 吴小玲：《利用海洋文化资源发展广西海洋文化产业的思考》《学术论坛》2013年第6期。

③ 郑贵斌、刘娟、牟艳芳：《山东海洋文化资源转化为海洋文化产业现状分析与对策思考》，《海洋开发与管理》2011年第3期。

④ 方忠：《闽台两地海洋文化产业协同发展》，《中国社会科学报》2016年9月21日，第7版。

⑤ 邹桂斌：《海洋文化产业发展和社会治理策略初探》，中国海洋学会2007年学术年会论文，广东，2007年12月，第56页。

⑥ 周达军、崔旺来：《我国政府海洋产业政策的实施机制研究》，《渔业经济研究》2009年第6期。

⑦ 郑敬高、范菲菲：《论海洋管理中的政府职能及其配置》，《中国海洋大学学报》（社会科学版）2012年第2期。

⑧ 于思浩：《中国海洋强国战略下的政府海洋管理体制研究》，博士学位论文，吉林大学，2012年，第78页。

⑨ 王琪、邵志刚：《我国海洋公共管理中的政府角色定位研究》，《海洋开发与管理》2013年第3期。

给提供了新的理念和路径；王凤荣等①从经济转型过程中政府角色的演变视角，运用实证研究方法研究了中国文化产业政策不断变迁发展对文化产业的促进作用，为丰富和推进海洋文化产业的相关研究提供了指导和思路。

21世纪以来，中国学者意识到海洋经济统计核算的重要性，开始借鉴国民经济核算的基本原理和方法来开展中国海洋经济的统计和计量工作，并随着实际工作的开展和学科的发展实践，由国家海洋局等部门组织牵头，于2006年推出了《海洋经济核算体系实施方案》，启动了海洋生产总值核算制度。此后，借此数据披露开展的国家和地方海洋经济年度发展情况以及区域海洋经济发展情况的研究如火如荼，并在研究中不断突破创新。但是目前，中国尚未将海洋文化产业作为一个独立产业门类来进行整体核算，而且，由于学界对海洋文化产业的概念界定不一，对应的产业统计口径也就不一样，因此，学者们对海洋文化产业数据统计的系统研究尚是学界的一大不足。李刚②报告了青岛市统计局委托给中国海洋大学海洋文化研究所曲金良课题组的研究成果，将海洋文化产业归为8个类别，结合青岛市海洋文化产业发展的实际情况遴选出80个海洋文化产业对应类目作为产业增加值统计范围进行统计，并分析了青岛市海洋文化产业的发展态势、薄弱环节和未来发展趋势；2014年，国家海洋局宣传教育中心联合广东海洋大学海洋文化研究所共同推出中国第一本海洋文化产业蓝皮书——《粤桂琼海洋文化产业蓝皮书2010~2013》③，统计了粤桂琼地区海洋文化产业的增加值数据，跨年度分析了三省海洋文化产业的发展情况；王苧萱④对海洋文化产业的内涵和范围进行了具体的界定，参照中国《文化及相关产业的类别名称和行业代码（2012）》，引申分析了中国海洋文化产业横向10个大类、120个小类，纵向5个层次的分类和统计标准，并借助案例分析了统计工作中实际面临的困难，提出了推进中国海洋文化产业统计的发展路径。

---

① 王凤荣、夏红玉、李雪：《中国文化产业政策变迁及其有效性实证研究——基于转型经济中的政府竞争视角》，《山东大学学报》（哲学社会科学版）2016年3月。

② 李刚：《青岛市海洋文化产业的统计与探析》，《中国统计》2013年第8期。

③ 黄沙、巩建华：《中国海洋文化产业发展历程、意义与趋势》，《中国海洋经济》2016年第2期。

④ 王苧萱：《中国海洋文化产业统计体系的设计与应用》，《中国海洋经济》2017年第2期。

（五）海洋文化产业主体相关研究

在对海洋文化产业基础理论的相关研究中，多借鉴海洋经济、海洋文化产业的相关理论和逻辑，尚未有从产业主体的角度开展对海洋文化产业的相关研究。郑宇[①]认为民俗文化产业主体可以分为具有文化拥有权的资源主体以及包括资本主体、经营主体、管理主体、消费主体在内的市场主体两大类；方林等[②]认为中国要重塑的文化市场主体本质上就是市场主体，企业就是市场主体中最该"放肆"闯荡的最大主体，"文化"仅能代表其所属行业，不能将文化产业主体与一般市场主体的基本性质区分开来；包国强[③]也持相同的观点，认为建设和培育文化产业主体是解决目前文化产业发展弊端问题的关键，但他按照狭义的理解单纯地将企业作为文化产业的市场主体，提出了企业在文化产业的发展中主体地位不强、竞争力不足、文化产业和文化事业不分等产业主体存在的问题，对于以上两个表述，笔者是不赞同的；吴继荣[④]认为文化产业的主体是一种兼具文化和经济双重要素的特殊形态，构建科学系统的文化产业主体是中国文化产业未来发展的一个首要条件，尤其是文化的法制化主体不可或缺；肖云[⑤]以创意主体为逻辑起点，借用复杂适应系统理论（CAS 理论）和价值链体系研究了创意产业主体的构成和主体之间的相互关系，并认为创意产业中各类主体集聚成"群风车模型"运转系统，且创意产业主体系统的运转具有充分性、鲁棒性和不间断性。对文化产业主体的研究，可以合理地引申借鉴到海洋文化产业主体体系的研究中去。

（六）海洋文化产业的当代价值与战略意义研究

海洋文化产业是中国海洋事业发展的软实力支撑，也是海洋强国建设的道德支撑和思想保障，其重要性不言而喻。目前，学界对海洋文化产业当代价值的研究主要有两个层面：一个层面是从海洋文化产业属性出发来分析海洋文化产业自身所体现的可持续性经济功能、社会功能、美学功能、文化功能等；另一个层面是立足于时代、结合事实来分析海

---

① 郑宇：《民族文化产业的主体集群差异》，《云南民族大学学报》（哲学社会科学版）2007 年第 11 期。

② 方林、徐祯：《关于重塑文化市场主体几个理论问题的思考》，《东方传播》2008 年第 8 期。

③ 包国强：《论我国文化市场主体培育的路径选择》，《湖北社会科学》2011 年第 2 期。

④ 吴继荣：《发展文化产业与构建多元化的产业主体探讨》，《产业经济》2014 年第 8 期。

⑤ 肖云：《创意产业主体的系统构成及其交互研究》，《中华文化论坛》2014 年第 6 期，第 1 版。

洋文化产业的战略地位和重要意义。

刘家沂①从社会学、地理经济学、民俗学和人民日益增长的精神文化需求四个层面分析了中国海洋文化产业的重要意义。刘堃②探讨了海洋文化与海洋经济之间的辩证关系，认为发展海洋文化产业是推动海洋经济与海洋文化共同发展的最有效率的路径。郑翀和蔡雪雄③验证了福建省滨海旅游业的发展与海洋经济增长之间存在长期均衡关系。张陶钧④分析了海洋文化产业的就业拉动效应。黄沙和巩建华⑤认为发展海洋文化产业是支撑国家文化产业和国家海洋事业发展的重要举措。

在当前海洋局势下，学者们就海洋文化产业在"海洋强国"建设⑥、"一带一路"建设⑦、"海洋命运共同体"构建⑧等历史契机下如何发展展开探讨。李思屈⑨提出要实现区域发展与海洋文化产业发展的结合，打造中国海洋文化产业发展的协同创新平台。杨威⑩提出要借助于"一带一路"倡议打造的海洋文化产业经济带来促进中国海洋文化产业的国际合作与交流，尤其是在东北亚沿海国家开展海洋文化旅游、海岛开发等项目的合作。

（七）海洋文化遗产保护和中外海洋文化产业发展比较研究

海洋文化遗产是沿海社群生活智慧的结晶，也是中国文化的重要瑰

---

① 刘家沂：《发展海洋文化产业的战略意义及对策》，《中国海洋报》2017年7月26日。

② 刘堃：《海洋经济与海洋文化关系探讨——兼论我国海洋文化产业发展》，《中国海洋大学学报》（社会科学版）2011年第6期。

③ 郑翀、蔡雪雄：《福建省海洋文化产业发展与海洋经济增长关系的实证分析》，《亚太经济》2016年第5期。

④ 张陶钧：《海洋文化产业的就业拉动效应》，《党政干部学刊》2014年第10期。

⑤ 黄沙、巩建华：《中国海洋文化产业发展历程、意义与趋势》，《中国海洋经济》2016年第2期。

⑥ 张开城：《海洋强国战略背景下的海洋文化产业发展研究》，《中国海洋经济》2016年第1期。

⑦ 高雪梅、孙祥山、于旭蓉：《"一带一路"背景下海洋文化对海洋生态文明建设影响力研究》，《广东海洋大学学报》2017年第4期。

⑧ 黄高晓、洪靖雯：《从建设海洋强国到构建海洋命运共同体——习近平海洋建设战略思想体系发展的理论逻辑与行动指向》，《浙江海洋大学学报》（人文科学版）2019年第5期。

⑨ 李思屈：《以创新思维发展海洋文化产业》，《中国海洋报》2014年2月18日第1版。

⑩ 杨威：《"一带一路"视阈下中国海洋文化国际传播路径探讨》，《湖湘论坛》2019年第1期。

宝。如何构建海洋文化遗产资源体系①，在保护海洋文化遗产的基础上通过对其合理开发利用，来满足公众的海洋文化需求，同时实现海洋文化遗产的有效传承是当前学者思考的重点。研究重点领域包括：通过妈祖文化节、开海节等海洋文化节庆会展来传承和保护海洋文化遗产②、通过与旅游业的结合来合理开发海洋文化遗产③等。

相对而言，西方海洋国家把研究视角更多地落在海洋文化遗产保护、海洋文化公园与保护区建设上，如美国的海洋文化公园与保护区建设④，英国的海洋文化立法工作⑤，爱尔兰的海洋文化遗产保护经验等。另外日本⑥、韩国⑦则在以旅游为支柱的海岛文化产业的开发上有着成熟的经验。

三 国内外研究述评

（一）国外研究述评

总体来看，国外对现代意义上海洋文化产业发展的研究已成规模，但对利用传统海洋文化发展海洋文化产业的研究相对较少，在西方国家尤为突出，这也跟西方国家海洋文化发展的价值观念和重商重利的思想有关。但是对于国外学者们开展的现代海洋文化产业经济效益和社会效益的研究方法、思路和手段，可以为中国学者开展海洋文化产业综合效益提升和转型升级发展的研究提供一定的借鉴和启发，有利于中国海洋文化保护和海洋文化产业发展双管齐下、共同推进等研究的发展。

（二）国内研究述评

从近年来中国学界对于海洋文化产业的研究可以看出，从海洋文化的产业概念界定、产业结构和布局理论、产业资源环境、产业集群发展、国家政策制度以及国外海洋文化产业发展状况等角度已经进行了叠床架屋的研究，研究成果不计其数，而从海洋文化产业主体这一视角，尚未

---

① 赵平、项敏：《海洋文化遗产的分类策略与资源体系建构》，《浙江海洋大学学报》（人文科学版）2019 年第 4 期。

② 陈万怀：《浙江海洋节庆文化品牌形象的塑造与提升》，《海洋经济》2015 年第 2 期。

③ 陈炜、高翔：《广西北部湾地区海洋非物质文化遗产旅游开发模式研究》，《广西师范大学学报》（哲学社会科学版）2017 年第 6 期。

④ 李海峰：《借鉴美国经验发展中国海洋文化创意产业的思考》，《中国海洋经济》2017 年第 2 期。

⑤ 崔倩茹：《英国海洋文化与立法研究》，硕士学位论文，山东大学，2018 年，第 40—51 页。

⑥ 修斌、黄炎：《日本新潟县的海洋文化产业开发及其启示——以日本最早的鲑鱼博物馆为例》，《中国海洋经济》2019 年第 1 期。

⑦ 王双、刘鸣：《韩国海洋产业的发展及其对中国的启示》，《东北亚论坛》2011 年第 6 期。

有专门深入和系统的研究。学界对于产业主体以及文化产业主体的研究也是寥寥可数，且无鞭辟入里的系统阐释。总体来说，在学界对海洋文化产业的大量研究中：从研究方法来看，涵盖了理论研究和实证研究两个方面；从研究的视角来看，既有宏观的视角，也有中观和微观的视角；从研究涉及的范围来看，既有全国性的研究成果，也有区域性的研究成果；从研究的具体内容来看，既有基本的理论研究，也有对策性的研究。虽然国内学者对海洋文化产业的研究开展得如火如荼，但仍然存在着一定程度的不足与缺陷：

第一，海洋文化产业研究力量薄弱，重视程度不足。

截至2019年年底，在知网收录的与"海洋文化产业"主题相关的期刊、学位论文、会议论文、报纸、年鉴等文献资料共877篇，这些文献主要集中在2010年以后，多分布在沿海省份的高校和科研机构中，研究范围跨越了不同的学科分布，但从总的文献数量来看，仅占"海洋经济"主题文献量的6.2%，占"文化产业"主题文献量的1.3%，足见海洋文化产业研究力量薄弱，受学者关注度不高，而只有长时间、丰厚的学术研究积累才能为海洋文化产业的研究打好基础，避免出现相关学术研究后劲乏力的困境。

图1-1显示了这877篇文献的产出统计类型，其中期刊论文占比最大，其次是报纸，学位论文，统计年鉴占比最低，从这些文献类型的层次来看，一次文献多而二次、三次文献少，说明海洋文化产业研究的层次不够深入，在内容上分散而不系统。这在一定程度上说明海洋文化产业研究在市场和学界中都处于一种被边缘化的尴尬境地，使得海洋文化产业研究基础非常薄弱。图1-2显示了海洋文化产业的学术关注度，自2000年到2013年，"海洋文化产业"相关研究不断上升，尤其是2010年以后，呈大幅增长态势，但从2013年后，却呈现大幅下降的趋势，这也从侧面反映了中国学者对海洋文化产业研究拓展不够，后劲不足。从图1-3呈现的核心研究机构发文数量来看，海洋文化产业研究力量主要集中在中国"海洋类"高等院校，科研力量分布狭窄，辐射不广，难以产生全国范围内的影响。从图1-4"海洋文化产业"研究的学科分布来看，文化领域占据了近70%的比例，其次是文化经济学科和海洋经济学科领域，说明海洋文化产业是一门具有涉海性的、兼具文化属性和经济属性的综合性学科，其研究方法和机制需要立足于海洋文化的特征而进行多

学科、多领域综合性研究应用。

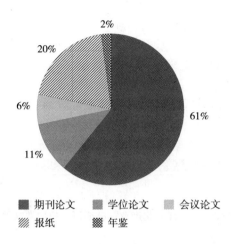

图 1-1　2002—2019 年"海洋文化产业"文献产出量

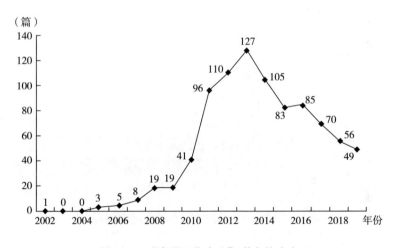

图 1-2　"海洋文化产业"学术关注度

第二，基础性研究仍缺乏，学术体系尚未形成。

海洋文化产业理论体系的形成需要真正厘清其研究对象、研究方法、研究内容、研究目标、研究的分支体系等问题，并通过大量的学术研究不断地对科研成果进行推敲、提炼、升华。但目前关于海洋文化产业的内涵、研究框架、学术规范等问题还未得到根本性解决，缺乏长期的学

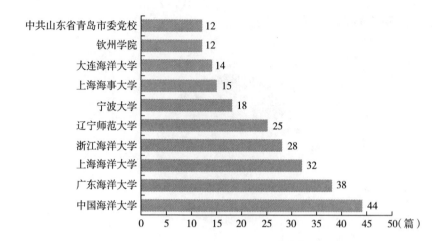

图1-3 "海洋文化产业"核心研究机构发文数量

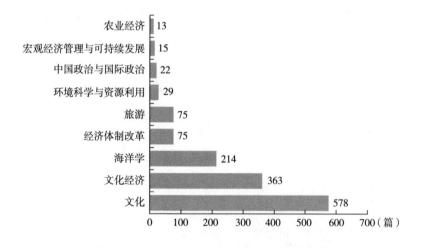

图1-4 "海洋文化产业"文献的主要学科分布

术理论和研究基础作为支撑,也就没有形成完整而系统的学术研究体系。

首先,对海洋文化产业的界定不一。中国海洋文化和海洋文化产业研究的起步较晚,学界和政府对海洋文化产业尚无统一认定的内涵界定,尤其是对海洋文化产业的具体范围和边界问题存在不少分歧。目前关于海洋文化产业的研究多依附于文化产业或海洋经济、海洋文化的相关理论,没有形成自己系统而完整的理论体系,对于海洋文化产业的本质、内涵、外延、特征、发展思想、发展战略等基本的理论研究框架也没有形成统一的标准。

其次，海洋文化产业的统计口径也不一。海洋文化产业的界定不一影响海洋文化产业的统计口径问题，建立和完善海洋文化产业统计和计量体系是反映中国海洋文化发展战略目标实现程度的窗口，也是在加快海洋经济转型升级发展、进行文化体制改革和完善海洋文化公共服务体系中标度和衡量海洋文化产业贡献率的有效路径，只有明确海洋文化产业的统计范围、边界和具体分类指标，才能对中国海洋文化产业的发展进行科学的统计计量。

第三，研究视角不综合，研究方法不全面。

对海洋文化产业的研究，研究方向偏于理论，跨领域、跨学科、比较性的研究较少，在研究方法上多借鉴相关产业的路子而较少关注海洋文化产业所体现的产业政治、特征、主体等个性的差异。

目前中国海洋文化产业的研究框架体系尚未形成，关于海洋文化产业的发展战略、政策和模式等问题，学者们借鉴相关学科理论提出了一系列针对海洋文化产业发展的研究框架体系及财政、法律和制度等政策建议，促进了海洋文化产业研究体系的建立。但同时，在借鉴中也忽略了海洋文化的独特性，进而忽略了海洋文化产业与其他产业因政府、市场、非营利性组织等产业主体的性质、功能不一而产生的不同产业发展和产业主体成长差异性、独特性并存的现象。

另外，基于海洋文化产业与创意产业的比较而进行海洋文化产业发展的思考是当前学者研究的一个重点。海洋文化产业是在人的智慧与创意之下，以海洋文化资源为基础来提供涉海文化产品和服务，而海洋文化产业体现的不仅仅是其海洋"经济属性"，更包含具有中国传统海洋文化精髓、中国海洋文明的"文化属性"，且这种"文化属性"是海洋文化产业发展必须要秉承和发展的内核，因此，从创意产业的角度来定义海洋文化产业是否完善值得深入思考。

第四，对海洋文化产业的研究逻辑不完善。

国内学者对海洋文化产业的研究也从历史、地理、人文等视角逐步向现在的经济需求、政治需求、国防需求、政策需求等延伸，基于"一路一带"倡议和"海洋强国"战略而进行的具有时事性的研究也成为国内学者研究的一个热点，并日益寻求海洋文化产业带动经济、政治、国防等发展的恰当模式，但是从海洋文化产业的创造者和消费者——即产业主体这一角度，尚未引起研究者足够的重视。不仅是海洋文化产业，在中国整个产业发展理论的相关研究中，尚未对"产业主体"这一哲学范畴引申而来的概念进行科学的界定和系统的研究。在部分关于产业主体的研究中，有些学者虽然提出了文化产业主体存在的主体缺位、责任不清、效率低下等问题①，但这些问题也普遍存在于一般产业的发展中，因此提出的完善文化市场主体的方法和路径，并没有较好的针对性和适应性；有的学者分析了文化产业集群发展中企业、政府和智力机构三种主体的行为，但对于各个主体内容及其特点并未做具体阐释②；还有一些学者提出要加强文化产业主体的多元化建设③，但并未对"多元"主体有哪些做具体阐述。因此，立足于产业主体这也是本书研究的逻辑起点。

在海洋文化产业的发展战略、政策和模式等问题上，学者们提出了一系列针对促进海洋文化产业发展的财政、法律和制度的政策建议，但目前大多数研究都是针对整个海洋文化产业的发展而提出的政策建议，忽略了不同海洋文化产业因产业主体性质、功能不一而产生的产业发展和产业主体成长差异性和独特性并存的现象，因此，辩证地认识不同产业主体在海洋文化产业发展中的角色、作用，并针对不同产业主体制定相应的政策和发展模式，可以为平衡和协调不同产业主体之间的关系、促进海洋文化产业主体之间的互动、实现海洋文化产业主体系统的协调运转提供更为科学的指导，这也是实现海洋文化产业健康、可持续发展的关键。

对一个产业发展问题的研究与探讨，无论是探究其发展理论、发展政策、发展现状、发展问题抑或发展模式，都要从最基本的产业活动逻辑主体本身探讨出发，才能为其他问题的研究打好基础、做好支撑。有鉴于此，本书在对产业主体以及产业主体之间表现出的"主体间性"等内涵进行界定的基础上，借助产业价值链体系推演分析中国海洋文化产业主体系统的具体分类构成体系，阐述各类产业主体的内涵、功能和特

---

① 王国华：《完善文化产业市场主体的方法与路径》，《思想战线》2010 年第 3 期。
② 马建丽、徐轶瑛：《北京文化创意产业集群发展的主体行为分析》，《现代传播》2010 年第 3 期。
③ 熊澄宇：《多元文化建设主体与文创产业活力包含的四个要旨》，《中原文化研究》2014 年第 2 期。

点，探讨不同海洋文化产业主体之间的互动和协同发展关系，分析不同海洋文化产业主体的发展绩效，在此基础上探讨有利于海洋文化产业主体平衡、协调发展的新模式和新的政策保障体系。

第三节 研究思路及框架

一 主要研究内容

本书研究的主要内容分为以下九大部分：

第一章，绪论。主要介绍本书的研究背景、目的和意义，在分析梳理国内外对海洋文化产业主体发展研究现状的基础上提出本书的研究思路和框架内容，并对本书的研究方法、创新之处做出阐述。

第二章，相关概念界定和理论基础。本部分首先阐述中国海洋文化产业主体研究相关的概念和范畴界定，包括海洋文化与海洋文化产业的具体内涵和分类界定、产业主体的概念及哲学上产业主体间性引申到海洋经济学中的应用、海洋文化产业主体的内涵和范畴界定，同时区分公益性海洋文化产业和经营性海洋文化产业作为分析前提的重要范畴；其次，分析本书用到的马克思主义文化经济学、习近平新时代海洋强国的论述、产业价值链理论、海洋经济可持续发展理论、中华优秀传统文化发展理论等相关理论，总结海洋文化产业区别于一般文化产业的特殊性以及中国海洋文化产业的发展态势、产业结构变化等发展现状，为后面开展海洋文化产业主体的相关研究提供了必要的理论铺垫和分析前提。

第三章，海洋文化产业主体分类。本部分主要分析目前中国海洋文化产业主体系统的分类构成以及各类产业主体的功能特点和交互关系。首先，从横向海洋文化产业价值链角度分析海洋文化产业的价值链体系及其对应的海洋文化产业活动实践主体体系，系统地分析海洋文化产业价值链各个环节所对应的产业活动实践主体的类型及其内涵、功能和特点，并探讨海洋文化产业活动实践主体系统内不同主体之间的互动和协同发展关系；其次，过渡到整个纵向的海洋文化产业市场，来分析海洋文化产业实践活动主体在海洋文化产业市场中都以何种组织类型和功能模式来实现产业主体系统的运转和海洋文化产业的可持续发展，即从包括各级政府和海洋行政单位在内的政府力量层面，包括企业、中介组织、个体从业者在内的营利性市场力量层面以及包括非营利性组织机构在内的社会力量层面，逐一分析各类产业市场主体的内涵、功能、特点，以及这些海洋文化产业市场主体的交互运转；最后，综合横向产业价值链体系和纵向产业市场体系，分析整个海洋文化产业主体系统的总框架，探讨不同产业主体之间通过怎样一种协调运转状态来实现主体间性的表达。

第四章，海洋文化产业主体的发展现状研究。这一部分是对目前中国各类海洋文化产业主体的基本情况、发展绩效、政策需求和发展限制因素等问题进行分析和衡量。首先，从哲学意义上对蕴含着海洋精神与文化价值的海洋文化产业主体的文化效益及产业主体博弈四个阶段中主体间性的表现做定性分析，同时也从经济学意义上通过实证研究，定量考察在经济效益上所有产业主体发展海洋文化产业的绩效，以及在社会效益上对文化、政治和美学带来的提升。其次，逐一分析各类产业主体的发展状况：在政府主体层面，通过对海洋文化产业相关政策的数量、类型及其变化情况的考察，对政府政策进行有效性计量分析；在市场和社会层面，借助于调查问卷、实际访谈、部分信息平台的数据披露来分析企业、中介组织、金融机构、个体从业主体、非营利性组织的基本情况和运行现状。最后，得出对中国海洋文化产业主体发展绩效研究的结论。为找出目前中国海洋文化产业不同主体在发展中存在的问题、面临的困境和导致的原因，以及接下来海洋文化产业主体发展模式的构建提供思路。

第五章，海洋文化产业主体发展存在的问题及原因。本部分在上一章中国海洋文化产业主体发展现状分析结论的基础上，分析目前中国海洋文化产业主体发展存在的问题，以及影响中国海洋文化产业主体不同发展现状、发展绩效的原因，包括产业主体发展不平衡、产业政策不到位、市场机制体制有待完善、现有海洋文化产业主体发展模式不合理等。为整个产业主体系统和不同产业主体量身打造发展模式和对应的发展政策提供切入点。

第六章，海洋文化产业主体发展模式重构。本部分主要根据不同产业主体的发展效益情况、存在的缺陷、应该有的发展视角和理念等问题，提出应该根据不同类型的海洋文化产业主体打造相应的发展模式，制定相应的对接策略。发展模式和发展政策不能是笼统的针对一个产业的发展，而是要具体到不同的产业主体，各个不同产业主体分别发展而又不断协同交互，构成产业主体平衡、协调的统一有机体，共同来促进海洋文化产业的健康、可持续发展。首先，分析中国海洋文化产业主体发展应有的原则和视角，提出重构海洋文化产业主体发展模式的必要性和重构的原则；其次，针对不同海洋文化产业主体，从政府在海洋文化产业主体系统中既作为产业主体的一部分又作为产业主体发展的支撑环境这样一个"亦里亦外"双重角色的角度，提出针对不同产业主体功能特点的发展观念、原则、战略和方式，并对产业价值链体系、公益性海洋文化事业和经营性海洋文化产业三个层面的产业主体体系分别进行发展模式设计，最终形成中国海洋文化产业主体总的发展模式框架；最后，根据所重构的发展模式，聚焦海洋文化产业发展中的民生、民计问题，从宏观高效科学的产业顶层设计到中观健康规范的产业市场环境的营造，再到微观完善均衡产业主体的培育，进行海洋文化产业主体发展的政策对接体系优化设计，以平衡、协调各类产业主体的发展。

第七章，案例——青岛海洋文化产业发展。本部分将青岛海洋文化产业的发展作为案例，分析梳理青岛海洋文化资源及产业化发展的现状，对青岛海洋文化产业发展存在的问题进行深入剖析，在此基础上提出优化青岛海洋文化产业及其主体发展的七个行动路径。

第八章，促进海洋文化产业主体发展的保障措施。本部分提出促进中国海洋文化产业主体系统平衡、协调、稳定运转的保障措施，从建立和完善海洋文化产业主体发展配套机制的外部硬件措施，到提升公众的海洋意识，保护海洋文化的内部思想保障措施，提出内外双重保障措施，以促进海洋文化产业主体系统在重构的发展模式和优化的发展政策下，共同实现海洋文化产业的健康、可持续发展。

第九章，总结与展望。对本书研究产生的结论进行总结，并指出本书对海洋文化产业主体及其发展研究的不足之处，描绘对海洋文化产业及其产业主体发展研究的展望。

二 所用研究方法

（一）理论研究与实证研究相结合

本书通过对海洋文化产业已有文献的梳理，在把握目前研究现状的基础上，取精用宏，提出本书研究的出发点，借助各种相关理论和理念，力图通过对海洋文化产业主体的结构分类分析和内涵界定，阐释各类海洋文化产业主体的功能、特点，以及它们之间的互动关系，构建海洋文化产业主体研究的基本理论框架体系，然后建立海洋文化产业主体发展现状的分析体系，对目前中国海洋文化产业市场上产业主体的发展绩效和状态进行实证分析，并重构能够促进中国海洋文化产业主体平衡、协同发展的产业主体发展模式，提出对接的政策体系和保障措施，深化本书的研究重点。

（二）定性分析与定量计算相结合

本书在分析、总结前人研究的基础上，借助相关的理论、原理和经验，详细演绎推理海洋文化产业主体系统的构成，并对各类海洋文化产业主体的内涵和功能进行界定与分析，定性分析这些海洋文化产业主体的互动状态和发展情况。在此基础上，通过采用定量研究方法，统计、收集、处理并分析海洋文化产业发展相关数据，提出对目前中国海洋文化产业主体发展现状的考察分析方法，依据定性和定量研究得出结论，提出实现中国海洋文化产业主体平衡、协调发展的模式和对接政策策略。

（三）实际调研与统计分析相结合

本书采用实地调研、专家访谈、问卷调查等方法对不同沿海区域、不同经济发展水平地区的海洋文化产业主体的相关发展情况进行资料的收集整理和数据的收集，并运用数理统计的基本方法对收集的数据进行处理和应用。

（四）比较研究与系统研究相结合

本书既有对国内外海洋文化产业相关研究的分析和比较，又有对国内不同区域、不同所有制形式、不同规模的海洋文化产业主体进行的比较，利用静态分析和动态演变的方法分析了中国海洋文化产业的主体系统的发展现状和运转机理，为建立海洋文化产业发展相关的研究理论和提出相应的政策、保障措施提供理论依据和现实指导。

三　研究逻辑框架

本书按照以下逻辑框架展开研究：

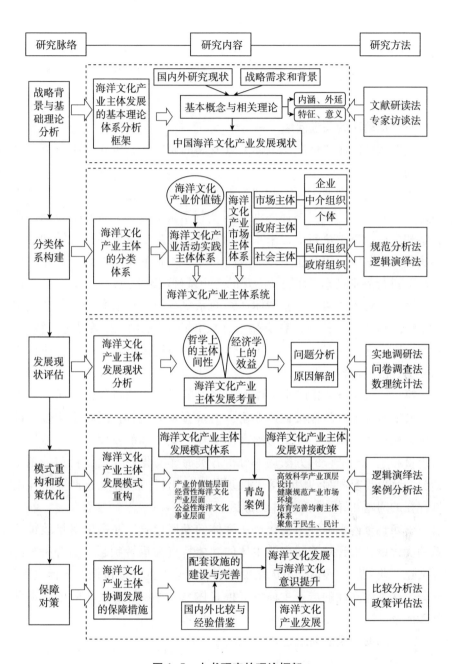

图 1-5　本书研究的理论框架

第四节　拟解决的关键问题及创新点

一　拟解决的关键问题

本书在对海洋文化产业主体及其发展的研究中，主要解决以下几个关键问题：

第一，对"产业主体"和"产业主体间性"概念的界定阐述。"主体论""主体性"和"主体间性"属于哲学范畴，本书将其引申到产业哲学和产业经济学范畴中，来系统研究产业发生、发展等行为活动的具体实践行为主体，即产业主体。因此，对"产业主体"以及"产业主体间性"进行界定是本书研究所立足的一个基础理论关键。

第二，对海洋文化产业主体体系的系统分析，包括海洋文化产业主体系统的具体分类构成，各类型海洋文化产业主体的内涵界定、特点、功能，以及它们在海洋文化产业主体系统中通过主体间性的表达所体现的互动、协同运转关系。

第三，对海洋文化产业主体发展情况的考量。通过理论分析，从哲学意义上定性考察海洋文化产业主体的博弈发展过程，同时也通过实证分析，从经济学意义上定量考察海洋文化产业主体的发展绩效，然后通过定量和定性相结合的方法逐一分析各类海洋文化产业主体目前的基本情况、政策需求和制约因素等发展现状，找出目前海洋文化产业主体发展存在的问题和导致问题产生的原因。

第四，重构中国海洋文化产业主体的发展模式，并提出对接政策体系的优化设计。针对不同产业主体的功能特点和运转状态，结合中国海洋文化产业发展的实情提出优化中国海洋文化产业主体协调、平衡发展，充分表达主体间性的产业主体发展模式体系，并设计衔接有效的政策和保障体系。

二　本书选题的创新之处

（一）研究理论上的创新

本书的研究立足于"产业主体"和"产业主体间性"等基本概念和理论，而"主体论""主体性"和"主体间性"本身属于哲学范畴，本书将其引申到产业哲学和产业经济学范畴中来进行界定和应用，并以此为理论基础展开对海洋文化产业发展的相关研究，虽然目前中国学者在管理和经济学中已有对"市场主体"的界定与相关研究，但立足于广义范围的"产业主体"以及"产业主体间性"在理论上是一种可以相得益彰的创新。

（二）内容体系上的创新

海洋文化产业是以人的智慧和创意为核心要素的产业，产业主体在海洋文化产业中居于主导和核心地位。相对于传统产业着眼于"物"的研究，海洋文化产业的研究应该着眼于构成各类产业主体的基本元素——"人"，因此，产业主体应该是海洋文化产业研究的逻辑起点。本书立足于这一观点和视角，系统研究中国海洋文化产业主体系统的构成，阐述各类海洋文化产业主体的内涵、特点和功能，分析海洋文化产业主体的发展现状，并提出能够提高海洋文化产业主体发展效益的发展模式和政策保障体系，系统地提炼出海洋文化产业主体发展的理论框架。提升和丰富了海洋文化产业研究的理论层次，改变了对产业发展固有的研究逻辑起点和方式，使得研究结论更具理论意义。

（三）研究方法上的创新

本书在对海洋文化产业主体的发展现状进行分析时，不再单纯依靠经济学上的指标进行实证研究，而是加入哲学性考量和对文化价值指标的思考，与以往对产业发展绩效的研究方法有所区别；另外，在逐一分析各类海洋文化产业主体的发展状况时，综合运用多种计量和分析方法，不仅在整体上对海洋文化产业主体系统的发展模式进行优化设计，还有针对性地制定符合中国各类海洋文化产业主体分别发展的目标、内容和基本模式，在一定程度上实现了研究方法的突破，弥补了对产业主体单一和浅显的研究方法，提高了研究结论的科学性和客观性，研究成果更具有实际意义。

第二章 相关概念界定和理论基础

第一节 基本概念与范畴界定

一 海洋文化与海洋文化产业

（一）海洋文化

数千年悠久历史的演变，负陆面海的天然地理环境，不仅孕育了中华民族辉煌灿烂的陆地文明，也缔造了海洋文化的浑厚发展史。在中国漫长而蜿蜒的海岸线上，从旧石器时代开始，我们的祖先就在海洋捕捞、航海贸易、审美信仰等日常生活的"渔盐之利、舟楫之便"中潜移默化地创造了海洋文化的起源，绵亘万里的古代海上丝绸之路、茶马古道、陶瓷之路借用宝船和驼队，携带友谊和善意，架起了海洋文化传播的桥梁，使得中华民族的海洋文明烛照古今。近代中国海洋意识开始萌芽，当代人们开始探索海洋经济的发展，中国海洋文化的传统智慧和历史资源一直闪耀并传承、发展在人们对和平、和谐、美丽海洋的追求与向往之中。

将"海洋文化"作为研究对象并对其概念、内涵做出界定，是中国学者从 20 世纪 90 年代中后期开始的，学者们从不同的角度做出不同的理解和表述。曲金良[①]基于人们常见的对"文化"的宏观界定，给出的"海洋文化"定义是："海洋文化，作为人类文化的一个重要的构成部分和体系，就是人类认识、把握、开发、利用海洋，调整人与海洋的关系，在开发利用海洋的社会实践过程中形成的精神成果和物质成果的总和，

---

① 曲金良：《发展海洋事业与加强海洋文化研究》，《青岛海洋大学学报》（社会科学版）1997 年第 2 期。

具体表现为人类对海洋的认识、观念、思想、意识、心态，以及由此而生成的生活方式包括经济结构、法规制度、衣食住行习俗和语言文学艺术等形态。"其后又进一步给出了更为通俗而概括的定义，为学界所常用："海洋文化，就是有关海洋的文化，就是人类源于海洋而生成的精神的、行为的、社会的和物质的文明化生活内涵，海洋文化的本质，就是人类与海洋的互动关系及其产物。"①

由此我们知道，海洋文化是在"人"与"海洋"两个要素互动与关联的基础上，通过人们源于海洋的生产生活和实践活动，而表现在人们的精神认识、意识观念、思想心态、价值取向、生活审美、社会生活面貌等层面的海洋文明内涵，它辐射到物质、精神、制度以及社会文化的方方面面，其中，"人"与"海洋"是海洋文化的核心元素，"源于海洋"是海洋文化存在与发展的本质属性，"人海互动与关联"是海洋文化的产生因子。

世界上不同的海洋国家、海洋民族都有其不同的海洋文化。由此，中国海洋文化就可以表述为：中华民族在悠久的内陆与海洋共同发展的历史进程中，依靠中华民族智慧，在认识海洋、利用海洋、开发海洋、关心海洋、保护海洋、与海洋和谐相处的过程中，创造、发展和传承的精神、物质、文化、制度财富的总和，是中国文化有机体的组成部分。有别于其他国家的海洋文化，中国海洋文化蕴含了中华民族优秀传统文化的基因，表现出的不仅仅是"海洋性""开放性""交流性""创新性"和"重商性"，更重要的是一种"和平性""和谐性""包容性"，体现的是"协和万邦""四海一家""天下一体"的"中国式"传统文化精神和核心价值观念。

（二）海洋文化产业

1. 海洋文化产业的内涵和特征

关于海洋文化产业的内涵，张开城②提出海洋文化产业是"从事涉海文化产品生产和提供涉海文化服务的行业"，曲金良③认为海洋文化产业作为文化产业的一部分，其生产活动以海洋文化资源为基本要素，是为

---

① 曲金良：《关于海洋文化理论的几个基本问题》，《中国海洋文化研究》（第一卷），北京文化艺术出版社 1999 年版，第 2 页。

② 张开城：《文化产业和海洋文化产业》，《科学新闻》2005 年第 24 期。

③ 曲金良：《中国海洋文化基础理论研究》，海洋出版社 2014 年版，第 32 页。

了满足海洋社会和非海洋社会系统的文化消费需求而进行文化商品生产制造的行业。

本书综合以上观点,认为海洋文化产业就是以海洋文化资源为内容和载体,为了满足人们的海洋性文化消费需求而从事涉海文化产品生产和服务供给的经营性和非经营性即公益性行业,那些利用海洋文化资源和元素为一般商品提供文化附加值而取得效益的涉海行业,也属于海洋文化产业的范畴。其内涵中,海洋文化产业体现的海洋文化内容,是指在海洋文化产品和服务的整个生产链环节中体现的都是人类"源于海洋"的创意,即人们在与海洋互动过程中创造、发展和传承的智慧成果的具体体现;海洋文化产业体现的海洋文化载体,是指在海洋文化产品和服务的整个价值链环节中,包括生产制造、营销推广等环节,是对人类认识、开发、利用海洋相关的智慧和成果的利用,既包括对海洋科学技术、海洋自然资源、海洋人文资源、海洋衍生材料的利用,也包括对海岛、海岸、海上、海底等海洋空间和海洋工程的利用;海洋文化产业所体现的"向海而生"的海洋社会群体,既是海洋文化产品和服务的创造者、生产者,也是海洋文化产品和服务的消费者和享用者。

海洋文化产业体现的"与海洋相关"的特殊性,是其区别于其他文化产业的标志,海洋文化产业的这种特殊性主要表现在:第一,海洋文化产品和服务生产的原材料与海洋相关,即原材料是直接或者间接地取材于海洋自然资源和海洋文化资源;第二,海洋文化产品和服务反映的内容与海洋相关,即产品和服务体现的是海洋精神、海洋面貌、海洋特色、海洋文化、海洋理念等海洋主体的内容;① 第三,海洋文化产品和服务的消费对象和市场空间与海洋相关,即对象不仅是从事海洋相关产业或日夜与海洋"打交道"的社会和群体,也包括对海洋知识、内容、文化、审美等感兴趣的所有消费群体。

2. 海洋文化产业的分类

关于海洋文化产业的分类问题,有的学者最初将海洋文化产业划分为海洋文化旅游业、海洋节庆会展业、海洋休闲体育业和海洋文化艺术产业四个门类,后来随着中国对海洋发展的重视和人民文化消费的需求

---

① 李加林、杨晓平:《中国海洋文化景观分类及其系统构成分析》,《浙江社会科学》2011年第 4 期。

增加和需求升级，海洋文化产业的范围和门类不断扩展并增多。目前，在海洋文化产业的具体分类研究中，学界大多根据《文化及相关产业分类（2012）》推演出海洋文化产业的内涵和外延，再根据海洋文化产业的特征，对海洋文化产业进行详细的分类。本书在综合学界对海洋文化产业分类研究的基础上，基于对海洋文化产业主体系统研究的需要，所研究的海洋文化产业范围既包含经营性海洋文化产业，又包括公益性、公共性海洋文化事业等非经营性海洋文化产业。

因此，本书认为海洋文化产业的服务范围在市场上可以延伸到海洋相关新闻出版发行、海洋广播影视与电子网络传媒、海洋相关艺术创作与表演、海洋相关咨询与信息传输、海洋文化创意和设计、海洋文化相关休闲娱乐、海洋文化手工艺等经营性海洋文化产业领域以及公共、公益产品和服务等非经营性海洋文化产业领域，具体到中国目前海洋文化产业的发展现状而言，中国海洋文化产业门类可以划分为 12 大主要类型（见表 2-1）。

表 2-1　　　　　　　　　我国海洋文化产业门类

序号	类型	行业细分举例
1	海洋文化旅游业	滨海城市旅游、海岛观光游、渔村游、海上及海下游等
2	海洋休闲渔业	休闲垂钓等渔业体验、渔业观光、养殖观赏等
3	海洋体育竞技业	海上沙滩运动、海洋水上、水下和海空体育运动等
4	海洋节庆会展业	海洋文化节庆、海洋文化博物馆、海岛主体节会等
5	海洋民俗文化产业	海洋民俗信仰文化和传统习俗产业化等
6	海洋工艺品业	贝雕、木质渔船制作、渔民画、珊瑚与珍珠工艺品制作等
7	海洋信息服务业	海洋文化相关工程、管理的咨询和海洋文化信息披露等
8	海洋文化传媒业	海洋相关新闻出版、广播影视与电子网络传媒等
9	海洋创意设计业	海洋文化创意与设计、艺术创作、软件开发与设计等
10	海洋艺术表演业	海洋相关的音乐、戏剧、曲艺表演及相关海洋演艺产业链等
11	其他海洋文化商品业	海洋矿物收藏品、海洋标本、海洋文化服饰等相关实用品等
12	海洋文化公共服务业	海洋文化公共政策法规、海洋文化权益与安全、海洋文化基础设施、海岛社会保障、国民海洋教育、海洋生态文化修复

资料来源：国家统计局印发的《文化及相关产业分类（2018）》。

二 公益性海洋文化事业与经营性海洋文化产业

我们知道，海洋文化产业的内涵是以海洋文化资源为内容和创意，以满足人民的海洋性文化消费需求为目标的，从事涉海文化产品生产和服务供给的经营性和非经营性行业，且本书对海洋文化产业主体的研究是对海洋文化产业主体体系的一个系统、全面的分析，因此，要统筹兼顾非经营性的公益性海洋文化事业与经营性海洋文化产业，才能更加明确各类海洋文化产业主体如何在这两类海洋文化产业的发展中充分并合理发挥其主体作用。由此，便需要区分公益性海洋文化事业与经营性海洋文化产业两个重要的范畴。

（一）公益性海洋文化事业

1. 公益性海洋文化事业的内涵和特征

公益性海洋文化事业是指由政府投入并主导、兴办，或者政府交办、支持、指导、鼓励兴办的，向全社会无偿提供能够满足人民群众对海洋精神和海洋文化需求、提升公民海洋文化意识、弘扬传统优秀海洋文化、传承优秀海洋文化精神、优化海洋社群风气、规范海洋文化生产秩序、引导海洋文化发展方向、提高公民文化素养，并能够满足海洋文化公共产品和服务供给、推动海洋公共服务体系建设和海洋智库建设等全社会海洋事业发展的非营利性文化建设活动，包括与海洋文化发展紧密相关的各类政策法规、制度规章、基本设施等公共物品和服务设施项目，非营利性和公益性是其最突出的特点。

公益性海洋文化事业发展的目的和导向之一，在于实现以政府为主导和指引的海洋文化公共产品和服务供给主体的多元化，即不再单纯地完全依靠政府来发展公益性海洋文化事业，要让海洋文化产品和服务的受益者——非政府组织、海洋文化企业以及人民群体参与海洋文化公共产品和服务的供给活动，政府发展公益性海洋文化事业不再单纯地为了合理地开发和利用海洋文化资源、维持海洋生态文化平衡、实现海洋可持续发展，[①] 而是在引导海洋文化正确发展方向的基础上，着重满足人们对海洋公共文化设施、服务、环境和安全的需求，以保障人们的海洋文化权益和利益为重。

---

① 叶芳：《"海洋公共服务"概念厘定》，《浙江海洋学院学报》（人文科学版）2012年第12期。

公益性海洋文化事业发展的价值和理念，就是海洋文化公共产品和服务的供给要能实现海洋文化发展成果全社会范围而非仅涉海居民群体的全民共享，要在满足人民日益增长的海洋文化物质和精神需求的基础上，实现人与海洋之间生态、环境和文化的和谐相处，要能促进人们在开发中保护海洋文化、在利用中发展海洋文化、在创新中传承海洋文化的人海和谐关系。

2. 公益性海洋文化事业的分类

随着中国公共文化产品和服务体系的改革完善以及人们对美好生活中海洋文化利益需求的日益增加，公共海洋文化产品和服务的内容和形式也不断丰富。出于国家在海洋事业发展上的顶层性、特殊性、复杂性和安全性等原因，有些产品和服务必须由政府来提供，有些产品和服务是市场供给做不到或者市场的供给效率低于政府供给效率的，还有些产品和服务是市场能供给且供给效率高，并更符合人们的多样化需求的。按照这样的供给方式和渠道，结合公共经济学的视角，可以将公益性海洋文化事业的发展分为纯公益性海洋文化产品和服务以及准公益性海洋文化产品和服务两大类产品和服务的供给。

纯公益性海洋文化产品和服务，是需要完全由政府和相关事业单位来提供的，其内容主要包括三个层面：一是海洋文化管理的公共政策和顶层设计类，诸如公共海洋文化服务保障法律法规体系、海洋文化发展规划纲要、海洋文化管理体制、海洋文化遗产保护政策、海洋文化建设战略体系等；二是海洋文化权益和安全类，诸如海洋文化版权和产权保护、传统海洋文化传承和保护、海洋文化价值观念安全、海洋文化公共网络安全、海洋文化产业发展的安全等。海洋文化产品和服务所包含的内容是具有意识形态的文化，全球经济一体化带来了文化的强势传播，尤其是少数西方国家借助现代市场机制和高科技手段，大量输入海洋文化产品，对中国海洋文化价值理念形成一定程度的渗透扩张，抢夺了中国海洋文化产业的资源和市场阵地，严重威胁了中国的海洋文化安全，因此，需要政府严格把控、管理和改革中国海洋文化权益安全产品和服务的供给侧；三是海洋文化基础设施与服务类，诸如海洋文化基本理论体系的研究、海洋文化保护的基础设施建设、海洋文化普及和海洋意识的宣传教育、海岸线海洋文化资源调查、海洋文化遗产梳理保护、海洋文化智库建设等。

准公益性海洋文化产品和服务，也需要由政府来提供，但不一定由政府"亲力亲为"去生产制造，而是由政府指导或引导，然后将供给权下放给市场，政府通过制定相关规则制度，以外包或者投标等方式交由其他市场主体和社会公共组织来进行生产制造和服务的供给，并对其进行执行监督。准公益性海洋文化产品和服务主要包括三个层面：第一个层面是近乎纯公益性海洋文化产品和服务，比如海岛公共文化建设、海洋文化遗产保护设施建设、海洋人文环境管理等；第二个层面是中间性的准公益性海洋文化产品和服务，包括海洋文化和海洋意识教育普及、海洋文化资源信息咨询服务、海洋文化遗产的修复与保护工作、海洋文化博物馆和公园的建设、海洋文化资源的地理测绘等；第三个层面是近乎经营性海洋文化产品和服务的公益性产品和服务，比如海洋文化公共艺术产品的发行、海洋文化艺术馆和博物馆的展览、海洋文化剧院的演出、海洋文化产业发展的标准计量等。

公益性海洋文化事业分类的厘清，为我们从政府功能的视角来分析和理解政府在海洋文化产业主体系统中的角色和功能定位，把握政府与市场、社会之间的充分互动，实现海洋文化产业主体的协调发展提供思路。

（二）经营性海洋文化产业

经营性海洋文化产业主要是依靠市场和社会组织来进行海洋文化产品和服务的供给，受海洋文化市场供求关系的影响，由价值规律进行调节，通过供给活动获取利润，维持其运转，并缴纳经营性税费的海洋文化产业活动。但并不是所有经营性海洋文化产业的供给都是依靠市场和社会组织，有些经营性海洋文化产业的发展也局部存在于公益性海洋文化事业单位之中，且公益性海洋文化事业的发展也需要市场和社会组织与政府形成合力来承担起公共海洋文化产品和服务的供给任务。

在目前中国海洋文化产业的发展中，占据大部分的是经营性海洋文化产业，其经营范围涵盖了滨海旅游业、海洋休闲娱乐、体育竞技、节庆会展、民俗工艺品、影视传媒、创意设计、艺术表演等领域，这些产业的经营主要通过市场中的企业以及大量非企业化的个体和个人经营者等经营组织以及部分社会组织，利用市场化或家庭作坊式经营方式运作。随着经济新常态下中国海洋文化产业的优化发展、公众海洋文化消费的转型升级，经营性海洋文化产业价值链环节不断细分化、具体化，这就要求海洋文化产业主体之间更要形成良好的互动，以协调、平衡、合作的发展来提高中国经营性海洋文化产业的发展效率，实现海洋文化产品和服务产业链活动的良性运转和价值链体系增值。

在经营性海洋文化产业的发展之中，又存在很大一部分的产品和服务的供给，并不是旨在营利，而是自用、公益、出于信仰和习俗的需要在亲友和乡里社会中相互馈赠、互通有无。这些海洋文化产品和服务不以价格计算，不以货币交换，然而却饱含着人情世故、伦理家常、赠送与回馈等礼尚往来的"物—物交易""人—物交易""情—物交易""礼—物交易"等"交易原则"，因此同样具有"市场经营性"。只不过这种"交易"一般不用甚至刻意回避"一手交钱一手交货"和"货—币交易"的市场行为，但同样是海洋文化产业产品巨大的、无处不在的、无时不在的"市场"。而且，这类海洋文化产品和服务的生产制造方式或者供给方式虽然是最原始且不现代化的、最简单而非机械化的，但却是对海洋环境和文化资源破坏最少的，包含海洋生态文明理念的方式，而且由于不使用工业化方式进行大批量复制生产，因而保持了海洋文化产品的原始性、丰富性和多样性，更加符合海洋文化产业的文化内涵与特色，更加符合漫长海岸线上不同区域千姿万态品种、内容、形态的文化产品多样化特性，且更加符合民生的需求本质。

对经营性海洋文化产业概念的厘清有助于我们分析中国海洋文化产业市场以及社会组织上各产业主体的类型及其功能、特点，探究海洋文化产业主体系统内各类海洋文化产业主体的发展现状，以及不同产业主体之间应该实现怎样的交流与互动发展。

三 产业主体与产业主体间性

（一）产业主体

从哲学上讲，产业是依赖于人与人、人与自然、人与社会之间的关系而发展起来以满足人们生活需求的经济活动，作为产业主体的人不断推动生产力的发展和进步，是产业存在和发展的基础与动力，也是选择社会生产方式、指导社会生产的最基本要素，起的是人的能动性作用。产业的整个发展过程都是作为产业主体的人的本质力量持续外化和形象化的过程[①]，作为社会生产力中最具活力的主导因子，产业主体决定了产

---

① 万长松、张传辉：《产业主体论》，《科学经济社会》2009 年第 3 期。

业的有效管理、产业的运行以及产业以何种形式的内容呈现，使产业不断按照产业主体的需求、目的和目标去发展。产业和主体如日月相互依存，缺一不可，产业的每一次进步与创造，都是产业主体进行决策与行为选择的结果。因此，产业主体应该是产业研究最基本的逻辑起点，尤其是伴随着人们对美好生活中精神、文化需求的增加，以文化产业为载体和形式的产业发展使得产业主体越发受到重视，产业主体之间的和谐、平衡、稳定关系成为产业协调、科学、可持续发展的基础。对产业主体及其体系研究这也是本书研究的一个视角。

在经济学上，我们一般狭义地将市场主体称作产业主体，特指那些从事经济活动，并享有民事权利、承担民事义务和责任的个人和组织。它们是市场经济活动的主要参与者，也是社会经济文化关系的中心环绕者，推动着社会的不断进步与发展。市场主体可以分为资源承载拥有者、产业投资者、生产劳动者、产品流通者、管理者、引导者、消费者等几个类别，市场主体既包括自然人，也包括以一定组织形式出现的法人，既包括营利性机构，也包括公共、公益性机构和非营利性组织机构。无论产业主体以何种形式存在，它们的目标都是在市场交易活动中，通过满足社会需求来获得自身利益最大化的。

在现代市场经济中，市场主体包括政府、企业、个体居民和其他非营利性机构。[1] 其中，政府不仅是社会和经济运行的宏观管理者和调控者，还以制度、政策、法律法规和行政管理等方式直接或间接地介入市场活动，同时，它也是国有资产的所有者、公共物品的提供者以及一般商品与劳务的购买者和消费者；作为市场最大主体的企业，按所有制类型来分有国有企业、集体企业、私营企业、个体企业、联营企业、股份制企业、外商投资企业、港澳台投资企业与其他经济类企业；按经营性质来分，包括生产有形产品和提供无形服务的生产性企业、进行产品和服务推广与销售的贸易型企业、进行商品仓储与运输的物流型企业、实行线上交易的电子商务型企业、进行资本运转的金融型企业、提供信息咨询和管理的服务型企业，以及其他一些中介机构。[2] 居民包括个人以及家族、家庭等个体和个人经营者，一方面居民可以成为上述政府和社会

① 陆运锋：《市场运行的一般原理知识》，《市场经济导报》1994 年第 6 期。
② 黄泽民：《经济学基础》（第二版），清华大学出版社 2016 年版，第 23 页。

组织体的雇佣劳动力，兼具产品和服务的购买者和消费者；另一方面，居民也可以成为资本等产品和服务要素的参与者，即个人、个体经营者或企业中的非法人代表资本持有者。公益性以及非营利性机构，通常以无偿或者较为优惠的方式向社会和公众提供产品和服务，同时，它们也是产品和劳务的购买者与消费者。目前市场中，很多非营利性机构兼具公益与营利双重角色。

（二）产业主体间性

主体间性是哲学上的一个概念，它是在哲学关于"主体性"的概念中强调主体与客体二分关系的基础上发展起来的，强调主体与主体之间的交互关系。在对早先笛卡尔①和康德②关于"主体性"哲学概念的理解上，德国哲学家海德格尔③和胡塞尔④分别在"存在本体论"和"先验主体论"主张的前提下提出了主体间性的概念；后期，伽达默尔⑤将主体间性的概念又引申到语言文化视野中去，认为文本、语言、沟通可以超越主体自身的有限界线，为主体之间通过可看得见的沟通来表达主体间性奠定了思想基础；在以上理论的基础上，尤尔根·哈贝马斯⑥将主体间性引入社会历史和现实研究领域，提出人与人交往行动中的主体间性和主体交互性，使得主体间性的应用领域得以进一步扩大，为研究以人为基本构成元素的产业主体进行交互、交流，表达主体间性提供了理论基础。

而马克思早在 1845 年就提到"人的本质是一切社会关系的总和"⑦，人与社会通过实践进行联系，主体之间共享社会生活和实践经验，构成主体之间相互交流、影响的平台，这便将主体间性引入到社会的实践活动中，并在马克思主义经济学的现实应用中得以广泛体现，即主体间性在产业发展中的表达和运用。由此，主体间性从本质上讲，是指两个或两个以上主体进行主体性的交流和活动，并能够相互理解和彼此促进的社会实践关系。这便为我们理解马克思主义经济学中产业主体的行为选

① ［法］笛卡尔：《第一哲学沉思录》，孙平华等译，中译出版社 2019 年版，第 17—60 页。
② ［德］康德：《实践理性批判》，邓晓芒译，人民出版社 2004 年版，第 12—40 页。
③ ［德］海德格尔：《存在与时间》，王庆节等译，商务印书馆 2016 年版，第 45—62 页。
④ ［德］胡塞尔：《笛卡尔式的沉思》，张廷国译，中国城市出版社 2002 年版，第 19—33 页。
⑤ ［德］伽达默尔：《真理与方法》，洪汉鼎译. 商务印书馆 2007 年版，第 69 页。
⑥ ［德］尤尔根·哈贝马斯：《交往行为理论》，曹卫东译，上海人民出版社 2004 年版，第 43 页。
⑦ 《马克思恩格斯选集》，人民出版社 2012 年版，第 21 页。

择和产业主体建设提供了一种指导和借鉴，也为我们理解产业活动中产业主体的主体间性及其机理表现提供了一种思路。

产业主体间性是产业主体在社会生产实践活动中，在"主体间性"哲学范畴的思想下引申而发展形成的，意指一个产业主体与其他一个和多个产业主体在一个产业或整个产业系统的经济活动内相"际遇"时，产生的相互作用、交流、互动的内在联系，与产业主体多元化、主体相互融合等概念不同，它更强调产业主体之间基于差异性而进行相互的促进与交流，使得产业主体之间能够达到平衡、统一与和谐，是对产业主体兼顾交流互动与共同成长进步的双重表达。

马克思主义经济学中渗透的产业主体间性的思想和概念为我们探究海洋文化产业主体系统内，各类海洋文化产业主体之间的协同、互动机理以及平衡、协调发展关系提供了理论上的依据和实践上的行为指导。

四 海洋文化产业主体

基于以上对海洋文化产业和产业主体的理解，海洋文化产业主体的概念可以表述为：为满足社会涉海性文化消费的需求而从事与海洋文化相关的产品生产和服务供给的经营性和非经营性行业个人或组织。产业主体是海洋文化最重要的、最具能动性的承载体，它既是海洋文化的创造者和传承者，也是海洋文化产业发展的推动者、经营者和推广者，更是最根本的向海而生的各类海洋文化行业和"靠海吃海"的沿海、岛屿海洋社群的消费者和服务者。

目前，中国海洋文化产业主体力量主要来源于三个层面：第一层是高端层——政府层面，即作为海洋文化产业主导部门，具有管理、服务和监督等职能的政府机关以及事业单位机构中的"海洋相关部门"；第二层是主力基础层——市场层面，即市场中从事海洋文化产业的国有、集体、私营、联营、合资、外资、股份制等公司化形式的企业，介于政府与企业之间的包括金融机构在内的中介组织，以及大量的以家族、家庭、自然人为构成要素的非企业化形式的社会个体和个人居民经营者；第三层是辅助层——社会层面，包括学校、科研机构、公益组织等具有公益性、慈善性的非营利性组织。

所有层面的各类海洋文化产业主体，大到企业，小到个人，高到政府，低到非营利性组织，既可以是海洋文化资源的承载者和海洋文化产业劳动力的拥有者，又可以是海洋文化产业资本和要素的投入者；既可以是海洋文化产业经营的生产者和流通者，又可以是海洋文化产业管理的引导者、监督者和政策制定者，他们在整个海洋文化产业的发展体系中，从微观层面企业之间或者个人之间，到中观层面的产业集群发展或区域产业共同发展，再到宏观层面整个国家的海洋文化产业发展，都在海洋文化产业主体系统中不间断地体现着主体间性、进行着产业主体之间的互动和交流，以此推动海洋文化产业系统的平稳运转，推动中国海洋文化产业不断向前发展。

第二节　理论依据

一　马克思主义文化经济理论

"文化经济理论"并不是由马克思提出的，它是具有意识形态的人在社会进步中追求全面发展的产物，但是马克思主义哲学却是文化经济学的理论基础，文化经济学是马克思主义哲学中关于经济和文化发展概念的继承、发展、丰富和补充，中国文化建设的举措也是在马克思主义哲学的基础上结合中国实际国情而提出的思想战略。

马克思唯物主义思想中的物质决定论指出意识形态对生产力和生产关系是一种作用和反作用的关系，且意识形态是一种"物质力量"①。同时，在马克思关于人的自由而全面发展表述中指出人的精神生活和物质生活的统一是人类在发展中走向解放的途径。而人类的解放是文化发展的目的，通过文化的发展来实现主体——人的真理性和更高形态。马克思主义哲学中关于文化的发展理念为我们重视文化产业发展中的主体和主体性奠定了理论基础。

文化作为一种精神生产力和生产方式，不断表达了自身的发展规律，并在人们的物质生活中作用于现实生活而促使文化产品的产生，这种文化产品也是人们在社会科学、政治、法律和哲学等领域的思想观念形态发展的成果。人作为一种具有思辨能力的高级动物，在不断思考生存和需求的意义时，知识和文化生活便一直伴随着这些思考存在于人类生活中，并随着这种社会生活需求的不断增加，文化开始与经济结合，在意

① 《马克思恩格斯全集》，人民出版社 2012 年版，第 22 页。

识形态功能之外表现出文化的经济功能。在社会生活中，文化与经济的融合体现在人们对文化产品的生产和消费中，以文化产业的形式实现，这种文化的产业式发展使得文化和经济形成一种互动的反馈系统①，通过相互的交叉和融合，既相辅相成又自治自洽，以文化的发展规律和经济运行规律共同实现生产力的进步，以文化产业的发展带动社会文化发展，促进人们对精神生活的追求。

在马克思哲学基础上建立和发展起来的文化经济学成为文化产业发展的主导理论，同时也为海洋文化产业的研究开辟了新方向。中国的文化经济学是文化的双重属性以及文化和经济双重运动规律下的方法论和世界观②，文化经济的发展与进步不仅要求我们去认识文化和经济的融合，以文化经济学的价值思想和理论观念去发展海洋文化产业，更要从主体方面去理解文化经济、理解海洋文化产业，即文化经济发展的动力因子是拥有实践力量的人，在海洋文化产业中则体现为由人所组成的海洋文化产业主体。海洋文化产业的健康、可持续发展是产业主体发展的本性诉求和理想旨归，也是海洋文化产业主体系统稳定发展的未来方向和整个产业优化的要求。

二 习近平新时代海洋强国的论述

党的十八大以来，在中国海洋事业不断发展的进程中，以习近平同志为核心的党中央以马克思主义和中国特色社会主义建设理论为基础，吸收中华民族优秀传统文化，在历代中央领导重视海洋、发展海洋的思想继承和实践经验下，高屋建瓴，提出建设海洋强国的重大部署，把海洋强国建设融入"两个一百年"奋斗目标和中华民族伟大复兴中国梦的征程之中，强调要走向海洋、关心海洋、认识海洋、经略海洋。在党的十九大报告中，习近平总书记进一步提出"坚持陆海统筹，加快建设海洋强国"。从顶层设计到绘制蓝图，逐步形成了独具中国特色的习近平新时代海洋强国的论述，即以保护海洋环境为根本而真切地关心海洋，以提高全民海洋意识为目标而深刻地认识海洋，以维护海洋权益为保障而坚定地走向海洋，以发展海洋经济和海洋科技为核心和实践而全面地经

---

① 韩顺法、彭秋玲：《文化经济学视野下的意识形态效应及中国实践》，《山东大学学报》（哲学社会科学版）2017 年第 2 期。

② 胡惠林：《中国文化经济学：历史、现状与特点》，《福建论坛》（人文社会科学版）2017 年第 12 期。

略海洋，以"和平和谐""四海一家"的主张参与全球海洋治理，构建海洋命运共同体，加快建设新时代中国特色海洋强国，实现中华民族伟大复兴的中国梦。

在习近平新时代海洋强国的论述中，海洋文化发展的概念也蕴含其中：人们的海洋认知、海洋观念是根植于中华民族优秀的文化积淀和历史传统而发展起来，海洋文化的发展对人们重新理解人海关系、正确认识海洋价值、形成现代海洋意识具有重要的意义；中国传统海洋文化内涵与形态多式多样，其体现的天下情怀、重义轻利的价值观念是中国传统文化内涵的体现，这种文明对全世界有着天然的吸引力，是中国文化自信的一部分，使得中华民族的文化自信也渗透出蓝色力量；海洋文化产业的发展可谓将"绿水青山就是金山银山"的发展理念体现得淋漓尽致，它以海洋文化资源为基础，用绿色、生态化的方式不断壮大，是人与海洋和谐相处的典范，也是促进海洋生态文明建设的一股蓝色力量；在中国"一带一路"倡议的实施过程中，海洋文化以其"协和万邦""四海一家"的和谐世界观念构筑了"环中国海汉文化圈"，形成了"环中国海文化共同体"，① 为建设海洋命运共同体铸造了"蓝色引擎"。

要加快具有中国特色海洋强国的建设步伐，海洋文化先行的力量是这一长久战略的思想根基和精神动力，它饱含的"四海一家""协和万邦"等中华传统优秀文化底蕴既是人们认识海洋的基础，又是人们关心海洋的动力，它丰富灿烂的内涵和神秘的历史带领人民走向海洋，它以文化价值渗透的经济价值和社会价值带领人们经略海洋，它和平、和谐的"中国式"发展模式和人文精神是人类美好社会的共同期待。

因此，海洋文化的发展概念一直贯穿于人们的涉海活动中，贯穿于中国海洋的发展与理念之中，也贯穿于中国建设海洋强国的进程之中，为加强新时代中国特色海洋强国建设提供了支持和保障。我们研究海洋文化产业的发展，也势必要融合到习近平新时代海洋强国的论述中去。

三 海洋命运共同体理念

"我们人类居住的这个蓝色星球，不是被海洋分割成了各个孤岛，而

① 曲金良：《环中国海文化共同体重建大战略——"21世纪海上丝绸之路"的文化精义》，《学术前沿》2014年第12期。

是被海洋连结成了命运共同体，各国人民安危与共。"① 从党的十八大做出建设"海洋强国"的重大部署，并以"一带一路"倡议作为推进，到习近平主席在人类命运共同体理念的基础上首提"海洋命运共同体"，中国在全球海洋的发展中不断贡献着中国智慧和中国方案。当前世界海洋局势风起云涌，一国难能独善其身，世界海洋和平安宁的发展需要通过构建全球海洋国家伙伴关系，以海洋为媒介来促进海洋发展的共商共建，增强海洋文明的交流互鉴，共同保护美丽海洋，推动人海和谐共生。

构建海洋命运共同体是海洋理论、海洋事务和海洋话语的重要目标，它不仅仅是海洋经济、海洋政治、海洋军事、海洋生态等方面的事业，它还具有深刻的文化理念，是马克思主义理论与中国实际、中国传统海洋文化相结合的产物。从文化的向度上讲，海洋命运共同体是一种既能体现时代脉搏，又具有中国特色的文化政治，而海洋文化的交融是这种文化政治视角下构建海洋命运共同体的必然指向之一。构建海洋命运共同体要明确海洋文化发展理念的科学性和正当性，在实践中践行海洋文化理念。中国学者从"海洋命运共同体"这一理念的提出、内涵、价值及其路径等方面做了深入的剖析，黄高晓等②认为从海洋强国建设到海洋命运共同体构建，这一思想的飞跃是习近平海洋思想体系发展的理论逻辑和行动指南；赵畅③、张景全④、姚莹⑤分别从海洋生态文明、海洋政治、海洋法的角度来阐述海洋命运共同体在具体层面的意蕴；王芳等⑥从"共护海洋和平、共谋海洋安全、共促海洋繁荣、共建海洋环境与共兴海洋文化"五个角度分析了海洋命运共同体这一理论的内涵；陈秀武⑦则从区域的视角探讨从东南亚海域来推动构建海洋命运共同体的路径。从目

① 参见 2019 年 4 月 23 日习近平主席在青岛集体会见应邀出席中国人民解放军海军成立 70 周年多国海军活动的外方代表团团长时的讲话。

② 黄高晓、洪靖雯：《从建设海洋强国到构建海洋命运共同体——习近平海洋建设战略思想体系发展的理论逻辑与行动指向》，《浙江海洋大学学报》（人文科学版）2019 年第 5 期。

③ 赵畅：《践行习近平生态文明思想，助力构建海洋命运共同体》，《中国海洋报》2019 年 10 月 22 日第 2 版。

④ 张景全：《"海洋命运共同体"视域下的海洋政治研究》，《人民论坛》2019 年第 8 期。

⑤ 姚莹：《"海洋命运共同体"的国际法意涵：理念创新与制度构建》，《当代法学》2019 年第 5 期。

⑥ 王芳、王璐颖：《海洋命运共同体：内涵、价值与路径》，《学术前沿》2019 年第 8 期。

⑦ 陈秀武：《东南亚海域"海洋命运共同体"的构建基础与进路》，《华中师范大学学报》（人文社会科学版）2020 年第 2 期。

前的研究来看，鲜有学者从海洋文化的视角对海洋命运共同体展开研究。而从海洋文化的维度来思考构建海洋命运共同体这一时代课题，形成具有吸附力、向心力、凝聚力的核心价值理念不可阙如，它是构建海洋命运共同体的文化支撑与精神动力，也是构建海洋命运共同体应有的文化构想和文化担当。

（一）"海洋命运共同体"的内涵体系与时代意义

1."海洋命运共同体"构建的理念与价值目标追求

"海洋命运共同体"是"人类命运共同体"理念的重要组成部分，同时也是对"人类命运共同体"理念的深化和发展。如果说"海洋强国"建设、"21世纪海上丝绸之路"建设还侧重在我们人类作为主体去经略海洋的话，那么"海洋命运共同体"理念则是站在历史文明的新高度上，创造性地将中华民族"天人合一""人海和谐"等优秀海洋文化精髓应用到对海洋及其发展的深层次认知和高度把握上。它超越"人类"和"人类命运"本身这个界限，突破"人类命运共同体"将人作为价值共同体主体这一层面，认为海洋也是人类命运不可分割的生命体系之一，海洋生态、海洋中所有的生物及其环境与我们人类一样都是命运与共的主体。这是在宏观生命系统视野下对人类和自然（海洋）共同构成"命运共同体"的理解和认定。必须承认，我们人类的活动已经极大地对海洋生命系统带来了改变和威胁，海洋也向我们人类发出了种种示警信号甚至"报复"，人类与海洋命运休戚与共，只有认知其联结一体、相辅相成性，才能实现人类与自然（海洋）共同发展的可持续。所以，"海洋命运共同体"构建的成功与否，不仅关乎我们人类命运，同时也关乎海洋生命系统的命运；它不仅仅是侧重人类如何经略海洋本身，同时更成为对以人为主体的价值主张、实践行为及其效果的能动反思与拨正。

人与海洋两个生命系统主体之间的关系，是"人类""海洋""人类与海洋"三个层面的综合性立体关系。因此，"海洋命运共同体"的构建是从"人类""海洋""人类与海洋"的综合性立体关系发展的视角、治理的视角、最终实现理想目标的视角，对"人、海洋、人与海洋往何处去"命题做出的理智、智慧、能动的既客观又理性的回答。这是一种超越了地域、民族、意识形态甚至物种的发展理念和能动实践。

基于如上认知，"海洋命运共同体"构建的目标及其过程，可以进一步理解为：这是人类共同推动海洋和平安宁发展、共建美丽和谐海洋、实现人与海洋共同可持续发展的目标及其过程。它强调在全球范围内多样化社会制度并存的条件下，在不同民族多元文化、文明的差异、冲突和矛盾现实下，在不同的历史基础和特殊的时代依据下，本着海洋权益安全、海洋国际合作、海洋经济共赢、海洋文化通融、海洋生态保护、人海和谐发展、人海可持续发展等共同价值理念追求，秉承超越国家边界的"共商共建共享"原则①，世界海洋国家结伴而行、相互依赖、利益交融、合作共赢，在海洋利益竞争、海洋观念冲突和矛盾中寻求"最大公约数"，缔造全球海洋治理新格局，在追求本国海洋利益同时兼顾他国海洋合理权益，在经略海洋的同时关怀海洋，注重人类与海洋的可持续发展，最终形成真正的"民族、国家、人类、海洋乃至整个生命系统"的共同体。

2. "海洋命运共同体"的深刻内涵和意义

一方面，海洋命运共同体是人在与海洋相处的过程中所创造的一种认知和理念，并反过来将这种价值理念内化于人心，以此来指导和规范人类与海洋相处的种种实践行为，因此，海洋命运共同体价值理念和具体实践的最突出表现之一也是以文化为图景呈现的，尤其是海洋文化的思想精髓在其中的演绎和作用不可低估。

中国海洋文化源远流长，它蕴含了中华民族优秀传统文化的基因，表现出的不仅仅是"海洋性""开放性""交流性""创新性"和"重商性"，更重要的是一种"和平性""和谐性""包容性"，体现的是"协和万邦""四海一家""天下一体"的"中国式"传统文化精神和核心价值观念。海洋命运共同体思想亦是对中华民族优秀海洋文化精髓的继承与创新，它的核心价值理念浸润着中华民族源远流长的海洋文化基因，闪耀着中国海洋文化的智慧光芒。

当今时代"人类应当在什么现实基础上构建海洋命运共同体"？对此，习近平做出了明确的回答，就是建立合作共赢的新型海洋国际关系。在风起云涌、变化莫测的海洋局势下，在人类可持续发展面对的种种难题中，没有哪个国家能够独善其身，而唯有合作，唯有将我们人类以及海洋的命运紧密相连、构建海洋命运共同体，才是行之有效的"大道"，

---

① 习近平：《决胜全面建成小康社会 夺取新时代中国特色社会主义伟大胜利——在中国共产党第十九次全国代表大会上的报告》，人民出版社 2017 年版，第 60 页。

这是一种"天下为公"的情怀，而海洋文化蕴含的"四海一家""协和万邦"的公共性理念正是海洋命运共同体这种思想的灵魂和基因；面对全球海洋问题的持续恶化，构建海洋命运共同体这项艰苦的任务，需要我们通过不懈的科学技术创新和永无止境的探索来为世界海洋国家携手前行准备"武器"和"力量"，而海洋文化蕴含的"海纳百川""勇敢无畏"的自奋性理念正是海洋命运共同体构建的价值力量；海洋命运共同体的关注视角包含了"人类""海洋""人类与海洋"三个层面，既有对人类命运的思考，也有对海洋生命系统以及人海休戚与共的各类关系的思考，而海洋文化蕴含的"人海和谐""包容共生"的生命性理念正是海洋命运共同体所体现的价值关怀；海洋文化不仅是海洋命运共同体构建意识形态上的软支撑，基于海洋文化资源而创新发展起来的现代海洋文化产业拓宽了人类经略海洋的深度和维度，因此，海洋文化内蕴的"文化属性""经济属性"的创新性理念是海洋命运共同体思想的价值张力。① 这些理念和价值的契合与相通正是海洋文化作为海洋命运共同体文化支撑和精神保障的体现。

另一方面，海洋命运共同体是在当前全球紧张的海洋局势下提出的中国方案，它的价值主张和理念追求是在中华民族传统海洋文化基础上对海洋文化精髓的创新性发展和应用。海洋的跨海跨域性和天然的流动性决定了海洋将世界各洲各洋连接为一体，并为各地的文化交流和相连提供条件，尤其使得海洋文化在国家间、民族间、区域间的辐射交流和联动互动更加明显，这与海洋命运共同体的多元互动交融理念不谋而合。与此同时，海洋命运共同体的思想理念也将中华民族优秀的海洋文化带到更大的舞台和更高的视野中进行弘扬，这种在海洋文化自觉的行动实践中形成的海洋文化自信反过来又巩固和支撑了海洋命运共同体的核心价值理念。

（二）海洋文化与"海洋命运共同体"构建的关系互构

1. 海洋文化观念、意识决定"海洋命运共同体"构建的目的和导向

"海洋命运共同体"的构建需要人类正确理解人海关系、深刻认识海洋价值、提高海洋文化认知、形成现代海洋意识。海洋意识是基于人海

---

① 李青璇、李艳：《中华优秀传统文化视域下习近平人类命运共同体思想的价值底蕴》，《思想政治教育研究》2018 年第 4 期。

关系特征而形成的面对海洋及相关问题的心理、应对时代海洋挑战的意识、参与涉海行为的自我反应以及由此形成的一系列知识体系和精神现象。① 与此同时，海洋意识是在海洋文化的创造和发展过程中伴随而产生的一种认知状态，人们的海洋认知、海洋观念甚至海洋行为是根植于文化积淀和历史传统而内化发展起来的，海洋意识是海洋文化的核心灵魂和重要组成部分，因此，"海洋命运共同体"的构建离不开海洋文化观念和意识。

海洋文化是"人类源于海洋而生成的精神的、行为的、社会的和物质的文明化生活内涵，海洋文化的本质就是人类与海洋的互动关系及其产物。"② 它是在"人"与"海洋"两个要素互动与关联的基础上，通过人们源于海洋的生产生活和实践活动，而表现在人们的精神认识、意识观念、思想心态、价值取向、生活审美、社会生活面貌等层面的海洋文化、文明内涵，它关乎人们对海洋相关的资源、疆域、权益、环境、审美、安全、权益、发展以及海洋的天下意识等方面的认知，这些认知既是我们海洋意识内涵的具体体现，也是人类海洋价值观形成和塑造的基础，它指导着人类更加科学地去认识和经略海洋、关心和保护海洋，促进人类与海洋的和谐共生，因此，海洋文化观念和意识决定着我们为什么要构建"海洋命运共同体"、构建什么样的"海洋命运共同体"，以及怎样构建"海洋命运共同体"等一系列核心问题。

2. 中国海洋文化理应成为"海洋命运共同体"构建的共同文化追求

"海洋命运共同体"承载了人类对美好生活、美丽海洋、人海和谐可持续发展等目标的一贯追求，通过"分享共同的意义、价值和目标"③，使得人类和海洋的每一个生命都具有真正的价值意义，这是一种"彼此信任、同舟共济、共享共荣、安稳确定、富有情怀"的人群交往关系和存在样态的表征，④ 这也是全世界对人类与海洋发展的共同诉求和期待。

当前，国际形势错综复杂，伴随着海洋各国开发利用海洋活动而产

---

① 赵宗金：《海洋文化与海洋意识的关系研究》，《中国海洋大学学报》（社会科学版）2013 年第 5 期。

② 曲金良：《中国海洋文化研究》（第一卷），北京文化艺术出版社 1999 年版，第 15 页。

③ ［美］约翰·麦克尼尔、［美］威廉·麦克尼尔：《人类之网：鸟瞰世界史》，王晋新、宋保军等译，北京大学出版社 2011 年版，第 316—317 页。

④ 毛勒堂：《"人类命运共同体"何以可能?》，《马克思主义与现实》2018 年第 1 期。

生的海洋控制与争夺也日益激烈，一系列海洋争端、海洋安全问题让人类既听到了海洋沉重的呻吟，也日益渴望海洋世界的和平与安宁。中国海洋文化自古便传达了"和平""和谐"的价值理念，并在亲近海洋、开发海洋、利用海洋、保护海洋、实现人与海洋和谐相处的具体实践中形成了独具中国特色的"四海一家""天下一体""亲海敬洋""互通有无"的"中国式"海洋发展模式和海洋人文精神。在当代中国海洋的发展中，"和平""合作""共赢"的理念推动以中国为核心建立了"环中国海"文化圈，并成为致力于构建"海洋命运共同体"的佼佼者，这些成就和地位得益于自古到今在中国海洋发展史中，"使用的不是战马和长矛，而是驼队和善意；依靠的不是坚船和利炮，而是宝船和友谊"①。这种"和为贵"的海洋发展理念和模式对世界其他海洋国家的人民有着巨大的吸引力和吸附力，并逐渐在全世界形成了高度的认同感，成为越来越多世界海洋国家向海洋大步踏进的思想嬗变和行动指南。因此，中国海洋文化理应成为"海洋命运共同体"构建的共同文化追求。

3. 海洋文化产业负载"海洋命运共同体"构建的经济—文化内涵

海洋文化产业是以海洋文化资源为内容和载体，为了满足人们的涉海性文化消费需求而从事涉海文化产品生产制造和服务供给的一类行业。② 它将抽象的海洋文化、文明转化成具象的、符合现代人生活方式的海洋文化呈现方式，以看得见、摸得着的物化产品和服务让海洋走进生活。这种对海洋文化的提炼和创造性再造让人们可以通过日常的消费与需求活动，更加直观、简易地感受海洋文化和海洋文明，既带动了海洋经济的发展，也培育了公众热爱海洋、关心海洋的情感，为"海洋命运共同体"的构建提供经济和文化双支撑。

海洋文化产业的"经济"和"文化"双重属性决定了产业资源的获取既来源于有形的、物质的海洋自然和人文资源，也来源于无形的、精神的海洋文化资源，因此海洋文化资源的产业化是一种区别于海洋第一、第二产业的生态化、创新化的海洋资源开发利用方式，它能够拓宽我们认识、开发和利用海洋的宽度。另外，海洋文化产业的意识形态属性和其蕴含的优秀传统海洋文化核心价值观念使其具有一种区别于传统海洋

---

① 习近平：《携手推进"一带一路"建设》，人民出版社 2017 年版，第 2 页。
② 张开城等：《广东海洋文化产业》，海洋出版社 2009 年版，第 33 页。

产业的绿色、协调、和谐、共享式发展理念和发展模式,这种理念和模式具有低耗能、集约、环境保护和资源友好的特点,增强了海洋的可持续发展力,契合"海洋命运共同体"构建的目标理念。

目前,借助于"一带一路"倡议,在"21世纪海上丝绸之路"海洋特色文化产业带和海洋特色文化产业等平台上,打造了"中国—东盟海洋旅游合作圈""泛南海旅游经济合作圈""海上丝绸之路旅游专线"等国际海洋文化旅游战略项目,打响了世界海洋日、青岛国际海洋节、世界妈祖文化论坛等一大批响亮的海洋文化国际品牌,中日韩海岛开发合作、"海上丝绸之路"文化遗产保护、国际休闲渔业博览会等海洋文化产业国际交流合作大放异彩。[①] 这些现代化的海洋文化产业将中国海洋文化、中国海洋思想、中国海洋价值观、中国海洋发展理念通过强大的海洋文化产品和服务等载体媒介传播到了全世界,通过对海洋文化的创新性转化和创造性发展,展示和宣传了中国的海洋文化和海洋发展价值理念,推动建立了中国海洋文化发展的国际话语体系,同时,促进了中国与世界其他海洋国家之间的海洋文化交流,增进了不同海洋文明之间的沟通与融合,[②] 推动了"海洋命运共同体"的构建。

同样,在中国海洋文化产业的健康、可持续发展中,一方面,要将"人类""海洋""人类与海洋"三者之间密不可分的关系贯穿到海洋文化资源的产业化进程中,要始终秉持人与海洋和谐发展、可持续发展的理念;另一方面,海洋文化产业不同的市场主体也应该在产业的发展过程中通过不断的交互、协同进步,形成一个共同体,共同致力于中国海洋文化产业的健康可持续发展。

四 产业价值链理论

产业价值链理论是迈克尔·波特在研究企业价值系统时提出的一种管理理论,他认为每个企业在其产业经营过程中,都要经过设计、生产、销售、发展和辅助生产等一系列价值创造的基本活动,这些活动既相互独立又相互关联,并以独特的方式连接在一起,形成产业价值的一个动态自组织过程。在这个过程中,产业价值从产业活动的起始端流向产业

---

① 于凤、王颖:《我国海洋文化事业发展现状和建设研究》,《海洋开发与管理》2017年第8期。

② 黄沙、巩建华:《中国海洋文化产业发展历程、意义与趋势》,《中国海洋经济》2016年第2期。

活动的最终端，使得产业价值在产业链上不断传递、转变，形成产业价值链系统。产业价值链的每一个环节都是由大量相互关联又相互制约、相辅相成的同类产业活动实践主体构成，每一个环节在技术和能力上通过较强的关联性来保证价值的顺利传递和增值，同时也通过技术上的层次性来体现不同产业活动的分工和不同产业活动实践主体的核心竞争力。产业价值链是一个产业分工协作的具体体现，也是产业发展效率的侧面反应，它体现了不同产业主体和产业活动之间的关联性，还决定了产业结构的组织方式，主导了整个产业的竞争优势和发展命运。

文化产业的发展遵循传统产业经济的一般发展规律，因此，波特的产业价值链管理思想同样能够应用到文化产业领域中。在文化产业里，文化产品和服务的供给过程经过了创意生成、创意转化、生产制造、推广营销、传播销售、交换消费和衍生创造等环节。较之传统产业，文化产业价值链的增值活动虽多了文化创意的萌发生成和创意的转化成果等环节，但是文化产业的价值链体系既能利用一般企业价值链理论，依靠文化产业的特殊性和特色性，进行产业活动的再融合、再渗透和再整合创新，又能体现文化产业整个产业价值的萌发、生长、发展、完善和衍生过程，从而形成从文化产业创意源头到文化创意成果产业化生产的整个价值增值全过程，其表现出的价值链系统的复杂性、互动性、全面性要高于传统产业的产业价值链。

在文化产业的价值链体系中，不仅是价值和功能在产业组织多个环节的产业活动中得以传递和实现，每个产业活动环节的产业组织，即产业活动实践主体也各有差异。文化产业的产业链条包括了创意产生到创意成果转化到产业化生产整个过程，涉及创意机构、智力机构、投资机构、推广机构、政府机构以及中介机构等主体，共同完成文化产品和服务的完整供给过程。而且，其产业价值的产生、流动、转移、增值、转化实现贯穿文化产品和服务供给的上游、中游、下游全链条，有别于传统产业链中主要注重组织和利用中下游产业主体之间的资源来提高产业效率、降低成本的价值实现过程。①

在产业的价值链体系中，价值的完整实现由多个产业活动相互连接、

---

① 刘友金等：《创意产业组织模式研究——基于创意价值链的视角》，《中国工业经济》2009 年第 12 期。

彼此影响、共同完成，每一个产业活动与另一个产业活动相连接的组织节点上，都是相辅相成的一个产业活动实践主体，它们基于产业发展的逻辑关系和产业独特业态的时空布局等关系而形成一种关联状态，它们既可以是一个独立的个人或法人，也可以是一个功能组织体，它们发出的行为构成了企业的产业活动链条，文化产业价值链理论有着波特价值链理论的一般原理，又兼具其产业的"文化性"生产特征，因此，文化产业价值链体系的运转原理和具体构成可以为我们研究每一段价值实现环节对应的产业主体提供一种思路，也为寻找不同海洋文化产业主体之间的互动关系和良性发展模式的构建带来启示。

五 海洋经济可持续发展理论

海洋经济可持续发展是可持续发展理论在海洋领域的具体体现，它研究人类如何理性地协调人与社会发展、海洋之间的关系，即如何实现人在与海洋相处过程中的人类素质的全方位提高和人类社会文化的全面进步，实现海洋资源开发和利用带来的社会经济和政治的统筹协调和良性发展、实现海洋环境资源保护和生态平衡的美丽海洋建设，最终实现美丽、和谐、可持续的人海发展关系。

随着中国沿海地区海洋经济发展的日益加快，海洋文化产业活动所需要的各类海洋文化资源不断加量，较大规模的市场主体为了占领市场份额、追求规模效益而不断扩大地盘，甚至不惜破坏法律与制度，出现诸多不合理的海洋文化资源开发与利用现象，出现一系列海域污染、渔业资源枯竭、海洋原生态环境破坏等严重的海洋环境污染与资源破坏问题，这些问题日益成为沿海地区、岛屿地区、近海近岸海洋海域经济发展的约束。在中国加快海洋强国建设和生态文明建设的当代条件下，推动海洋经济的可持续发展迫在眉睫。

海洋经济可持续发展理论是中国海洋文化产业发展的价值指引和理念导向。首先，海洋文化产业的文化属性要求产业在发展时既要秉承中国海洋文化"和谐和平""四海一家""包容共生"的价值理念，又要在传承海洋文化精神的基础上通过创新来满足人们对海洋文化的需求和美丽海洋的期盼，推动中国公众的全民发展和社会文化的进步；其次，海洋文化产业的经济属性要求要通过海洋文化的建设和发展，繁荣中国海洋文化事业，实现海洋文化产业在新时代下的更大发展，提高中国海洋经济的国际竞争力和综合影响力，在经济发展新常态下，以可持续的产业发展力带动中国海洋经济的转型升级，助力加快建设海洋强国。

海洋经济可持续发展理论是海洋文化产业主体行为的准则约束和目标指引。海洋文化产业主体的产业活动要建立在"人与海洋和谐相处"的协调性发展之上，即利用人的主观能动性，在产业主体的活动行为中，对海洋文化资源的开发和利用要做到有序、高效、合理，对海洋生态和环境要做到友好、和谐、保护，在海洋文化发展的方式上要做到科学、高效、永续，海洋文化产业主体的运转要做到平衡、协调、稳定，在海洋文化发展战略上，扭转海洋文化产业发展初期的短暂徘徊、缓慢状态，创造长期的、健康的产业发展条件和环境，增强产业的持续增长和产业主体的持续发展能力。

海洋经济可持续发展理论是中国海洋文化产业健康发展和产业主体健康成长的必然要求。中国海洋文化产业及其产业主体的发展要以海洋经济的可持续发展为目标和导向，在海洋文化产业发展中，坚持科学发展的原则，充分认识和尊重海洋的自然规律[1]，以技术和创意创新提高海洋文化资源的利用效率；在海洋文化产业主体的成长中，坚持协调发展的原则，以产业主体之间的平衡、协调、和谐互助实现产业主体系统的稳定运转，最终实现海洋文化产业健康、可持续发展，推动中国海洋生态文明建设进程。

第三节　中国海洋文化产业的发展现状

近年来，在国家海洋强国战略部署下，中国的海洋事业发展取得了辉煌成就：海洋生态文明建设在国家生态文明建设中的角色更加突出，"人类命运共同体"理念下中国在全球海洋治理体系中的话语权和影响力不断增加，海洋公共服务体系不断完善，海洋服务保障水平大幅度提升，尤其是海洋经济的转型升级发展步伐越发加快。但在海洋经济高速发展的同时，我们也要看到，依托于海洋资源发展的第一、第二产业对海洋生态环境和资源带来的压力日益凸显，而海洋文化产业和以海洋文化产

---

[1]　刘赐贵：《加强海洋生态文明建设，促进海洋经济可持续发展》，《人民日报》2012年6月7日，第15版。

业为支撑的"蓝色文化产业"发展恰逢其时,将为突破海洋经济发展的资源和环境瓶颈带来有力的支撑。

从《全国海洋经济发展"十二五"规划》首次将海洋文化产业发展纳入国家顶层设计规划以来,从中央到地方逐渐加大对发展海洋文化产业的重视和规划,并出台了一系列产业发展的支撑政策和保障措施,引导和扶持中国海洋文化产业的健康发展,中国海洋文化产业逐步进入迅速发展时期:滨海旅游业增加值占海洋产业总产值的比例一直保持在30%以上,开始逐渐担当起海洋经济的主力军;海洋文化遗产保护工作取得突破性进展,从考古挖掘到创建数据库,从抢救性恢复到宣传教育,中国海洋文化遗产的保护工作在创新中不断发展;中国海洋文化节、青岛国际海洋节、世界妈祖文化论坛等节庆活动打造了一大批响亮的海洋文化品牌,独具海洋文化特色的博物馆及民俗海洋文化景区的建设完善了中国海洋文化公共服务体系建设,宣传、科普和推广了海洋知识和海洋意识教育;"21世纪海上丝绸之路"海洋特色文化产业带和海洋特色文化产业平台建设大放异彩。[1] 中国海洋文化产业的发展格局全面铺开,并表现出持续的发展潜力和广阔的发展前景。

一 海洋文化产业发展业态

(一)目前中国主要海洋文化产业门类的发展现状

在目前中国海洋文化产业市场中,产业增加值连年增加,产业门类不断丰富,产业结构不断调整和优化,海洋文化旅游业、海洋文化节庆会展业、海洋文化传媒业、海洋艺术表演业、海洋休闲渔业、海洋工艺品业开展得如火如荼,尤其是渔村渔家乐、海上与海下探险、海洋生态文化风光观赏等新兴海洋文化业态,在近几年海洋文化产业市场上异军突起。总体来说,各类海洋文化产业在当前经济新常态下不断涌现出不同的发展态势,就海洋文化产业几个主要产业门类的发展情况来看:

第一,海洋文化旅游业担当起产业主力军。丰富的海洋自然旅游资源和海洋人文旅游资源衍生出了一系列形式各异的海洋文化旅游活动和项目,根据国家海洋局2010年到2017年《中国海洋经济统计公报》披露的信息,如图2-1所示,在这7年的时间里,中国滨海旅游业产业增

---

① 于凤、王颖:《我国海洋文化事业发展现状和建设研究》,《海洋开发与管理》2017年第8期。

加值由 2010 年的 4838 亿元上升到 2017 年的 14636 亿元，占海洋总产值和海洋第三产业增加值的比重分别由 2010 年的 31.20%、26.50%上升到 2017 年的 46.10%、33.32%，所占比重持续走高，滨海旅游业发展规模不断扩大。丰富的海洋自然生态旅游资源和海洋人文生态旅游资源衍生出一系列形式各异的海洋文化旅游活动和项目，近些年伴随高端商务活动的发展和人们文化消费观念的改变，逐渐又新生出一种以海洋文化旅游为契机，在海洋自然与人文环境中开展商务合作谈判的新型海洋文化消费市场。① 滨海旅游业形式逐渐多元化，融合了新业态、新技术的滨海旅游发展潜能进一步得到释放。

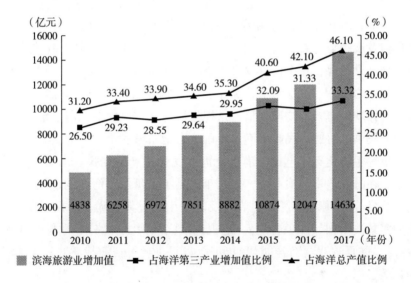

图 2-1　2010—2017 年中国滨海旅游业增加值及其占比情况

　　第二，节庆会展业成为产业新亮点。近年来，沿海地区依托当地特色海洋文化开展了一系列知名度较高的节日庆典活动，尤其是在粤桂琼和江浙沪地区，各类大中型节日庆典活动内容丰富，形式多样、层次颇高。截至 2017 年年底，连续举办了 4 年以上的海洋文化节庆会展活动，诸如广州的中国海洋经济博览会、象山的中国开渔节、福建湄洲岛的世界妈祖文化论坛、厦门的国际海洋周等共计 50 余个，丰富的海洋文化节

---

① 张开城：《海洋文化产业现状与展望》，《海洋开发与管理》2016 年第 11 期。

庆产业市场不仅推动了海洋文化产业的国内外交流与合作，也为人们展示了一个传统与现代并存的多彩海洋文化世界。另外，海洋文化会展业也不断升温，为人们认识和了解海洋文化提供了平台。在中国台湾宜兰的兰阳博物馆里，原始保留并完整地再现了乌石港的海洋湿地系统，从海底动植物和地理地质到海面水文环境，再到海上自然风貌，让人们形象而完整地了解了海洋文化；在广东和泉州等地的海上丝绸之路博物馆中，陈列馆、藏品仓库等海洋文化展览，让人们通过古船等出水文物展览和遗址遗迹复原来了解海上丝绸之路的历史。节庆会展业逐渐成为人们了解海洋文化、发展海洋文化的一个窗口和平台。

第三，海洋工艺品业和艺术表演业稳步发展。近年来，中国海洋文化市场上，海洋工艺品业和海洋艺术表演业一直处于稳步发展的阶段，从目前发展趋势来看，随着国家"一带一路"倡议的推进，在未来几年将呈现上升趋势，更多海洋文化艺术作品和衍生产品将会出现在人们的文化消费之中。[1] 在海洋工艺品中，有琳琅满目的贝雕、海洋石刻工艺品，有体现沿海社群物质生活、精神生活与文化风貌的黑陶彩绘渔民画、船板渔民画、海螺渔民画等渔民年画，有记录海底历史的海百合、珊瑚、苔藓虫等生物化石工艺品，有传承海洋文化遗产的船模、木质渔船手工制造。在海洋艺术表演业中，近几年出品了大量源于海洋的话剧、电影、电视节目等各种舞台表演类节目及其衍生的动漫、游戏、玩具类产品。比如实景演出剧《印象普陀》、电视连续剧《海上丝路》、歌舞剧《丝海梦寻》，网页游戏《海洋时代 Online》《卧龙吟》《海战游戏》《深海争霸》等。

（二）中国海洋文化产业新业态

近年来，随着人们消费观念的转型升级，在原有海洋文化产业的基础上又衍生许多海洋文化新兴业态，培育了海洋文化产业新的消费点，使得海洋文化产业的消费渠道日益高端化，产品和服务供给日益多元化、人性化，不断推动着中国海洋文化产业的供给侧结构性改革。

第一，海洋养生休闲业。伴随现代社会压力的增大和大众新消费时代的到来，人们对修身养性、文化感受等精神层次的养生休闲更加重视，

---

① 徐文玉、马树华：《中国海洋生态文化产业的发展态势与发展模式》，《中国海洋经济》2016 年第 1 期。

于是海洋生态文化的消费越来越成为一个兴奋点,以海洋文化内容为依托来满足人们悦智乐神、愉情修身等身体和心灵需求的消费方式越来越受到人们的青睐,且日益成为中青年消费群体的一个兴奋点。中国沿海城市的海洋养生休闲项目也日渐多样化,例如依托海洋民俗文化中的祭祀舞蹈和传统赛事而发展起来的休闲健身娱乐项目,山东蓬莱依托海洋传说文化打造的仙境温泉养生休闲品牌,浙江奉化依托渔业文化打造的"蓝海莼湖"休闲养生文化节以及象山县依托独特的海洋港口文化打造的沙地村老年养生休闲示范基地等,这些海洋休闲养生旅游项目不仅带来了新的文化消费类型,也提升了滨海城市的名片形象。

第二,滨海体验业。体验经济时代的文化消费者越来越追求产品和服务的高端化、精品化,越来越追求对空间与想象的真实体会探究。海洋文化体验业正是瞄准这一契机而异军突起的蓝色海洋文化产业,通过满足人们对未知海洋的体验需求来传播和普及海洋文化,进而促进国民海洋意识的提高,同时带动经济的发展。这一类海洋文化产业的内容主要包括在原有休闲渔业基础上发展起来的渔业生产生活体验、海洋民俗文化体验、海底文化探险体验、海洋文化历史挖掘体验等多种形式。比如广东惠州大亚湾以亲海旅居、休闲垂钓与捕捞体验、"当一天渔民"等主题定位的产品和服务。另外,不少地区还将海洋文化衍生的体验业镶嵌于教学之中,例如山东日照每年在中小学中开展"放生鱼苗、种植红柳、渔民海上作业体验"活动,把学生们好奇的学习心与天真的休闲心集于一体,既普及了海洋基础知识,也在休闲之中丰富了学生们的精神生活。

第三,数字海洋文化业。2017 年,国家文化部发布《关于推动数字文化产业创新发展的指导意见》,首次提出了"数字文化产业"的顶层设计,海洋数字文化产业的发展随即大步驶入快车道。尤其是随着信息技术和网络的高度发展,在互动娱乐、影视传媒、VR、数字出版与典藏、数字教育与教学等业态中,实现了海洋文化与"互联网+"科技的深度融合,范围涵盖了海洋文化产业的各个领域。比如在展览馆和游园中,借助传感技术、射频识别标签(RFID)技术等实现人海智能沟通;利用 7D 互动科技将海洋文化相关的音乐、影视戏剧、动漫等制作成人工智能海洋文化产品;利用数据模型和云计算技术建立海洋文化遗产保护的数据库管理模式;利用互联网技术实现滨海旅游中海洋文化资源共享以及服务监督平台等。

二 海洋文化产业发展态势

(一) 海洋文化产业转型升级发展

中国海洋经济发展进入新常态，海洋发展开始更注重海洋生态文明和海洋生态系统健康、环境友好、资源节约等发展理念的注入，海洋文化产业的发展便被寄予厚望。且随着人们的精神文化需求呈现更加个性化、多样化、定制化的消费趋势，海洋文化产业为带动海洋经济和文化产业的供给侧结构性改革和转型升级发展开始发力。

在中国海洋文化市场上，产业发展不再局限于传统海洋文化产业门类，低碳环保、高端创新、知识和技术密集的新兴海洋文化产业市场开始呈现较大的发展潜力。尤其是在国家重视海洋发展，《全国海洋经济发展"十二五"规划》首次为海洋文化产业做了顶层设计以后，在数字化、互联网等新兴技术的催化下，海洋文化产业领域兴起了一股蓬勃的大众创新、万众创业群体，催生了大量海洋文化产业的创意主体、生产主体、营销主体、传播主体等个人和组织类的产业主体新生力量，使得海洋文化的产业主体呈现人人化的趋势，即人人都可以参与海洋文化产品和服务的创新创造，打破了传统海洋文化产业生产、传播和销售的逻辑，培育形成了海洋文化产品和服务供给的新动能和海洋文化产业多元化新主体，带来了海洋文化产业的转型升级发展，使得海洋文化产业朝着更为生态、更为绿色、更为和谐可持续的方向发展。

(二) 海洋文化产业集群式发展

中国海洋文化产业最早主要是以企业和家族式个体作坊形式发展起来的，产业分布零散、规模较小[1]，且不同产业类型之间、不同沿海区域之间缺乏有机的联系。随着产业发展过程中海洋文化资源的不断开发、海洋创意人才群体的不断扩大、海洋文化需求的不断增长、海洋文化价值链关联日益密集化，在市场竞争和政府主导以及创新机制的影响下，海洋文化产业或是以特定的资源为核心，或是围绕着产业价值链而带来产业主体之间的互动交流，实现了海洋文化产业发展的区域联动，形成海洋文化产业的集群式发展。[2]

---

[1] 王颖、阳立军：《舟山群岛海洋文化产业集群形成机理与发展模式研究》，《人文地理》2012 年第 6 期。

[2] 徐舒静、于慎澄：《海陆统筹视角下的海洋文化产业发展》，《东岳论丛》2012 年第 10 期。

目前海洋文化产业的集群式发展方式主要有三种：一种是在特定范围内的"点轴式"发展，例如在山东青岛，整个西海岸新区形成了以黄岛"金沙滩"为核心，以"银沙滩"和"大珠山、小珠山"为节点的集滨海旅游、休闲渔业、海洋文化遗产为一体的区域产业间海洋文化产业集群。另一种是海洋文化产业的区域联动发展，即借助沿海地区行政区域的海洋文化产业交互关系形成跨地区的带状或辐射状区域海洋文化产业联动，比如黄渤海区域辽宁、河北、天津、山东之间在滨海旅游和海洋景观鉴赏等领域的海洋文化产业联动发展，东海区域的江苏、上海、浙江之间的"江浙沪"海洋公园等海洋文化产业园区的联合发展，台海区域福建和"台澎岛屿"的海洋文化民俗产业联合发展，以及南海区域广东、广西、海南之间的"共建粤桂琼蓝色海湾"等海洋文化遗产业的联合发展①。还有一种就是以实体和虚拟海洋文化产业园的形式形成的产业集群发展，实体海洋文化园区比如普陀海洋文化创意产业园，集海上休闲服务、海洋文化展览、海洋文化演艺和影视创意等不同产业门类于一体，形成现代海洋文化产业链条的集聚发展；虚拟海洋文化产业园即通过互联网、云科技、大数据等技术，形成跨区域、跨行业的整体式海洋文化产业创意、产品、信息的网络式、平台式的传播、交易和展示，这也是在近年海洋文化产业发展中出现的产业新模式。

（三）当前世界形势和海洋局势发展对海洋文化建设提出的时代要求

当前，风起云涌的海洋局势、迅速变化的世界格局，加之经济全球化和文化多元化发展，海洋特色文化的发展从历史、地理、人文等视角逐步向现在的经济需求、政治需求、国防需求、政策需求延伸。中国海洋文化在强化自身发展的同时也逐步融入中国文化发展的趋势中，并在"海洋强国"建设、"一带一路"倡议、"海洋命运共同体"构建等历史契机下呈现新的发展格局，表现出持续的发展潜力和广阔的发展前景。

第一，世界经济全球化、区域经济一体化、全球文化多元化为中国海洋文化的发展提出了新的历史使命和时代要求。当前，世界经济全球化和区域经济一体化发展迅速，经济的迅速发展融合离不开共同的核心价值观念与文化理念的支撑，世界多国经济体的合力发展需要建立在共

---

①　徐文玉：《"带状发展"区域融合战略下中国海洋文化产业发展的几点思考》，载曲金良《中国海洋文化发展报告（2015）》，社会科学文献出版社 2016 年版，第 441—448 页。

同的文化认知之上，因此，实现多元文化的交流、碰撞、互鉴、共生是世界经济全球化和区域经济一体化可持续推进的精神力量和道德滋养。对自身所拥有文化的充分认知和发展是我们参与多元文化交流互鉴的基础，在文化认知中形成我们的文化自觉，进而在文化、文明的交流互鉴中形成我们高度的文化自信，这是在时代前进的步伐中关于中国国运和民族精神独立性的重大问题。中国有着悠久的海洋文化历史和特色鲜明的现代化海洋文化，更应该对自己的历史和文化有更深层次的认知，以丰富的海洋文化来增强公众的海洋意识，树立海洋文化自信，让每一个人都能够从中国海洋文化的角度，在全球化的舞台上讲好中国海洋故事、传播好中国海洋声音、阐释好中国海洋特色、展示好中国海洋形象。

第二，基于"一路一带"倡议、"海洋强国"战略、海洋生态文明建设、"海洋命运共同体"构建的背景来探讨新时期中国海洋文化的发展是顺应当前世界形势的必然历史选择和时代需求。这需要我们深入思考如何通过发展中国海洋文化来丰富中国的文化内涵，扩大和明确中国沿海各区域的海洋特色文化内核；思考如何通过海洋文化的力量来践行海洋生态文明建设，推进海洋经济的新旧动能转换，助力"海洋强国"的建设；思考如何借助"21世纪海上丝绸之路"海洋特色文化产业带和海洋特色文化产业平台将沿海各省份的海洋特色文化融入国家海洋文化发展体系和世界海洋文化交流的大舞台，不断扩大地方海洋文化产业的影响力，提升地方的海洋名牌效应。

第三，随着当前海洋战略地位的不断提升，世界沿海各国开始探索经略海洋之道，伴随而来的海洋资源破坏、海洋生态环境污染等问题也日趋严重，而海洋文化产业的特殊属性决定了产业资源的获取既有有形的、物质的海洋自然和人文资源，也有无形的、精神的海洋文化资源，它关乎大量的海洋历史和遗迹，关乎海洋丰富的姿态和特征演绎，体现的是区别于海洋第一、第二产业的另一种生态化、创新化的开发与利用模式。因此，寻求中国海洋文化产业带动经济、政治和文化多层面发展的恰当模式是新时期海洋文化发展应当思考的重要问题。沿海各省份要结合自身的经济、政治和文化现实发展来研究海洋文化产业在当代的"文化属性"和"经济属性"，并以一种对海洋资源高效的、绿色的、友好的开发方式和发展模式为当地带来社会、经济与文化效益。

（四）海洋文化产业发展的新业态、新动力等促进海洋文化的开发

一方面，除了经济属性，海洋文化产业的意识形态属性和其蕴含的优秀传统海洋文化核心价值观念使其具有绿色、协调、和谐、共享式发展理念和发展模式，这种理念和模式有着低耗能、集约型、环境保护型和资源友好型的特点，对中国海洋经济的新旧动能替换可起到有力的示范和带动作用。此外，这种人与海洋、社会和谐相处的关系也是实现海洋经济健康、可持续发展的保障。因此，挖掘中国海洋文化，发展海洋文化产业将有力地拓宽我们认识海洋、开发海洋、利用海洋、保护海洋的维度和深度，培育新的海洋产业业态，创新高效的海洋经济发展模式，促进传统海洋产业的新动能实现和旧动能改造，助力海洋经济及整体经济发展的新旧动能转换。

另一方面，消费观念的转型升级推动衍生许多海洋文化产业的新业态，如海洋养生休闲业、数字海洋文化产业等。这些新业态的兴起在模式上体现了海洋文化产业与其他产业或技术、资源的"跨界融合"，在内容上体现了对区域海洋特色文化的深度挖掘和对差异化海洋文化产品的不断追求。尤其是当前海洋第一、第二产业的发展带来的资源和环境瓶颈问题日趋严重，海洋文化产业与第一、第二产业的融合发展成为促进海洋经济新旧动能转换的有效途径。因此，在中国海洋事业发展实际和人海可持续发展的要求下，探索如何发展低碳环保、高端创新、知识和技术密集的新兴海洋文化产业，如何培育海洋文化产品和服务供给的新动能和海洋文化产业市场多元化新主体，如何创新性开拓海洋文化资源发展的新空间将是思考中国海洋文化产业发展走向的重要关注点。

（五）中国海洋文化产业未来发展走势

当前，有了顶层设计的中国海洋文化产业发展进入了一个机遇与挑战并存的新时代，这标志着在未来的海洋文化产业发展中，将会有更多的突破、更高的格局和更大的境界：

第一，海洋文化产业与第一、第二产业的"海洋文化+"跨界融合。

当前，海洋第一、第二产业的发展带来的资源和环境瓶颈问题日趋严重，海洋文化产业与第一、第二产业的融合发展是促进中国海洋经济新旧动能转换的有效途径。沿海省份推动海洋文化产业发展首先要思考的问题就是如何实现高效发展，而跨界融合发展是实现海洋文化产业高效与现代化发展的重要途径。跨界融合一方面是实现海洋文化与第一、

第二产业的融合，比如通过上下游产业融合将海洋文化旅游业与海洋休闲渔业、海洋工艺产品业以及纵横向的民俗产业、餐饮产业等产业结合起来，实现海洋文化产业在较好程度上的集群式发展，同时建立成熟的海洋文化配套产业和相关支持服务系统，扩大海洋文化产业整体格局，提供多样化、一体化的海洋文化产品和服务，在最大程度上带动和满足人们对海洋文化的多样需求。海洋文化产业的集群式发展，既可以是横向的、区域和区域之间文化资源的统一整合，也可以是区域内部、不同文化资源之间的整合；既可以是横向相关产业之间的资源整合，也可以是纵向上下游产业链之间的资源整合。另一方面，海洋文化产业的跨界融合体现在发展方式上，即海洋文化产业的市场主体通过加强自身技术研发，将其应用于海洋文化的创意和传播形式、产品和服务制造模式中去，尤其是在当前互联网技术与服务的不断发展与推进下，海洋文化资源也需要借助互联网思维进行网络数字化的开发与整合，实现"互联网+海洋文化"的产业模式。在科技支撑下，以海洋文化为根基，在产品、服务和技术上进行海洋文化跨产业的交叉和重组，实现海洋文化产业与其他产业的跨界融合，推动海洋文化产业多元化、高技术含量的转型升级发展，拓宽海洋文化产业的覆盖面与内涵深度，增加海洋文化产业的附加值。

通过与第一产业的融合来发展乡村海洋文化产业及相关产业，帮助沿海地区的农村、渔村进行渔业和渔村的转型发展，带来渔民增收，这将是对振兴乡村发展战略的有效落实，上海市金山嘴渔村开展的渔村民俗文化街就是很好的一例；海洋文化产业与第二产业融合，将海洋文化元素融于工业设计之中，使得建筑更具海洋风情，"海星"造型的青岛电影博物馆就是一例；海洋文化产业与其他相关产业的跨界融合，不断扩展海洋文化的文化、精神渗透性和价值外溢性，开拓海洋文化产业发展的空间，不断推动海洋经济的转型升级。

第二，更加注重以创新来增添海洋文化产业活力。

中国不同沿海省份海洋文化资源禀赋条件和特色各不同，依托地方特色和优势打造具有本地海洋文化特色产业和创意产品是发展海洋文化产业并提升海洋文化产业竞争力和影响力的重要途径。

一方面，要对已有的传统海洋文化产品进行创新式发展，借助现代技术，对产品的功能、展现形式等进行深入探索与挖掘，在传统海洋文化产品鲜明品牌定位的基础上，不断丰富海洋生态文化产业品牌的文化内涵，进一步扩大传统品牌的影响力。例如，对海洋极地馆和博物馆的展陈及体验方式可以进一步创新，韩国的国立海洋博物馆就较有特色，它是韩国首座海洋综合博物馆，位于以活力之都定位的釜山，国立海洋博物馆不仅有海洋图书馆、海洋展示馆（由航海船舶、海洋历史人物、海洋文化、海洋产业、海洋科学、海洋领土、海洋生物、海洋体验和儿童博物馆9个常设展示馆和1个企划展示馆组成）和影像馆，还有可以体验4D立体海洋世界的4D影像馆。此外，关于博物馆一种较为新颖的思路是引入海洋探索博物馆的智库模式。随着目前旅游市场娱乐休闲题材的大量增加，人们开始追求文化产品的内涵，单一的视觉体验与一般性的互动已经无法满足人们的要求，海洋探索博物馆的互动体验模式是更深层次的智库（Think Tank）式探索体验模式，也是更优于互动体验模式的创新模式，可以让体验者在探索中揭示奥秘，在体验中论证科学，在互动中获得知识，在娱乐中体验分享，使海洋探索博物馆有鲜明的海洋文化特色呈现。

另一方面，要打造海洋文化产业新名片，树立海洋文化产业的新形象、新特色，通过对海洋文化资源的深入挖掘，扩大海洋文化资源的开发利用方式和途径，扩大海洋文化产业的门类和领域。海洋文化中蕴含了趋利避害的产业经济发展智慧，即依托地方海洋文化资源特色，将比较优势转化为竞争优势。因此，在海洋文化产业发展过程中，要严格控制产品和服务的同质化发展倾向，不仅要注重提高产品和服务的文化价值、技术含量、艺术品位、情感享受，而且要通过创新将具有当地竞争优势的海洋文化资源因子融入其中，发展具有地方特色内容和明显地域海洋文化资源特征的产品和服务，打造具有地方优势的海洋文化产业，提高海洋文化产业的核心竞争力。

第三，公益性海洋文化事业和经营性海洋文化产业的边界日趋模糊。

随着《全民海洋意识宣传教育和文化建设"十三五"规划》的发布以及《中华人民共和国公共文化服务保障法》的实施，海洋文化公共服务的标准、效能也将大幅提高，除了保障人民享受海洋文化发展的收益权，同时也将保障除国有海洋文化产业发展外，其他海洋文化产业从业群体的权益，尤其是小微企业、民营企业以及个体经营者的主体地位将不断提高，促使国有力量在强化自身、履行社会责任上的"活化"，同时民间力量也能融入公共海洋文化领域，实现公益性海洋文化事业和经营性海洋文化产业"你中有我，我中有你"。

第四，更注重以工匠精神传承和发展海洋文化产业。

海洋文化产品和服务里包含了千百年来海洋社会传统文化的延续和沿海居民智慧的结晶，包含了对传统海洋文化积淀和相关生活方式的传承与展现，是能体现中国海洋发展理念和精神价值的内生性文化。[①] 这就需要以工匠精神将传统海洋文化的魂融入海洋文化产业的发展中，传承优秀的传统海洋文化价值理念，转变海洋文化产品和服务供给的"足不足"到"美不美""好不好""优不优"上来，在提高海洋文化产品和服务的质量、效率、情怀、责任的基础上，不断传承、发展、弘扬中国的海洋文化，为树立海洋"文化自信"发力。

第五，海洋文化产业主体多元化发展。

随着中国海洋文化产业实践的不断推进，一方面，产业价值链结构日益精细化、分工化，更多专业化的产业活动衍生了新的专业性产业活动实践主体，使得产业活动实践主体不断扩大，多种形式的组织和个人加入产业活动实践主体的队伍中，扩大了海洋文化产业主体的基数；另一方面，随着当前海洋文化消费需求向内陆地区的不断延伸，中国海洋文化产业的受众主体不断扩大，受众结构层次从幼少青普及过渡到中年和老年，受众范围从沿海地区延伸到内陆乃至全国范围，海洋文化产业主体的空间分布规模逐渐扩大。

三 海洋文化产业发展存在的问题

海洋文化的发展是一段跨越时空长河和历史积淀而逐步走向正规、健康、可持续的历程，在其源远流长而又日新月异的发展过程中，我们认识了中国的海洋文化，看到了丰富的海洋文化资源和其时代价值，见证了国家发展海洋文化的美好愿景和行动规划，但是同时也要看到，中国海洋文化产业的发展方兴未艾，我们要审视和总结这一路走来面临的问题和挑战，思考海洋文化产业发展过程中的利弊得失，才能在长足的产业推进中谋得海洋文化产业的健康、可持续发展。

第一，中国海洋文化虽历史悠久，但海洋文化产业仍然属于海洋新

[①] 徐文玉：《海洋民俗文化保护发展与国家保障制度建构》，载李乃胜《经略海洋（2016）》，海洋出版社 2016 年版，第 192—205 页。

兴产业，虽然海洋文化产业的发展已在 2012 年被正式写入国家经济发展顶层规划中，但政府及相关部门对海洋文化产业仍缺少统筹的管理体制和协调方法，且针对海洋文化产业发展的扶持政策和配套设施建设尚不健全完善，海洋文化产业市场规范也待于提高，许多的市场规则和政策法规或是仍使用综合性的管理办法，或借鉴和套用文化产业、海洋服务业的管理办法，阻碍了海洋文化产业管理和发展的效率，缺乏海洋文化产业良好的市场环境和氛围，整个产业发展的政策、市场等体系有待于进一步的健全和完善。

第二，中国海洋文化产业资源虽丰富，但海洋文化产业发展相对滞后。目前，中国沿海省份近些年来都开始利用地方海洋文化资源进行产业化发展，虽然区域条件和资源禀赋不同，但存在一个明显的问题就是中国各个沿海区域海洋文化主导产业门类相似，经营业态雷同，产业同质化、低端化特征明显。且大多数地区对海洋文化资源的利用集中于传统的方式和产业门类，产品种类不够丰富，科技含量较少，资源利用效率不高，同时因为海洋文化旅游项目、海洋水上水下休闲等项目的开发，给海洋环境和生态系统带来了一定程度上的破坏。以山东半岛为例，截至 2015 年年底，山东半岛蓝色经济区共挖掘、统计、调查出 1255 项尚在开发、或未开发的海洋文化资源①，如果这些海洋文化资源能够依据现代化市场技术方法和消费者的升级需求来进行合理、高效的开发利用，将会极大带动海洋文化产业的多元化、升级化、健康化发展。

第三，海洋文化产业的市场主体发展不平衡。中国海洋文化资源的特殊性在一定程度上决定了海洋文化产业主体的特殊性，国有和大型民营企业占据了市场主要份额，而数量较多的小微企业和个体经营者的主体地位却得不到应有的认可，尤其是沿海社群中最基层的个人、家庭、家族式从业主体，它们在市场中并没有得到应有的主体认可和政策保障。就营利性市场层面来说，虽然海洋文化企业中国有和大型民营企业占据市场有利的竞争位置，但是从国际市场来看，这些企业大多没有形成龙头势态，国际竞争力有待于进一步加强；小微民营企业数量众多，但因组织规模小，管理较分散，且难享受到对应的产业扶持政策；个体经营

① 高乐华、曲金良：《基于资源与市场双重导向的海洋文化资源分类与普查——以山东半岛蓝色经济区为例》，《中国海洋大学学报》（社会科学版）2015 年第 5 期。

者的主体地位，尤其是农村地区传统海洋文化产业经营者的主体地位，得不到应有的认可；缺乏对中介组织的培育和发展，部分中介组织的合法性和地位不高，其职能也就难以实现有效推进。就整个产业市场层面来看，虽然部分地区海洋文化产业的发展形成了多产业主体协调、集聚发展的趋势，但政府、企业、个体、中介组织、社会组织等各个产业市场主体之间仍缺乏有效的互动和协同，因而也就难以形成不同主体之间的平衡、协调发展。

四 加快发展海洋文化产业发展的意义

海洋文化产业的发展契合中国创新、协调、绿色、开放、共享的新型发展理念，是对中国海洋强国战略的有效贯彻落实，也是美丽海洋可持续发展的"蓝色引擎"，同时，海洋文化产业所包含生态文明建设内涵和"四海一家""协和万邦""天下大同"的和平政治理念是发展中国海洋事业的精神支撑、思想保证和道德滋养。海洋文化产业的发展对于实现中国海洋强国建设的中国梦具有重要的意义。

从宏观来说，在文化价值上，海洋文化是中国海洋事业发展的文脉之根与魂，是中华民族优秀文化基因库的重要因子，海洋文化蕴含的价值理念和认知观念指导着我们认识海洋、关心海洋、经略海洋、与海洋和谐相处的具体行为和价值导向，是树立中国文化自信不可阙如的一部分，海洋文化产业的发展既能为中华文化不断注入蓝色血液，又将会维护中国的海洋文化安全，提高国民海洋意识，丰富海洋文化内涵，树立海洋文化自信；在经济意义上，海洋文化产业的发展带动了海洋经济的发展，并在文化、政治、美学上满足了公众对美好生活的部分需求和期待，这种经济带动效应和社会效益的体现，既是对加快中国海洋强国建设的软实力支撑，也将会是中国特色社会主义事业重要的组成部分，海洋文化产业的发展将是对中国海洋文化产业发展顶层设计的具体落实。

从中观来说，发展海洋文化产业将拓宽沿海地区开发利用海洋的维度和深度，促进沿海地区传统海洋产业的转型升级发展和海洋经济的可持续发展。一方面，海洋文化产业的特殊属性决定了产业资源的获取既有有形的、物质的海洋自然和人文资源，也有无形的、精神的海洋文化资源，它关乎海洋神秘的历史和遗迹，关乎海洋丰富的姿态和特征演绎，体现的是区别于海洋第一、第二产业的另一种生态化、创新化的开发和利用，拓宽了我们认识海洋、开发海洋和利用海洋的宽度；另一方面，海洋文化产业的意识形态属性和其蕴含的优秀传统海洋文化核心价值观念使其具有区别于传统海洋产业的一种绿色、协调、和谐、共享式发展理念和发展模式，这种理念和模式具有低耗能、集约、环境保护和资源友好的特点，对中国海洋经济的转型升级发展是一种有力的带动，这种人与海洋、社会和谐相处的关系也是实现海洋文化产业健康、可持续发展的保障。

从微观来说，海洋文化产业的发展不仅能满足公众对美好生活中海洋文化消费的需求，培育公众多元文化消费，还能提高沿海社群的生活水平，保障和改善民生。一方面，随着公众文化需求水平和层次的提高，越来越多的内陆公众群体也开始倾向于海洋文化的消费，海洋文化产业的发展将丰富的海洋文化产品和服务延伸到内陆地区，丰富了中国内陆地区公众文化消费的多元性；另一方面，海洋文化产业资源大量存在于沿海地区的农村、渔村地区，对于这些沿海社群，尤其是沿海渔村、渔民来说，海洋文化产业的发展提高了他们的生活水平，为他们带来了新的就业途径和生活保障，让他们参与中国海洋文化的建设，是振兴乡村文化和产业发展的有力举措，对改善和保障沿海社群的民生、民计来说同样意义深远。

海洋文化产业的发展意义非凡而任重道远，而实现海洋文化产业健康、可持续发展的关键在于产业主体能动性的体现，因此，我们要深入研究海洋文化的产业主体及其发展，才能抓住海洋文化产业发展研究的核心点，才能为海洋文化产业的发展真正助力。

第三章　海洋文化产业主体分类

第一节　进行海洋文化产业主体分类的思路

一　切入点——产业价值链

海洋文化产业是一种兼具经济属性、文化属性和社会属性的产业，与一般产业不同，海洋文化产业更注重的是人们对海洋文化和海洋精神的消费，而且在这个消费过程中，其经济属性和社会属性要同时体现出来，需要从海洋文化产业创意产生、到创意被转化、到转换后被推广、到推广后被消费，最后到其蕴含的文化和精神被消费者消化吸收，这样整个横向的产业价值链过程中各个产业实践活动及其实践主体之间进行一系列复杂的、全面的、系统的交流与配合，而每个产业实践活动的行为实施主体，即在纵向市场上的政府、企业、中介组织、个体经营者、非营利性组织等个人或组织体，要承担起产业价值链条上每个实践活动环节中产品和服务价值的产生、流动、转移、增值以及转化等责任，这些不同的个人以及组织将其拥有的各种资源和资本进行相互交流、充分作用，利用原本分散的人力、智慧创意、海洋文化资源、社会资本以及相关制度结构等基本元素，交互关联、相辅相成地共同完成海洋文化产品和服务的完整供给，进而形成海洋文化产业的一条价值链体系。

因此，海洋文化产业的发展也是一个产业价值链不断生长完善的过程，依靠其区别于一般产业的"涉海性""文化性"特征和产业价值链理论，进行海洋文化资源与特色的渗透，从而实现海洋文化产业的独特价值创造和实现。因此，本书把海洋文化产业价值链体系作为分析海洋文化产业主体的切入点，来逐一分析每个价值链环节上，要通过何种产业活动来完成海洋文化产品和服务的价值传递或转化、或增值，进而厘清横向产业价值链的每个环节上，对应的海洋文化产业活动实践主体有哪些，最后过渡到整个纵向的海洋文化产业市场，来分析这些产业实践活动主体在海洋文化产业市场中都以何种组织类型和功能模式来实现产业活动的具体实践行为和产业的可持续发展。

以价值链为分析切入点，从每个价值链环节的价值实现过程研究产业主体，即研究海洋文化产业价值实现全过程的产业主体体系，更容易把握每个海洋文化产业市场主体的功能特点、发展的状况以及海洋文化产业活动每一环节中市场主体应该发挥的功能作用；更容易充分、有效地发挥政府既担当海洋文化产业主体的一部分、又是产业发展的支持环境这样一个双重作用；更容易根据不同产业市场主体的特点和现状寻求更加高效、合理的产业主体互动和良性发展模式，实现各个产业主体之间的协调、平衡发展，进而实现整个海洋文化产业的健康、可持续发展；更容易为产业主体的发展及整个产业主体系统的稳定提供有效的政策扶持和保障措施。

二　横向分析海洋文化产业实践主体

在海洋文化产业价值链分析基础上，进一步探究在整个海洋文化产业价值链条中，都有哪些产业活动实践主体参与了产业价值从产生到实现的全过程，以及在海洋文化产品和服务的完整供给过程中，这些实践主体各自发挥了什么样的功能，具有什么样的特点，这些实践主体之间有什么联系，它们需要进行怎样的交流与互动才能共同形成整个产业的高效运转。

在产业价值链中，一般产业主要将更多的精力投入产品生产和销售等产业的中游和下游环节中，即注重如何组织中游、下游的企业对产品进行大批量的复制生产和销售推广，而海洋文化产业的价值链与一般产业的价值链相比，其发展的核心驱动力是人以及人所拥有的智慧和创意，也就是产业价值链的上游活动是核心驱动力，同时又因为海洋文化产品和服务所蕴含的精神价值和文化的意识形态性，在其价值链中游、下游的推广营销、衍生再生产等环节需要充分把握人们对海洋文化需求的迅速变化和不确定性，因此，海洋文化产业注重的是产业发展过程的上游、中游、下游整个环节的有效运转，即注重海洋文化创意如何在所有环节的实践主体之间产生、转化、流动、转移、增值，使得创意进入市场中并不断创新，带来创意的增值。

在海洋文化产业价值链中，这些产业活动实践主体可以是政府、企业、个人、金融机构、商业平台等中介组织、非营利性组织等多种组织类型的市场主体，它们担当的是既有交叉又有区别的产业主体角色，比如：企业既可以担当创意主体，又可以担当创意转化主体、生产主体、营销主体；消费者（用户）既是价值链末端的消费主体，又可以将需求信息反馈给创意和生产主体，从而参与海洋文化产品和服务的创新环节中；一个推广主体既可以是一个个体从业者，也可以是一个企业、一所高校、一个商业平台组织，等等。每个市场主体的角色和功能既是多元化的，又是相互联系的，因此，接下来，我们就要分析这些产业活动实践主体都有哪些组织类型，亦即这些实践主体有机构成了哪些海洋文化产业市场中的主体类型。

三　纵向分析海洋文化产业市场主体

在分析了海洋文化产业价值链过程中各类产业活动实践主体的类型、特点、功能，及其在海洋文化产业活动中担当的角色后，我们把视角进一步过渡到市场中，来分析在整个海洋文化产业市场中，可以成为这些产业活动实践主体的都有哪几种组织类型，是企业还是政府？是个人还是非公益性组织？本书为此详细地分析以下六个问题：

第一，海洋文化产业价值链中每个产业活动的实践主体都可以对应哪些组织类型？即海洋文化产业的市场主体类型都有哪些？比如能够担当创意主体的市场主体能否是政府、民营或国有企业、平台组织，能否是个人、个体经营者或者一些高校、科研究机构等非营利性组织？这是对中国海洋文化产业市场主体体系基本的范围界定和梳理。

第二，这些类型的海洋文化产业市场主体都有什么特点，发挥着怎样的功能作用，比如对于企业来说，中国海洋文化产业市场中的国有企业和民营企业都有什么样的特点，它们在担当创意主体角色时，是如何发展的？在担当营销主体时又起到了怎样的作用？再比如政府这一特殊的产业市场主体在海洋文化产业发展过程中应该发挥它的哪些功能？这是对海洋文化产业市场主体性质、功能和特点的厘清，也是了解不同市场主体发展现状和发展模式的一个前提。

第三，在整个海洋文化产业的发展过程中，各类市场主体是否能够充分发挥其产业主体的作用，比如国有企业是否在产业发展中起到了产业主体的引导作用，大型企业是否在发展海洋文化精品品牌、提高海洋文化产业国际竞争力中发挥了带头作用？个体从业主体的市场主体地位能否得到认可并充分发挥其发展对于民生、民计的需求？这都需要逐一对各类市场主体的发展模式进行了解，厘清各类市场主体的发展理念和方式。

第四，这些产业市场主体之间的发展是否平衡、协调？比如政府是否在海洋文化产业市场中发挥了它恰当的引导功能或恰当地参与了市场活动？不同类型的企业在海洋文化产业市场中的竞争行为是否恰当？中介组织、个体经营者、非营利组织等市场主体是否能在当前的市场环境中获得应有的市场主体地位，并实现良性发展？海洋文化产业市场主体之间的平衡、协调发展是产业发展存在的一个现实问题，也是海洋文化产业能否健康、可持续发展的必要条件。

第五，各类海洋文化产业市场主体的发展是否有相应的政策作为支撑，或者应该有怎样的政策支撑？比如对生产或供给效率不高但是生产方式却符合生态环保要求，或能够对海洋非物质文化遗产和传统海洋文化起到遗传和保护作用的个人、家庭式从业者是否有相应的政策扶持力度？一些创意的个体从业者或者民营小微企业能否在产业的发展过程中得到该有的主体地位和相应的政策扶持？不同产业主体的功能特征不同、发展现状不同，也应该分别有对应性的政策和配套设施与之衔接匹配，来为产业主体的健康成长和协调发展，以及整个产业主体系统的稳定运转提供保障。

第六，在海洋文化产业当前的发展战略和未来发展趋势下，各个类型的产业市场主体都需要有怎样的发展理念和发展模式？即各类产业主体如何基于自身的特点和现状来优化自己的发展，并在各类海洋文化产业市场主体之间形成一个有效的互动，以良性、科学的产业主体发展模式来实现各类市场主体之间的协同、健康发展？

通过研究以上问题，来厘清中国海洋文化产业市场主体的类型、功能、特点，探究各类主体目前的发展现状和形态，为科学规划各主体的最佳发展模式，寻找具有普遍意义的产业布局，提供衔接有效的扶持政策和保障措施，为海洋文化产业最终形成主体间协同、良性发展的繁荣局面奠定基础。

第二节　海洋文化产业的实践主体系统

一　海洋文化产业实践主体体系构成

在海洋文化产业的价值链体系中，对于经营性海洋文化产业来说，一个完整的海洋文化产品和服务的供给需要先经过创意的产生阶段，然后对创意进行筛选和转化，再依次进行生产制造、营销推广、传播、消费以及二次生产产出衍生产品和服务等基本产业链环节。较之一般产业，海洋文化产业的价值链条更为系统、复杂，除了基本的设计、生产制造、营销环节，同时兼具"文化性"和"涉海性"产业价值链流程特点，且价值链环环相扣，联系更为紧密，产业链上游、中游、下游分工精细但同等重要。

图3-1描绘了海洋文化产业价值链系统的概况，如图所示，创意产生是海洋文化产业价值链的源头和关键环节，也是整个海洋文化产业价值实现的驱动因素，创意的产生可以是有目的性的创造，还可以是随性的创造，还可以是对沿海社群生活和智慧的真实反映，但必须是原创性的创意，且具有"内容性"。创意筛选环节是对海洋文化创意按照其受众可接受性、创意可开发性和可转化性进行创意资源的一个筛选或者再创新的过程，要研究海洋文化创意是否符合消费者的需求并被消费者所接受，是否可以按照市场化的流程进行创意的生产制造；另外对于"不合格"的创意，可以通过怎样的改造和再创新使其进入可流通、可转化环节，等等，这都是创意筛选环节需要完成的产业活动。创意转化环节是将筛选出的海洋文化创意进行商品化的设计和包装，使其能进入生产环节的过程，有些创意是不需要进行创意转化的，比如一幅渔民画，它本身就可以是一件商品，但有些创意必须要经过转化；比如一个海洋传说，要经过策划、制片等环节才可以成为一部涉海性影视作品。生产制造环节是一个创意价值开发、创意付诸实践的过程，即将抽象的创意和智慧转化成具体的海洋文化产品和服务，这些海洋文化产品和服务一部分以成品的形式进入营销推广以及销售环节，另一部分则以半成品的形式进行价值的延伸与再开发，从而生产制造出新的海洋文化衍生品，再次进入一个新的价值流通循环。营销推广环节是对海洋文化产品和服务进行

市场进入前的准备阶段，是对海洋文化产品和服务的价值捕捉，抓取产品和服务的"卖点"而进行高效率的营销。渠道传播环节进行的是海洋文化产品和服务的价值挖掘，即通过不同渠道商品的销售来占领市场。消费交换就是海洋文化产品和服务的价值实现环节，即将产品和服务交由消费者进行消费的过程；评价反馈是海洋文化产业价值实现的最后一个环节，这也是能够促进开发真正满足消费者海洋文化需求的环节，一方面，通过消费者的市场体验，进行海洋文化产品和服务的评价，形成产品和服务的价值认同；另一方面，对于新的需求反馈进行改进与整合从而有助于提高原有产品和服务的质量，或者二次衍生出新的海洋文化产品和服务。

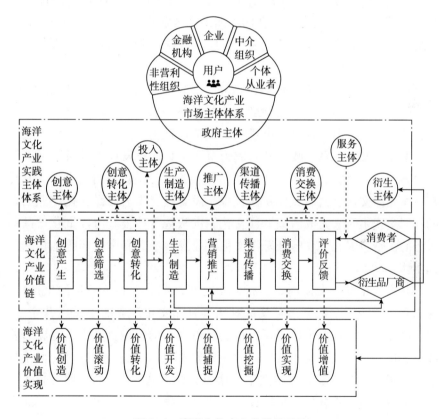

图 3-1　海洋文化产业价值链系统

在图 3-1 显示的海洋文化产业链体系中，如果我们将以上每一个价值链上的产业活动对应一个活动实践主体，那么对应到整个价值链流程，海洋文化产业就对应着创意主体、创意转化主体、生产制造主体、营销推广主体、渠道传播主体、消费交换主体和衍生主体7大海洋文化产业活动实践主体。显然，对于海洋文化产业来说，仅仅由价值链体系来推演出产业主体是不全面、不系统的。尤其是当前，我们的生活已从对物质文化"有没有"的需求转换为物质文化"美不美"的需求，人们对海洋文化的消费理念、消费需求、消费结构已转型升级。而且，我们正处于一个数据、信息和知识爆炸式发展的新工业革命时代，市场环境在创新中不断变化，以人的智慧和创意为核心的海洋文化产业更是在新时代、新思维、新思潮下不断实现着产业的创新式、灵活式发展。因此，在分析海洋文化产业主体系统的构成时，我们一方面要结合"涉海性"和"文化性"产业特征与传统产业的主体系统区别开来分析；另一方面，也要运用更具新时代市场特色的灵活思维和方法来研究当前海洋文化产业主体的创新式发展。

首先，随着中国文化体制的改革，在海洋文化产业发展的过程中，政府已经从市场的旁观者逐渐变为市场的参与者，政府—市场关系也在产业发展过程中由"政府主市场从"变为了政府、市场、组织共同发展的新型协同发展关系，政府既要成为海洋文化产业发展的政策引导者和价值导向者，也要成为海洋文化产品和服务的提供者和消费者，尤其是在中国海洋文化公共服务体系建设中，需要政府作为海洋文化产业活动的一个实践主体来完成诸如海洋文化制度法规等纯公共海洋文化产品和服务的供给。因此，政府是海洋文化产业发展中具有举足轻重地位的市场主体。

其次，在海洋文化创意进行转化之后，要投入到下一步的生产中，需要有一定的资金保证，尤其是对从事海洋文化产业的小微民营企业、创意团体、个体从业主体来说，往往有着大量的投融资需求，这就需要政府、银行等金融机构或者民间力量的资金投入和支持，另外，对于具有"意识形态"特征的海洋文化产品和服务来说，其产品和服务投入市场后表现如何、收益与否都具有一定的"不确定性"和风险性，因此也需要保险机构来为海洋文化产品和服务的生产制造提供风险保障。

再次，当前中国的产业链流向在市场中逐步实现了逆向打通，以前是先生产再消费，随着消费升级，很多的产品和服务则是先消费再生产，即先根据消费者的想法来进行产品的设计开发和推广，再进行产品的生产制造和营销，根据消费者的需求来进行准确的设计开发或个性化定制生产。比如在海洋船饰文化中，挡浪板的图案、船尾的颜色、船漆的搭配等都要根据不同沿海地区的船饰文化风俗来进行定制化生产；再比如琳琅满目的贝壳工艺，都是根据消费者的多样化、复杂化需求而呈现各式各样的艺术品。因此，在这里我们将海洋文化产业的营销推广主体统称为推广主体。

最后，随着现代人们对美好生活需求的日益增长，以及受新时代新发展理念的影响，在海洋文化产业中出现了越来越多的服务商，它们不是通过售卖海洋文化产品和服务赚钱的经销商，而是依靠自己的创造力和主动性，向消费者提供后续增值服务的一种产业主体类型，比如消费者在购买某一海洋文化产品时，同时能够享受服务商提供的网上相应课程和相关海洋文化知识普及推广，以此让消费者在获得产品和服务的同时，也能够提高自身的素养，因此，服务主体也是现代海洋文化产业主体系统中不可缺少的一部分。

据此，通过对海洋文化产业价值链系统的分析，对应到每一个产业价值环节的产业活动实践主体，再结合现代产业市场的特征，本书认为，海洋文化产业活动的实践主体主要是由政府主体、创意主体、创意转化主体、生产制造主体、投入主体、推广主体、渠道传播主体、消费交换主体、衍生主体、服务主体十大主体构成，这十大主体之间相互作用，相辅相成、协同发展，共同推动海洋文化产业的健康可持续发展。另外，本书分析的这十类实践主体是针对经营性海洋文化产业活动来说的，如果是公益性海洋文化事业活动，则其实践主体就不包括渠道传播主体、消费主体、衍生主体以及推广主体诸类，因为公益性海洋文化事业中公共海洋文化产品和服务具有受益上的非排他性和非竞争性，经营性商品的特性便不存在。

二　产业实践主体的内涵和特点

接下来本书对海洋文化产业活动实践主体系统中各个不同实践主体的内涵和功能特征进行具体阐述。

创意主体就是将自己的创意和智慧融合海洋、文化、科技以及社会生活等多种元素进行海洋文化的再造与创新而形成海洋文化产业资源的个人和组织。中国海洋文化的创意主体主要是一些创意个体、创意团体和创意企业，比如各沿海、岛屿、近海等地区的渔村渔民和家族、家庭、个人式个体手工艺者，以及一些艺术家、设计者等创意个人或个体，大学和科研机构，以及一些从事创意研发的企业等。尤其是创意个体，占据了海洋文化创意的大部分力量。沿海地区的个人、家庭、家族式手工艺者，他们是海洋文化产业的匠心力量，更能体现海洋文化灵魂和智慧。另外，在互联网技术高度发达的今天，越来越多的个人开始在新时代的思潮下激发出广泛思维和潜能，逐渐从"公司+员工"这个基本结构中脱离出来，变成"平台+个人"，他们表达创意，并在平台上进行展示，再由懂得精细化市场运作的人进行创意的转化使之成为商品，于是，每个人都可以成为一个产品和服务的创意主体。

创意转化主体就是通过技术创新和知识外溢效应等方式将海洋文化创意进行筛选并转换为现实的产品和服务，对海洋文化价值进行转化和传输的个人和组织。创意转化主体的任务功能有两个：对海洋文化创意进行筛选、将筛选出的创意进行转化。很多的创意是不能被转化成商品的，也有些具有创意智慧的海洋文化创意人并不懂得产品的经营，甚至并没有将其创意转换为产品和服务的意识，这就需要懂得市场运转和能够发掘海洋文化创意的个人和组织将其进行转化。而承担这个任务的，往往是企业和一些中介组织，比如经纪人等。再比如，在互联网平台化发展下，当你有一个创意，拿到平台上去展示，就会吸引专业的经纪人将你的创意进行"下单"和转化，进而把个人的创意变成一种海洋文化价值创造。

投入主体就是在海洋文化创意投入生产之前提供资金、设备保障的个人和组织。在中国，海洋文化产业的投入主体主要包括：第一，政府，即通过政府和财政金融政策给予资金的扶持；第二，银行、保险公司等金融机构和非银行金融机构的贷款、融资等资金支持；第三，民间资本，包括个人和企业、非营利性组织等提供的资金支持。

生产制造主体就是将转换后的创意进行生产制造，加工为商品的个人和组织，这一环节的实施主体包括政府、个人、企业和一些投资机构等。在中国海洋文化产业的发展中，个人、家庭、家族式个体经营者是生产制造主体中最基本的一部分，也是最该受到广泛关注的一部分。诸如在传统海洋文化工艺业和现代海洋文化手工艺业中，它们的生产方式虽然不是现代化、机械化的，但却是最为生态的，而且由于不使用工业化方式大批量复制生产，因而保持了海洋文化产品在地域、品种、内容、形态上的原始性、丰富性和多样性，更加符合文化产业的文化内涵与特色。① 这也是本书对海洋文化产业主体研究的一个关注点。

推广主体就是把海洋文化产品和服务及其相关信息传播给消费者的个人和组织。推广主体要做的工作不仅是在产品和服务生产出来之后进行推广，还要将推广贯穿于生产前后以及交付后的整个过程中，通过充分捕捉海洋文化产品和服务的价值来进行商品的宣传，比如对于一件海洋文化影视作品来说，推广主体除了要抓住作品的市场价值，还要抓住人们在购买这一件作品之后，能够获取的作品内在的海洋文化属性、精神内涵和象征意义，以及作品所能带来的长期的感受体验等。一般来说，推广主体多为个人、企业、投资机构和一些商业平台等企业组织体。

渠道传播主体就是把海洋文化产品和服务传递给消费者或进行价值转移和让渡所需的个人和组织，其实施主体具体包括了销售机构、批发商、零售商、分销商、代理商、广告商、运输商等，而流通的渠道则随着互联网和新媒体的发展呈现多媒体、多形式、多渠道的传播方式。海洋文化产业的发展一定要依托现代化新技术来整合资源，通过网络、广播、电视等不同媒介以及电脑、手机等终端，向人们提供海洋文化的相关信息。对于海洋文化产业来说，承担传播主体角色的不仅仅是个人、企业以及非营利性组织机构，各级政府也在一定程度上承担着渠道传播的责任，比如纯公益性海洋文化产品和服务的传递。

消费交换主体就是海洋文化产品和服务的最终消费者。消费交换主体的海洋文化消费能力在海洋文化产业的发展中起着重要的作用，中国的海洋文化软实力还落后于海洋经济硬实力，而且目前的海洋文化生产也难以有效满足人们的海洋文化需求，因此，需要通过产业其他主体比如服务主体、衍生主体等与消费交换主体的互动来充分挖掘消费群体，实现消费交换主体的转型升级和延伸扩大，使海洋文化产业的消费交换主体不仅在城市，还要扩大到城乡，不仅在东部沿海地区，还要延伸到中西部地区。担当消费交换主体的不仅是公众个体，还可以是企业、高校和科研机构、中介组织、金融机构、非营利性组织，政府也是海洋文

---

① 徐文玉：《基于产业主体的海洋文化产业发展研究》，《浙江海洋学院学报》（人文社科版）2016 年第 12 期。

化产品的消费者，比如通过购买的方式来完成准公共海洋文化产品和服务的供给。

衍生主体就是对海洋文化产品和服务进行再开发生产、价值再传递的个人和组织。衍生主体要做的工作就是：一方面，对于已经销售给消费者的海洋文化产品和服务，要根据消费者的体验和市场的反馈，对海洋文化产品和服务进行评价、升级和改造；另一方面，对于已有的海洋文化产品和服务进行价值的整合，通过自己的创意和智慧来重新塑造海洋文化创意，再度实现已有海洋文化产品和服务的相关衍生品的开发和生产制造。

政府主体就是作为海洋文化产业主导、管理和服务职能部门的政府机关和事业单位机构，同时它们也是海洋文化产品和服务的生产和消费单位。即它们既可处于市场之外，又可处于市场之中，且是不一定以营利为目的的"市场经营"。政府主体在海洋文化产业发展中的地位和作用很大程度上影响着中国海洋文化产业结构的不同需求比例和资源配置方式，也决定了海洋文化产业发展的效率程度、活力程度和公平程度。

服务主体是指从事海洋文化产品和服务的后续增值服务供给的个人和组织，除了向一般海洋文化产品和服务消费者提供增值性的信息服务、文化内在底蕴和精神意义体验外，对于公益性海洋文化产业的发展来说，如滨海旅游城市建设配套设施的服务供给等，服务主体也发挥着尤为重要的作用，且越来越朝着集成服务方向发展，是中国海洋文明建设中不可缺少的一股力量。在中国海洋文化产业发展中，担当服务主体的可以是政府、高校和科研机构、非营利性组织等。

三 实践主体间的交互关系

海洋文化产业活动各个实践主体之间是怎样的交互关系？它们之间是通过怎样的互动交流和信息传递来相互协调、相辅相成地推动海洋文化产业的健康可持续发展呢？本书认为，海洋文化产业各个主体并不是独立存在的，它们之间也不是简单的线性、链条关系，它们每一个产业主体在系统中都是充分交互、相互关联、协同发展的，由此形成一个动态钻石网状的结构，而且在这个系统里，政府主体有着双重的地位和功能，扮演了重要的角色：它既是海洋文化产业主体系统的一部分，又可以作为其他海洋文化产业主体存在和发展的环境，引导并支持海洋文化产业的发展。因此，我们从政府在海洋文化产业主体系统中"亦里亦外"

两个功能角色的角度来分析不同主体间的协同发展。

（一）政府作为海洋文化产业主体系统的一部分

政府作为海洋文化产业主体系统的一部分，其发展逻辑就是对于"市场完全失灵"的纯公共性海洋文化产品和服务，包括海洋文化公共政策法规、海洋文化权益与安全、海洋文化基础设施建设等，要完全由政府主体来提供，在这种情况下，政府成为一个与其他海洋文化产业实践主体平等存在的主体。

如图 3-2 所示，在整个海洋文化产业主体系统中，政府主体和其他实践主体之间是平等存在的，它们共同参与海洋文化产业整个主体系统的运转，并且在这个运转的过程中，每一个主体之间都处于一个充分交互，不断互动的动态协同状态。我们从政府主体这一角度分析其与其他各个海洋文化产业实践主体之间的交互发展关系。

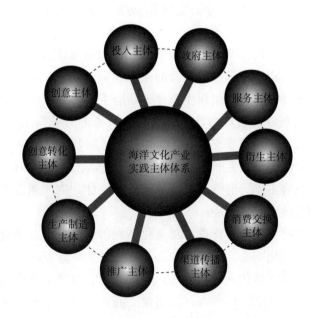

图 3-2 政府作为产业主体时海洋文化产业实践主体系统

作为海洋文化产业主体的一部分，政府主体首先要承担纯公共性海洋文化产品和服务的供给责任，即对于海洋文化产业发展相关的政策法规、权益安全制度等，政府主体要充当创意来源和生产制作的角色，以此来严格控制海洋文化纯公共产品和服务的精神内涵以及价值观导向，正确引导公益性海洋文化事业的发展方向。[①] 此时，政府担当了创意主体和生产制造主体的角色，因此，政府主体和创意主体、生产制造主体之间必然是充分交互的发展关系。

政府主体提供的纯公共性海洋文化产品和服务要通过不同的渠道来进行传播，比如由国家和中央部门制定总的海洋文化产业发展的相关制度和政策规定，再由各省级地方单位根据各自的优势和特点来制定具体的海洋文化产业发展细则，另外作为政府主体的许多事业单位，比如各种海洋科研、教育机构、海洋文化与宣传机构，各种海洋博物馆、海洋历史纪念馆等，它们本身也是海洋文化产品和服务的传播与推广主体，很多地方政府为了扶持海洋文化产业的发展，会通过组织国内外海洋文化产业交流活动、开展海洋文化产业展会等多种形式将产品和服务推向市场，因此，政府主体与推广主体以及渠道传播主体之间需要进行充分的交互，才能相互获取充分的信息和支持，协同推进海洋文化产业的发展。

对于准海洋文化公共产品与服务，比如国民海洋教育、海洋生态文化修复等，政府主体不再作为直接的生产制造者，除了以委托或者发包的形式选择企业和社会来组织生产外，政府主体主要以向企业和社会购买的方式来实现准公益性海洋文化产品和服务的有效供给，这个时候，政府本身就成了一个消费交换主体，而生产准海洋文化公共产品与服务的企业和社会组织也以生产制造主体、推广主体、服务主体的形式存在，从而实现了政府主体、消费交换主体、推广主体、生产制造主体、服务主体之间的有效交互与转换。

另外，政府主体为了促进海洋文化创意的转化，一方面会通过创建海洋文化产业孵化中心，举办各种海洋文化产业论坛、展会等多种形式来吸引创意转化主体的入驻与合作；另一方面，政府主体还会以投资企业、商业平台等组织的形式与其共同设立海洋文化创意转化中心，即政府主体既负责海洋文化创意的市场化运作，又提供公共服务平台和设施，从而使政府也担当起创意转化主体的角色。因此，政府主体与创意转化主体之间形成一种彼此交互、共同作用的协同关系。

海洋文化产业的供给侧结构性改革中需要增加海洋文化公共服务、

---

① 曲金良：《主流文化产业要姓"公"》，《人民论坛》2016 年第 10 期。

完善海洋文化产品和服务流通体系等方式来培育新的消费点，这就需要衍生主体通过自身的创新能力充分释放和再利用海洋文化产业资源，进行海洋文化产品和服务再开发生产、价值再传递，政府主体为之提供制度和政策支持，共同拓宽海洋文化产业的消费领域，以适应人们需求的新期待。① 因此，政府主体与衍生主体之间的互动发展也始终贯穿海洋文化产业的发展之中。

如此，从政府主体的角度出发，我们可以清楚地看到，在海洋文化产业主体系统中，政府主体与其他各个产业实践主体之间不断进行着能量、信息、资源、资本等内容的充分互动和交流，彼此相互作用，协同推进着海洋文化产业的发展。

（二）政府作为海洋文化产业主体系统的支持环境

政府作为海洋文化产业主体系统的支持环境，其发展逻辑就是要引导、监管和支持海洋文化产业的发展。海洋文化产业的意识形态属性决定了政府主体引导产业价值导向的责任，以保证海洋文化产品和服务的供给不能给国家的主流意识形态和价值观念带来震荡，因此，政府主体要为其他海洋文化产业主体的发展做好导向；同时，作为一种组织环境，政府主体还要通过一定的法律监管以及政策、金融、制度支持来为其他海洋文化产业主体的发展提供支撑，促进海洋文化产品和服务的价值催化和实现，为海洋文化产业的发展搭建服务平台，推动海洋文化产业最终形成主体间协同互进、良性发展的繁荣局面。

如图 3-3 所示，在海洋文化产业的发展中，政府作为整个产业主体系统的支持环境，不断地为其他海洋文化产业主体提供制度、政策、服务以及金融等方面的支持，并建立和发展多种相应的公共服务平台和组织，从而实现政府和海洋文化产业主体系统之间持续不断的信息、物质、能量交换，以促进海洋文化产业主体系统内各主体间的协同发展，带动海洋文化产业的良性运转。下面，本书分析当政府作为海洋文化产业发展的支撑环境时，海洋文化产业主体系统中各个产业主体之间的互动和协同关系。

---

① 徐文玉：《我国海洋文化产业供给侧结构性改革探析》，《中国海洋经济》2017 年第 2 期。

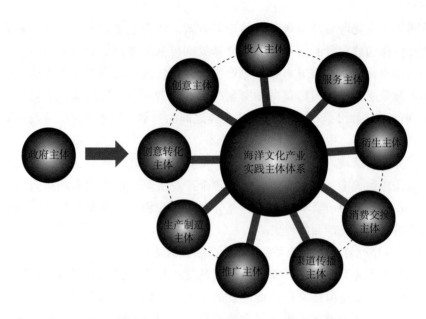

图 3-3 政府作为海洋文化产业主体系统的支持环境

对于创意主体来说，并不是所有的海洋文化创意都可以直接成为产品和服务，而是需要创意转化主体根据人们的需求和商品化的条件，对创意进行"加工"，然后才能成为商品进入生产环节，因此就需要创意主体和创意转化主体之间进行充分的交流才能完成创意的转化。比如，要将某一首海洋诗词转化成音乐作品，就需要诗词作者与音乐制作相关的制作人、录音师等进行沟通。但同样的，有些海洋文化创意并不需要转化就可以成为产品和服务，同样以海洋诗词为例，有的诗词可以直接被购买版权进行出版，也就是直接进入生产流程，因此，这就是创意主体与生产制造主体之间的互动交流和协同发展。

对于创意转化主体来说，通过与创意主体的交互作用，将海洋文化创意转化成商品后，为了将其推向市场，需要进行一定的推广宣传和商品营销，因此，创意转化主体、推广主体之间必须进行充分的交流，明确推广主体能够挖掘、把握住转化而来的海洋文化产品和服务的价值所在，并能够根据商品的特点和价值以及消费者的需求来选取最合适的营销策略，将做好市场准备的商品推广到市场，提高产品的市场占有率。比如对于一个海洋文化的影视作品，推广主体要与创意转化主体明确作品需要传达的思想和理念在哪里，推广主体在作品上市之前选择最有效的推广方式和媒介进行宣传，然后由具体的影视公司来投放上映；创意转化主体还需要渠道传播主体和服务主体如拍卖行、展览馆、艺术馆等来进行海洋文化产品和服务的价值传递，因此，需要创意转化主体通过与渠道传播主体和服务主体之间进行充分的互动和协同，来确保传播符合要求，服务平台效率高；另外，创意转化主体还可以直接与消费交换主体进行对接，将产品和服务直接卖给消费交换主体，或者通过与消费交换主体的对接，得到反馈信息来对创意产品和服务进行不断的优化，如此，创意转化主体就必须与消费交换主体协同起来，不断进行信息和价值的传递、交流和互动。

对于生产制造主体来说，海洋文化产品和服务的生产离不开创意主体和创意转化主体之间的价值传递，同样也离不开服务主体提供的公共服务平台支持以及推广主体的产品和服务推广策划，且由于不同的推广营销和渠道传播面临的是不同的消费主体和市场，因此就需要生产制造主体与消费交换主体之间进行充分的互动协调，甚至能够通过市场反馈和消费者的体验调查对已有的产品和服务进行创新和升级改造，扩大消费群体，培育新的消费主体，促进更多海洋文化创意的发展，推动产品与服务的供给侧结构性改革与优化升级，从而与衍生主体之间实现良性的互动。

第三节　海洋文化产业市场主体系统

在上文从产业活动横向上对海洋文化产业实践主体的类型、内涵、特点和交互关系进行分析时，针对每一个实践主体类型都提到了它对应的主要市场组织类型，接下来把视线转到市场中去，从整个市场纵向上来分析担当这些实践主体的具体个人和组织的类型，即海洋文化产业市场主体体系。

一　海洋文化产业市场主体体系

如图 3-1 所示，所有的产业活动实践主体对应到市场层面，在海洋文化产业发展过程中，既有参与市场活动中抑或为市场活动提供支撑的政府及相关职能部门，也有作为市场最大主体的各种所有制类型的企业；既有具有营利性功能的中介组织和金融机构，又有具有非营利性功能的学校、科研机构、协会等组织，最重要最基本的，还有最能反映民生需求化本质的个人、家庭、家族式个体从业者，尤其是在沿海农村地区，个体从业者在当代社会市场条件下弱势化趋势严重，是最需要政府重视、保护和发展的产业主体类型之一。

按照目前中国市场环境和海洋文化产业的发展情况，可以把中国海洋文化产业市场主体按照组织形态，分为三个层面：第一层面，作为产业主导，具有管理、服务、监督、指导等职能的，以政府为中枢的权力机关和部分事业单位机构；第二层面，营利性市场层面，这一层面主要包括三类，一类是从事海洋文化产业的国有、集体、私营、联营、合资、外资、股份制等公司化形式的企业，一类是介于政府和企业之间的中介组织和涵盖银行、证券、保险等行业的金融机构，一类是大量的以自然人、家庭、家族为构成要素的非企业化形式的社会团队、个体、个人式个体居民从业者；第三层面，具有公益性、慈善性的非营利性组织，包括高校、科研院所等智力机构在内的政府、事业单位性质的非营利性组织，以及行业协会等民间非营利性组织。

三个层面的市场主体结构也反映着海洋文化产业发展中的三种力量和功能特征：第一种，国家力量，及其维护公共权力和市场秩序的功能特征；第二种，社会力量，及其自主利用资源参与市场的功能特征；第三种，市场力量，及其利用生产要素追求利润与效率的功能特征。

根据三个组织形态层面的海洋文化产业市场主体定位，以及三种市场主体力量和功能特征，本书对海洋文化产业市场主体进行详细剖析。

（一）政府及部分事业单位机构

在中国的海洋文化产业市场主体中，有着阵容庞大、层级分明的政府及事业单位机构。政府主体中承担海洋管理与服务功能的行政职能机关主要是中央政府和沿海地区各级地方政府的海洋相关部门；另外，作为国家权力机关的国家和地方政府的海洋相关立法、司法和公安机关，也是海洋文化产业政府主体的组成部分；部分事业单位机构，则包括了数量众多的既是海洋文化产品和服务供给者，又是海洋文化产业市场中服务主体、创造主体和消费交换主体的各种海洋文化事业机构，如各种海洋科研机构、海洋文化与宣传机构，各种事业编制海洋博物馆、海洋历史纪念馆等海洋文化展演与传播机构。

在中国内陆地区，政府及部分事业单位机构这一层面可成为海洋文化产业主体的主要包括：第一，国家海洋局内设及下属的海洋文化发展相关职能机构，具体包括国家海洋局内设的战略规划与经济司、国家海洋局学会办公室、国家海洋局海洋发展战略研究所、国家海洋局宣传教育中心、中国海洋报社、海洋出版社 6 个单位及下属的 11 个沿海省份的海洋与渔业厅（局）；第二，沿海省份政府下属的市级海洋文化发展相关职能部门，具体包括辽宁省的 6 个、河北省的 3 个、山东省的 7 个、江苏省的 3 个、浙江省的 7 个、福建省的 6 个、广东省的 14 个、广西壮族自治区的 3 个、海南省的 3 个，共计 52 个部门①；第三，中华人民共和国文化部涉海性文化产业机构，具体包括国家文化部内设的文化产业司，及其管辖下的 11 个沿海省份的文化厅内设的文化产业处。② 与海洋文化发展相关的政府及部分事业单位机构兼具"涉海性"和"文化性"，同时受两个方面国家力量的综合管理和支撑。

（二）营利性市场层面

1. 企业

在营利性市场层面，企业是中国海洋文化产业市场中最大的主体。海洋文化产业企业的类型主要包括国有企业、民营企业、私营企业、独资企业、联营企业、合资企业、外商投资企业、股份制企业等不同所有制形式的企业。同其他普遍意义上的企业一样，海洋文化产业类企业同样以营利为目的，运用海洋文化资源和创意，融合涉海劳动力、资本、技术和管理等各种生产要素，向市场提供与海洋文化相关的产品或服务。这些企业的类型主要有：直接从事海洋文化创意设计、产品制造和服务研发的生产型企业、直接从事海洋文化产品和服务买卖的市场型企业、从事海洋文化基础设施服务和海洋文化产品增值信息的服务型企业、从事与海洋文化及其相关产业的配套型企业等。

在中国海洋文化产业市场中，一部分是国有企业或国有控股企业，这类企业占据了市场的主导地位，它们基本上都是脱胎于原有的国家和地方政府的事业性质的产业机构，尽管目前大部分已经进行转企改制、改革，但其"事业单位"的功能特点并没有完全取消或剥离，且由于海洋文化产业的经济属性与文化属性这双重属性，在当前产业实际发展进

---

① 国家统计局编：《中国海洋统计年鉴》（2019），中国统计出版社 2019 年版。
② 张韶伊：《我国涉海文化产业机构和组织研究》，《浙江海洋学院学报》（人文社科版）2015 年第 5 期。

程中也不可能完全取消或剥离其原本就有的事业单位发展的部分特性。

除了国有企业外，民营企业开始逐步成为中国海洋文化产业市场的主力军，尤其是中型、小型、微型海洋文化企业，成为海洋文化创意开发和生产的核心力量。文化产品本就蕴含着极高的创新性和智慧性，尤其是在中国经济发展新常态"大众创业、万众创新"的倡议下，涌现了大批的海洋文化新产品、新技术、新业态，海洋文化产业也因此呈现创意多样化、生产制造智能化、营销推广科技化、发展模式新颖化、传播渠道多元生态化的特征，这些特征在海洋文化新兴产业，以及中型、小型、微型企业中的表现更为明显，它们代表了海洋文化创意性的前沿。

无论是国有企业还是民营企业，无论是大型企业还是小微企业，这些具备法人资格的企业除了拥有与海洋文化相关的特殊性以外，还拥有所有企业的普遍性特征，即在运营中同样自主经营、自负盈亏、独立核算。例如，在中国海洋文化企业中，国有企业中的中国文化传媒集团和山东海洋文化旅游发展有限公司，私营企业中的大连海昌集团，具有民营性质的普陀岑氏木船作坊，采取股份制形式的海洋国际文化艺术管理有限公司，属于个体的北京浩瀚海洋文化有限公司，等等。

2. 中介组织和金融机构

虽然从事海洋文化的各类企业在产业价值链的各个环节中实现了分工合作化、高度的社会化和专业化，但是政府、企业以及一些海洋文化从业个体全部加起来也不能够或者没有必要囊括海洋文化产品价值链的整个环节，中介组织的出现便成为完善海洋文化产业发展的必要条件之一。作为海洋文化产业市场体系的一部分，中介组织的产生是中国特定文化产业制度安排下的产物，其本质属性是中国海洋文化市场中的一个经营性市场主体，是通过发掘和整合分散的海洋文化资源，主动参与海洋文化市场发展，提供产业信息、促进产品和服务交易，以收取佣金、代理费用等形式达到营利性目的非正式社会管理组织。其市场形态包括海洋文化经纪公司、海洋文化经纪事务所等，虽然中介组织提供的服务是中介性的，但是这并不能改变它作为海洋文化市场营利性层面组织之一的本质属性，比如提供海洋文化咨询服务的中介组织可以在创意选择和转化、组织生产、政企或者企业之间沟通互动中提供中介服务，或者中介组织以经纪人、代理人等多种形式对海洋文化产品进行包装设计和宣传推广，或者中介组织基于专业化的经营水准对海洋文化企业的生产经营活动进行评估和测算。

在中国，中介组织一部分是在政府机构改革和职能的转变过程中通过重新组建而发展起来的；而最主要的一部分则是由一些民营企业或社会组织自发联合形成的，他们是由海洋文化企业在当前市场运作机制下根据自身的发展需求而培育和发展而来的[①]，这一部分海洋文化产业的中介组织从群众中来，又面向群众，能够及时并准确地把握消费者的海洋文化需求和海洋文化市场的发展动态，一方面能够在此基础上因势利导，打造新的海洋文化消费群，带动海洋文化消费；另一方面又能够在企业与企业之间、企业与政府之间发挥一定的沟通和协调功能，为海洋社群发展和大众海洋文化需求带来福利。

金融机构从广义上来说，是中介机构的一种，在本章节对海洋文化产业主体分类的具体阐述中，鉴于其在海洋文化市场中的重要性，将其单独作为市场主体的一种进行分析。金融机构是专门提供金融服务或从事货币信用活动的机构，包括银行机构和证券、信托、保险等商业性机构两类。海洋文化产业的发展离不开金融机构的资金支持，尤其是在当前，海洋文化产业作为一门新兴产业门类，其发展战略刚被上升到国家层面，相应的金融扶持政策体系尚未跟进，银行、证券、保险等金融机构的存在，既为拥有创意而缺乏资金的个人、团队、小微企业、非营利性组织等提供了让创意走向市场和消费者的机会，同时也为较大型、高风险的海洋文化产品的生产提供了风险性的担保。

3. 个体从业者

在海洋文化产业市场上，还包括大量的非企业化形式的社会个体和个人居民从业者，它们主要是由个人、家庭、家族式个体经营者，以及超越家族成员的多个自然人团队组成的形式。本书中，个体从业者包括从事海洋文化产业的已在工商管理部门注册的、拥有营业执照的个体经营者和没有在工商管理部门注册的、无营业执照的个人经营者。在海洋文化产业市场中，在现代市场经济环境和科技文化氛围下发展起来了一大批新型的个体从业者，他们或是单个的居民个人，或是几个人组成的一个小团队，在新时代的思潮下，利用新的市场技术和科技创新，结合自己的思维和潜能，广泛地出现在海洋文化产业活动的各个环节中。比

---

① 刘金祥：《论我国文化中介组织的培育和发展》，《浙江树人大学学报》2012年第5期。

如单个的居民个人利用互联网平台进行"平台+个人"式的海洋文化产品和服务的创业;再比如一个团队利用几个人的智慧为一些企业甚至政府提供海洋文化创意和内容等。

在个体从业者中,还有一部分是传统意义下,传承着海洋文化精神、保护着海洋文化遗产,在海洋社群集体智慧和生活经验下延续下来的产业个人和个体经营者,他们或是从事最简单的、生活化的海洋文化产业性质的活动,如海洋文化信仰和民俗类产业活动;或是对海洋文化遗产进行传承和保护,如贝雕、渔船画等。中国的海洋文化从远古时期就是以个人、家庭、家族为创造与传承主体而发展起来的,如今各沿海、岛屿、近海等地区的渔村渔民、个体工艺手工业者,都是海洋文化产业中个人居民形式的一种,这部分个人居民在海洋文化产业主体中的力量是不容忽视的,这是海洋文化产业主体的基本面,看不到这个基本面,只是着眼于现代意义上的企业主体,显然与发展实际不符。这是本书研究加以特别强调的一个视角。

(三)非营利性组织

海洋文化产业的主体还包括一些从事海洋文化服务的,具有公益性、慈善性的非营利性机构,这些机构主要有两种:第一种是政府性质的非营利性组织,主要包括三个层面,第一个层面是具有事业单位性质的高校(如中国海洋大学海洋文化研究所)、科研院所(如山东省海洋经济与文化研究院)等一些学术组织和智力机构。第二个层面是政府部门牵头成立的与海洋文化产业发展相关的社会组织,包括各类的研究协会、行业协会。比如北京郑和与海洋文化研究会、中国产业文化协会、中国生态文化协会、青岛市海洋文化研究会、广东海洋文化协会、中国海洋工程咨询协会海洋文化分会等社会组织。第三个层面是从事与海洋文化相关的公共服务供给的机构,如图书馆、博物馆、新闻传媒机构以及提供海洋文化体育休闲设施的机构等。

第二种是民间性质的非营利性组织,是由民间出资自发形成的服务组织,它既包括了一些学术性、行业性的社会社团,比如中华妈祖文化交流协会等,还包括不计其数的专业性、联合体类的海洋公益社团、基金会组织等,诸如上海仁渡海洋公益发展中心、三亚蓝丝带海洋保护协会、派克德基金会等。

无论是政府组织形成的非营利性机构,还是民间自发形成的非营利性社会组织，它们都有自己的结构和相应制度，具有独立处理事务的自治性和完全的自愿性，它们均不以营利为目的，但对于部分民间非营利性组织来说，又需要营利以维持其发展乃至壮大。非营利性组织是中国海洋文化市场舞台中一股具有海洋文化"美好性""协调性""和谐性"的力量，是连接政府和市场、市场和公众、政府和公众之间的桥梁，是中国海洋文化产业健康、可持续发展的重要保障，也是中国海洋文化产业主体中不可缺少的一部分，体现了中国海洋文化产业主体多元化、协调化的发展特点。

二　市场主体的功能与特点

产业市场主体是海洋经济与文化的主体，也是海洋社会经济与文化关系的中心，是引领海洋文化产业发展的核心和主导动力，也是海洋文化产业发展各个层面的决策与行为主体，在普遍意义上，它们具有主体的经济性、独立性和平等性。海洋文化产业的各类主体形式不同、独具特点，在发展上占据着不同的地位、发挥了不同的作用，因而也就存在着同一价值尺度衡量下的不平衡、不均等性。因此，我们分析海洋文化产业市场主体的特点和功能特征，为它们之间的平衡发展找寻突破口和可行路径。

（一）中国各类海洋文化产业市场主体的功能

1. 政府及部分事业单位机构

政府在一般产业发展中的作用归结说来主要是总揽全局，具体则体现在：第一，通过立法以及指导、监督等手段来调整和规范各产业主体的行为；第二，通过搭建平台、营造氛围、创造良好的条件来培育产业市场；第三，根据产业的市场变化制定并不断调整政策以适应抑或调整不断变化的市场供求关系和产业发展状况；第四，通过提供公共服务，建立产业发展的支撑体系。[①] 海洋文化产业由于其特殊的经济属性、社会属性和文化属性，要求政府在市场功能上更多的是"服务型"和"引导型"职能政府，而非"控制型"职能政府，即在海洋文化产业的发展中，政府要更多地借助经济和法律手段来调控实现海洋文化产业资源的高效配置，更少地利用自身的权力进行产业发展行政上的控制。对于部分事业单位来说，它们的经营不以市场营利为主要目的，而是凭借其具有的

---

① 王国华：《完善文化产业市场主体的方法与路径》，《思想战线》2010 年第 3 期。

"资本"的力量够不着的"权力",来满足海洋文化产品和服务的供给服务,尤其是在其提供纯公共海洋文化产品和服务时,比如说海洋文化遗产的传承、海洋文化基础设施的建设、海洋文化产业评估体系的构建、一个沿海城市海洋文化产业规划的设计等,都是不能够被"资本"的"市场经营"力量所左右的。①

2. 营利性市场层面

第一,企业。在营利性市场层面,海洋文化类企业主要是指从事海洋文化旅游业、海洋休闲渔业、海洋节庆会展业、海洋文化传媒业、海洋民俗文化产业、海洋工艺品业及其他海洋文化商品业等产业类型的公司化企业。这些企业中,国有企业是企业中的主导者,在海洋文化产业市场中发挥着多种作用:它是推动中国海洋文化产业带动海洋第三产业发展的基础动力;是中国海洋文化产业发展方式创新和技术进步的带头者和骨干;是国家海洋文化安全和参与国际海洋文化产业竞争的中坚力量;它在人与海洋和谐相处中发挥引导作用;在传承和保护传统海洋文化遗产中发挥主力作用;在传播中华民族和谐、和平、美丽的海洋价值观念中发挥引领作用。② 民营企业也是海洋文化产业市场中的核心力量,尤其是近年来,小微民营企业成为其中的绝对构成主体,其大量的存在和发展是中国海洋文化多样性的体现,其不断产生的创新型创意也是公众需求私人化、定制化转型升级的侧面反映;另外,小微企业"温饱式""小康式"的存在和发展对于整个海洋文化产业的稳定和扩大,对于拉动海洋第三产业就业、普及海洋文化知识、提高海洋文化意识、维护海洋社群安定具有重要作用。

第二,中介组织和金融机构。随着市场体系的不断完善,中介组织已经成为海洋文化市场的一个重要主体组件,从微观上讲,它以实际的产业活动参与完善海洋文化产业的价值链活动,在海洋文化创意转化、海洋文化产品和服务的生产、推广、传播、消费整个价值链体系上发挥了沟通、催化、反馈的作用,为产业发展提供策划咨询、信息支持、主体互动、价值传递、经营运作、效益评估等中介服务;从宏观上来讲,

---

① 熊澄宇:《多元文化建设主体与文创产业活力包含的四个要旨》,《中原文化研究》2014年第 2 期。

② 谭劲松、程恩富:《国有文化企业要在文化产业中发挥主导作用》,《马克思主义研究》2014 年第 3 期。

中介组织的出现在市场层面为海洋文化资源的配置提供了一种协调机制，既能帮助政府转移和承接部分职能，又为适应海洋文化市场和企业的发展需求而日益成长。同时，促进了海洋文化产业资源和要素的合理分配，调节和平衡了海洋文化产品和服务的市场供求，加快了不同产业活动实践主体和市场主体之间的有效沟通和互动，降低了海洋文化产业的流通和交易成本。尤其是中介组织来源于政府、市场和民间，更能够在政府与市场、市场与市场、市场与公众之间搭起一座桥梁，促进了中国海洋文化产业市场的和谐、稳定发展。①

海洋文化产业的从业主体为了将创意转化为产品或维持产品的经营，需要将资本筹集起来，大型的国有企业较容易得到政府财政金融政策的支持，获得政府的资金支持，而对于中型尤其是小微型企业、个体经营者来说，很难吸引到政府的融资，因此，金融机构便是它们获得资金扶持的最主要途径。金融机构通过提供多元化的投融资方式引导资金流向海洋文化产业经营者，一方面，银行机构根据政府的海洋文化相关金融政策和制度对中小微型企业和个体从业主体提供财政上的支持；另一方面，商业性金融机构则通过引入民间资本来提供财政支持以及提供相应的风险担保，从而维持多而广、分散且不均匀的中小微型企业和个体经营者的安全与稳定发展。

第三，个体从业者。在个人、家庭、家族式等非企业化的个人、个体从业主体的经营活动里，主要有两类从业者。一类是在现代化市场中，利用现代化物流、信息流、资金流和"互联网""云科技"等技术等而迅速成长起来的新型个体和个人经营者，他们或是一个独立的自然人，或是一个团队，他们提供的海洋文化产品和服务具有科技含量较高、创意性较新颖、多样性较丰富等现代化特点，且尤为迎合现代生活中消费者的个性化、定制化、多样化消费需求，满足的是较高层次精神追求和情感体验的发展型和享受型海洋文化产品和服务的供给。

还有一类，是从事传统海洋文化产品和服务供给的个体和个人经营者，他们的海洋文化产品，有的是提供给市场来销售和服务，旨在营利的，而更多的则是自用、公益、出于信仰和习俗的需要而在亲友和乡里

---

① 刘红岩、秦淑倩、李彬：《政府——市场关系演变与文化中介组织适应性创新》，《山东大学学报》（哲学社会科学版）2017 年第 2 期。

社会中相互馈赠，互通有无。更重要的是，这一类海洋文化产业主体从事的活动是对中国传统文化的一种"活态"保护和传承，诸如传统海洋文化手工艺和现代海洋文化手工艺，它们大多以家庭、家族等个体或者个人的方式传承和发展，其海洋文化产品生产和服务的提供主要靠的是手工、手艺，虽然是最不现代化、机械化的，但却是对环境资源破坏最少的，最能体现生态化文明理念的，而且由于不使用现代工业化方式大批量复制生产，因而保持了海洋文化产品和服务自古以来所具有的原始性、丰富性和多样性，不仅能够满足市场上公众对传统海洋文化资源的需求，还能使更多的人去了解民间海洋文化的生存状况、文化意蕴及其魅力所在，从而有助于提高公众的海洋文化意识。因此，无论是从可持续发展的角度，还是从保护民生、民计的角度来说，无论是从产业主体利益的角度来说还是从社会和谐与公平正义角度来说，无论是从人的物质需求和精神追求的角度来说还是从文化内涵和本质的角度来说，海洋文化产业的个人、家庭、家族式个体和个人居民从业者的这一主体类型的发展，更应该受到有力的保障和大力的促进，更需要成为中国政府加以高度重视、保护、并支持其发展的产业市场主体对象。

3. 非营利性组织

非营利性组织在海洋文化产业发展中的作用不容小觑，它扮演的不是与政府对立的角色，而是通过合作来协调政府与社会的关系。它为中国海洋文化产业的发展提供一种新的资源配置方式，弥补了产业市场上政府与企业的不足。

首先，非营利性组织能够做政府想做却"不便做""做不好"或"不可做"之事。比如，在海洋文化权益问题中，非营利性组织可以借助合理合法的方式来进行宣传等活动，其宣传和表达的意愿更容易被其他政府和相关部门关注和理解；对于海洋文化领域的研究成果，非营利性组织的学术功能更能促进成果的转化；对于部分准海洋文化公共产品，非营利性组织由于源于群众而具有更广泛的群众基础，这便于其与公众进行沟通交流，从而提供能够更加满足公众多样化需求的海洋文化公共产品。其次，非营利性组织不仅仅服务于政府，同时对于促进市场平衡和社会稳定也存在着调节作用，它们不仅是辅助政府的"雇主"，同时也是很大的一个"买主"，即非营利性组织能够构成一个潜力巨大的市场，起到促进良性竞争、活跃海洋文化产业市场、吸纳就业、扩大海洋文化产品供给和需求的作用，因此，对于促进经济增长有着至关重要的作用。同时，非营利性组织对于海洋文化的精神文明倡导更容易被广泛的群众接受，从而推动整个社会海洋意识的提高和海洋生态文明的发展。

（二）中国海洋文化产业主体的特点

1. 政府及部分事业单位机构

目前很多沿海地区的海洋文化产业发展，政府及相关事业单位呈现"包办"的局面。无论是海洋文化公共产品的供给，还是海洋文化产业市场中各类海洋文化产业主体的市场准入、组织构架、生产行为和评价体系等，几乎都有着政府主导、策划、操办的特点，由此导致了民间社会力量和政府力量之间难以形成主体之间良性的积极互动和平衡发展。我们明确政府是海洋文化产业的主体之一，并不是以政府替代社会和市场来发挥作用，而是要政府在海洋文化产业发展方向、发展制度、发展道路以及公平与效益相统一发展、可持续发展、良性发展上，起到宏观、整体和分类管理上的把关定向与保障的主体作用。社会和市场的主体作用及其积极性、创造性的发挥，是市场与政府之间良性互动的基础，而目前的状况是，中国海洋文化产业社会力量的产业主体的作用往往是被动的，市场力量的产业主体的作用往往是投机的，即投政府之所好，从政府的公共权利、公共资源和相关地区、行业、产业倾斜政策包括用海政策、税收与财政政策、金融政策等现行政策和人为决策中获取套利，这样就扭曲了政府的主体职能与作用，阻碍了海洋文化产业市场的良性竞争和产业的健康发展。

2. 营利性市场层面

首先，对于企业来说，企业既是海洋文化产业主体类型中的重要主体，也是成分最为复杂的一个主体类型。但是在中国海洋文化产业的发展中，占主导因素的通常是产业所固有的意识形态内容，政府以这种主导因素的导向强弱为依据来制定相应的海洋文化政策[1]，从而形成了海洋文化产品和服务供给、海洋文化产品生产的辅助生产、海洋文化其他商品的生产、海洋文化产品生产的专用设备四大类海洋文化产业结构形态。这种极具层次性的产业分类方式成为衡量海洋文化企业市场准入的主要

---

① 沈继松：《论制度变革与我国文化产业发展不平衡的辩证统———以建立健全现代文化市场体系为视点》，载胡惠林《中国文化产业评论》，上海人民出版社 2014 年版，第 215 页。

依据，从而导致中国海洋文化产业的市场主体也形成层次分明的局面，即国有企业控制和经营海洋文化产业中的新闻传播与广播影视类、报刊图书类等思想意识形态较强的海洋文化产品生产层产业形态，民营企业侧重于经营其他海洋文化意识形态较弱的市场分销与服务层产业形态，以及更为大量的游艺、娱乐性海洋文化产业形态，如海洋咨询业、海洋工艺品业等。在民营企业中，作为最大力量的中小微型企业，尤其是小微企业，具有明显的海洋文化行业特殊性，即固定资产更少、创意智慧属性更加突出、风险抵抗能力更弱、政策落实更为困难等，因此，部分小微企业在市场中得不到应有的主体地位，也就对打造海洋文化精品产业链有心但无力。

其次，对于中介组织和金融机构来说。中国海洋文化产业的中介组织虽由政府职能转变或民间力量转变而来，但其在市场中依然是独立自主、资源自治的一种组织体，主要表现出以下三个特点：第一，中介组织拥有一般市场组织的特征，即它拥有独立的法人资格，自主参与海洋文化市场活动，自愿与海洋文化企业进行合作，对自身行为进行自治自管，它服务于海洋文化产业的全过程，并不受产业环节、产业门类、产业所有制的限制，以非正式的社会管理模式与海洋文化产业发展之间实现共赢；第二，中介组织以营利为目的开展服务活动，但是其定位却在于增加全社会的海洋文化福利、培育公众的海洋文化意识、改善大众的海洋文化生活；第三，中介组织作为市场营利性主体但拥有高度的社会化特点，并不是意味着中介组织既是海洋文化产业市场中介又是社会中介，而是指其属性为市场中介，但是其功能和地位却表现出社会化的特点，即海洋文化中介组织的活动内容和服务形式是社会化的。

金融机构包括银行机构以及银行机构除外的商业性金融机构，在中国海洋文化产业的发展中，多元化的金融机构也为产业主体的发展带来了多元化的资金和风险支持方式。但是在海洋文化产业的市场中，这两类金融机构的特点有着较为明显的针对性，即银行机构对大型国有企业的支持较多，而中小微型企业和个体经营者则多依赖于商业性金融机构的资金和风险支持，不利于产业市场上各类主体的平衡发展。另外，海洋文化产品和服务与生俱来的非实物性、意识形态性等特征使得其投资回报率、投资风险性难以确定，银行、证券、保险等机构支持乏力，因此，金融机构要充分发挥其功能特点，还需要海洋文化产业的发展能够有更为客观的评估。

最后，在中国海洋文化产业发展中，个人、家庭、家族式从业主体和个人经营者是大型、较大型的公司企业型从业主体之外的最广大、最根本、最基础的职业化、半职业化产业主体，也是一种单一的社会—经济—文化体。确立企业之外的家族、家庭、个体个人等从事海洋文化产品生产和服务经营者的市场主体地位，是当前最需要着意强调的，这是占人口最多数的、最重要的市场主体。尤其是海洋民间社群中从事传统海洋文化产业经营的个体和个人，是长期以来容易被市场忽视，没有获得相应主体地位的市场主体，因而一直是弱势的市场主体。这一庞大的海洋文化产业主体，以沿海和岛屿地区为主，遍布在大大小小的城市、乡村社会人群聚落之中，他们自己既是海洋文化产品的创造者、生产者、营销者、服务者，又是自己的和他人的海洋文化产品的欣赏接受者、消费者和被服务对象。诸多时候不以货币交换，却符合交易原则，具有市场性，更重要的是，海洋民间社会这一海洋文化产业主体是致使海洋文化产业拥有"十里不同风，百里不同俗"特色最为丰富多彩的主体，更是振兴沿海乡村发展的巨大力量。

3. 非营利性组织

中国海洋文化产业非营利性组织拥有其他普遍意义上的非营利性组织所具备的组织性、自治性、自愿性、不分配利润等特点。但也有自己的特点，诸如，目前，中国海洋文化民间自发形成的非营利性组织尚处于起步阶段，数量不多，成立时间短，专业性有待于加强，对于国家、市场和公众的海洋文化权益、海洋文化遗产开发与保护、海洋文化生态与环境保护、海洋文化公共服务和海洋文化新业态等领域的需求，难以形成一个系统而高效的公益支撑体系。政府性的非营利性组织，包括高校和科研院所的海洋文化研究机构也好，政府牵头成立的海洋文化相关的协会、学会、组织也好，在组织形式上虽整体呈现多样性，但却存在着省际的趋同性；而在组织的研究内容或服务专长上，则存在着较为明显的地域性、差异性和竞争性，省际、区域间难以形成有效的互动和沟通，不利于海洋文化产业的产业集聚和区域协同发展。

中国对非营利性组织的管理方式和手段是多元化的，海洋文化产业毕竟是与我们中华民族的情感和意识形态密切相关的产业，因此，对于民间力量形成的社会组织，在拥有相对独立的自主性力量之余，政府会通过自身力量的引导和一定的制度环境来规制其发展方向。

三 市场主体体系的运转

在中国海洋文化产业市场中，不同产业市场主体之间在整个市场环境、技术创新环境、政策法规环境和相应的基础设施条件下，不断地进行物质、能量和信息的交换，不断进行产业活动的交流和互动。在这个市场主体体系中，政府仍然有两个角色：一个是海洋文化产业市场主体体系的一部分，另一个就是海洋文化产业市场主体系发展的支撑环境。

研究市场主体之间互动关系的 CAS 理论（复杂适应系统理论）认为处于同一层次的或者相互临近的市场主体之间才能进行有效的互动，而在中国海洋文化产业市场主体系统的运转过程中，如图 3-4 和图 3-5 所示，政府层面、营利性市场层面、非营利性组织层面三个层面中，相同而又相邻的主体层可实现相互的交流和沟通，而每个层面之间，如在营利性市场层面，企业、中介组织、金融机构和个体从业者，又可以形成一个内部的既层次相同又相邻的子系统，非营利性组织内的政府和民间两种力量又可以形成一个动态的子系统，如此，从海洋文化产业市场主体子系统到整个宏观产业主体系统，在政府主体、营利性市场层面、非营利性组织之间就形成一个动态的、不断交互的海洋文化产业市场主体运转体系。在这个体系中，每个层面、每个产业市场主体之间都不断进行着能量、物质、信息之间的交换。

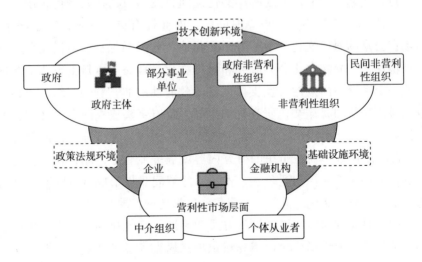

图 3-4　政府作为市场主体时的海洋文化产业市场主体体系

（一）政府担当海洋文化产业市场主体

如图 3-4 所示，政府担当中国海洋文化产业市场主体之一时，把海洋文化市场主体体系的圈层看作一个实线圈，政府是市场主体体系中与其他市场主体平等的一分子，此时，政府主体的功能主要体现在公益性海洋文化产品和服务的供给上：一方面，政府要坚定地承担起中国海洋文化公共政策法规等"市场完全失灵"的纯公益性海洋文化产品和服务的供给责任；另一方面，则要通过与海洋文化产业市场中企业、中介组织和金融机构、个体经营者、非营利性组织等市场主体的沟通互动、协调生产，来共同完成准公益性海洋文化产品和服务的供给。此时，政府主体主要制定供给规则并执行监管，以委托或者发包的形式选择企业、中介组织、金融机构、个体经营者以及非营利性组织等海洋文化市场主体来组织生产海洋文化产品和提供服务，同时也可以通过向企业、中介组织、金融机构、个体经营者以及非营利性组织等市场主体购买的方式来实现准公益性海洋文化产品和服务的共同供给。

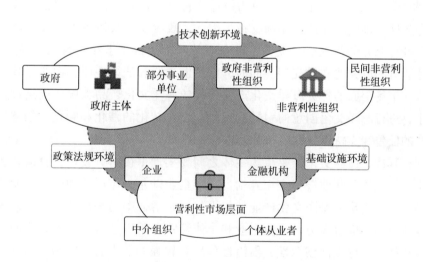

图 3-5　政府作为海洋文化产业支撑环境时的市场主体体系

在公益性海洋文化产品和服务的供给过程中，市场主体体系中的各个产业市场主体之间必须进行有效的交流和互动：首先，政府提供的准海洋文化产品和服务必须兼顾公众尤其是涉海群体海洋文化消费的多样性、升级化需求，因此，政府主体要基于公众的需求，与整个市场体系中同样作为消费者群体的企业、个人以及各类社会组织之间进行充分的沟通；其次，要供给什么样的产品和服务，体现何种国家文化价值观念和海洋文化发展理念，遵循怎样的海洋文化产业市场发展方向等，这些问题，都必须要政府与受托者和作为卖方的其他市场主体进行沟通，政府要明确、并监督好公益性海洋文化产品和服务的精神内涵导向，做出正确的政策引导及海洋文化价值定位，其他市场主体要做到坚决遵从并严格把控。

(二) 政府作为海洋文化产业市场主体发展的支持环境

当政府作为中国海洋文化产业市场主体发展的支持环境时（如图3-5所示），政府就如同海洋文化产业市场这一花园的园丁，较之图3-4所示的体系，中国海洋文化产业市场主体体系的外圈由实线变成了虚线。此时，政府的工作就是要管理好这座花园，并适当给花园施肥翻土、浇水驱虫，为花园和植物的成长提供最优良的环境。

首先，政府要通过制定政策法规为中国海洋文化产业市场主体的发展营造良好的市场环境，同时为海洋文化产业市场主体体系提供足够的保障性基础设施和技术创新支持。因此，政府要与其他各类市场主体之间进行充分的沟通、交流，了解它们的政策扶持需求和自身发展需要，才能有的放矢地提供支持。同时，以经济手段和法律手段，而非行政手段在市场层面的各类海洋文化产业主体的海洋文化产品和服务供给过程中，进行海洋文化创意的引导和审批、创意转化的催化和孵化、创意生产的监督和支持以及推广和渠道的监管工作。

其次，海洋文化产业市场主体之间要实现平衡协调发展，就需要各个市场主体不断地进行交流互动，大型企业以龙头作用带动中小企业发展，并促进形成海洋文化产业的集聚发展，增强中国海洋文化产业的国际竞争力和综合实力；小微企业和个体经营者积极学习并争取政府的政策扶持，充分发挥创意性、前沿性作用和较强的业态融合能力，体现中国海洋文化产业市场需求的多样化、业态的创新化、生产的专门化；非营利性组织发挥其桥梁作用，向上通过与政府有效沟通，承接政府主体的部分海洋文化产业发展服务功能，转移政府和市场中面临的职能困难，向下通过面向民间，充分了解公众的海洋文化需求，带动、促进民间海洋文化消费力量的成长，激发全民的广泛参与和海洋文化创新的活力。

第四节　海洋文化产业主体系统

一　海洋文化产业主体系统总构架

在上文中，我们分别从海洋文化产业价值链的角度横向分析了中国海洋文化产业的实践主体体系，从海洋文化产业市场的角度纵向分析了中国海洋文化产业的市场主体体系，在本章节中，把横向的实践主体体系和纵向的市场主体体系描绘到整个海洋文化产业市场中来分析海洋文化产业的主体系统的总架构。

在物理学中有种现象叫"贝纳德效应"，这种效应是说在贝纳德液层系统中，把大气加热到一定温度后，大气就像是一个蕴含了各种贝纳德元胞的海洋，每个贝纳德元胞会不断地从环境中吸收热量而出现有规律的对流运动。借用这个现象进行比喻，那中国海洋文化产业的主体就像是一个液层系统中贝纳德元胞，这些元胞本身是海洋文化产业空间中的一个能量流转传递的主体，它们具有一定的独立性，同时又服从于整个海洋文化产业的运转规律和市场规则，并以动态的、交互的结构不断运转来传递能量、物质和信息，从而推动整个海洋文化产业的不断发展。

因此，整个海洋文化产业主体系统也是这样一个动态的、开放的自组织系统，市场就是海洋文化产业的能量场，政府为所有产业主体提供热量、信息和运转规则，使得系统中，政府主体以及其他各个海洋文化产业主体之间都在不断地进行着相互的交流和充分的互动，所有的产业主体都处于一种自身不断运转，同时又与其他每一个产业主体进行充分交互的状态。于是，整个海洋文化产业主体系统都处于一个动态的不断相互作用、相辅相成、协同发展的运转之中。

本书认为，整个海洋文化产业主体系统是一个动态的、开放的、立体的自组织系统，在这个系统中，按照边界交互的复杂性适应理论，外圈层的产业实践主体以立体网络形式进行交互运转，即政府、企业、个体经营者、中介组织、金融机构、非营利性组织，这些市场主体每一个都可以成为创意主体、创意转化主体、生产制造主体、投入主体、推广主体、渠道传播主体、消费交换主体、衍生主体、服务主体而从事相关的产业实践活动。且所有的主体，产业活动实践主体也好，市场主体也好，都不是独立地存在于市场之中，它们之间也不是简单的横向上的链条或纵向上的线性关系，每一个产业主体在海洋文化主体系统中都是充分交互、相互关联、协同发展、相辅相成的，由此形成一个动态的、立体的网络状结构。

在海洋文化产业主体系统中，政府的角色最为特殊，它既是系统中产业主体的一部分，又是整个系统存在和发展的支撑环境，无论是哪种角色，政府都要在海洋文化产业的发展过程中充分发挥它"亦里亦外"两方面的作用，即政府主体既要担当海洋文化产业市场主体的一部分，不断与其他产业主体之间进行信息、价值、能量的交流和互动，同时又要充当海洋文化产业发展的支撑环境，像一个为植物创造最适宜生长条件的园丁一样，为其他海洋文化产业市场主体的健康发展创造有利的内外部发展条件。

二　产业主体间性表达

中国海洋文化产业依赖于人与海洋、与社会的关系而发展起来，以满足人们的海洋文化需求。从哲学的意义上讲，产业主体是海洋文化产业存在的基础和发展的动力，是选择海洋文化产业生产方式、进行海洋文化产业发展指导的最基本要素，它们决定了海洋文化产业的合理管理、海洋文化产业的健康运行以及海洋文化产业的呈现方式，从而使得海洋文化产业不断按照由人构成的产业主体的需求和目的去发展。从这个层面上讲，海洋文化产业的每一次进步与创造，都是海洋文化产业主体进行决策与行为选择的结果，海洋文化产业主体推进了海洋文化产业的不断发展与创新。

从经济学和市场的角度来看，海洋文化产业的发展和产业主体系统的运转是不同产业主体的产业主体间性表达的结果，即不同产业主体之间通过相互的交流、互动而进行一系列经济活动的结果。在横向的整个产业链条中，产业的每个实践活动都对应着一个主体，这些主体通过彼此之间的链接和沟通完成了海洋文化产业价值从头到尾的产生、传递和实现；从纵向整个市场主体体系的角度来看，海洋文化产业活动又是不同产业主体围绕共同的海洋文化产业按照不同的需求和发展目标而相互作用、共同推进的结果，即在海洋文化产业市场中，政府、企业、中介组织、金融机构、个体经营者、非营利性组织等各尽其责又相互依存，既相互竞争又休戚与共，它们通过纵向形成产业之间的集群式发展，对内通过合理的竞争活动来形成推动海洋文化产业不断向前发展的动力，对外又结成一团，一致对外，通过增强中国海洋文化产业的总体实力和国际竞争力来推动树立海洋文化自信、建设海洋文化强国。

因此，海洋文化产业主体从横向不同产业活动环节和纵向不同产业层次上，通过主体间性的表达，在整个市场的立体环境中，相辅相成、协作配合，共同推动了中国海洋文化产业的发展。

第四章 海洋文化产业主体的发展现状研究

第一节 总体描述性分析

海洋文化产业是兼具"意识形态"和"经济属性""文化属性"双重属性的一门产业，其经济和文化双重属性如同是男性特征，理性、沉稳、容易琢磨，而"意识形态"属性则如同是女人特征，感性、聪慧而又变幻莫测。当这两种属性相互碰撞产生火花时，就如同异性两人的相处，虽缺乏交往却相互吸引，且这爱情基石要想长久稳定地走下去，就要在自我特性的坚持中抹平一些不适的棱角，来达到彼此的契合，实现"你中有我，我中有你"。因此，我们在分析海洋文化产业的主体发展现状时，切不可妄自认为海洋文化产业主体的经济和社会效益可以涵盖甚至取代文化功效和精神升华等意识形态效益。用经济学的方法研究海洋文化产业，并将文化价值取向和整体海洋精神的声音植入产业主体的发展绩效中去，这样才能对海洋文化产业主体的发展情况有个客观的判断。因此，本书在分析中国海洋文化产业主体的发展现状时，从哲学意义上思考蕴含着海洋精神与文化价值的海洋文化产业主体的文化效益及其主体间性的表现，也从经济学意义上思考政府、企业、中介组织、金融机构、个体经营者、非营利性组织等不同海洋文化产业主体的发展绩效。

一 哲学意义上的发展

基于哲学角度对产业主体以及产业主体间性的理解来看，海洋文化发展的最终表征是人及其海洋意识、海洋文化发展意识等主体性的增加，海洋文化产业主体的进步，以及海洋文化产业系统内产业主体间性的加强升级。在海洋文化发展的过程中，具有辩证生成性的主体通过融合海洋文化要素、特质和精神，以其在海洋文化产业活动中"革命性"和

"批判性"地互动，促使一个或几个产业主体合力"成就"了另一个或几个产业主体，从而使得产业主体系统的内在结构不断优化、创新、协调，最终以主体系统的能动力带动海洋文化产业的可持续发展和人类海洋意识、海洋精神观念的提高。因此，海洋文化产业的可持续发展是以人的智慧和海洋文化资源环境为最终的质料因，以海洋文化产业主体系统的构成和存在为动力因，以海洋文化产业主体体系的结构协调平衡和发展模式优化升级为形式因，以海洋文化产业健康可持续发展和人类社会海洋文化意识、精神全面提高为目的因的健康发展过程。

从这个角度上讲，我们分析海洋文化产业市场主体的发展现状，即要分析海洋文化产业主体能否利用人的智慧、创意以及海洋文化产业资源，通过产业主体间动态的互动协调活动来释放主体精神、解放主体能力、充分体现主体间性，实现海洋文化产业主体系统的平衡发展、不断优化的经济效益以及人们海洋文化意识提高和海洋精神理念传扬的社会效益。

海洋文化产业的主体间性，即产业主体之间的关联、互动性，如同海洋文化的特殊意识形态性一样，是难以具体衡量并进行数字化统计的。实际上，在中国海洋文化产业的发展过程中，政府通过提供自由公正的市场机制，执行产业发展的政策和制度，以其指导、指挥、监督的职能引导海洋文化生产要素在各个产业主体之间分配和流转，产业主体在这个过程中被联系起来，并随着中国市场体制的改革，这种关联与互动也不断变动，本书将海洋文化产业主体间性的变动与体现归纳为四个阶段：

第一，政府绝对主导阶段。中国海洋文化产业开始兴起时，在"政府主—市场从"的结构中，海洋文化产业的发展主要集中于海洋文化事业上，因此各类产业主体是政府集权下的显性和隐性存在，虽然在政府主体背部，中央和地方的政府主体存在着一定的互动性，但是不同层面的产业主体之间却很少互动，自然它们之间的主体间性表现也极弱。

第二，政府与市场博弈阶段。随着中国海洋文化产业的发展，公共海洋文化事业和营利性海洋文化产业开始共同受到重视，这个时候政府主体开始下放一部分权力，市场上出现政府主体和市场层面中企业等产业主体博弈的力量，这带来了政府主体与市场中企业在一定程度上的互动，但是此时经营性海洋文化产业的发展主要掌握在国有企业的手中，因此，这个阶段政府与市场主体的互动更多地带有一种"行政性"，产业主体间性的表现不强。

第三，产业市场主体自由竞争阶段。随着中国文化体制的改革，海洋文化产业市场体系不断完善，除国有企业外，大量的民营企业开始成为经营性海洋文化产业发展的主力，不同所有制形式、不同类型、不同大小的企业在市场中开始自由竞争，不同海洋文化产业主体之间的互动开始明显增强，并在市场层面中形成了集聚式、扩散式的发展模式，政府主体与市场层面的各类主体，市场层面的各类企业、个体和组织都通过产业链条关联起来，海洋文化的产业主体间性开始步入成熟、上升的发展时期。

第四，政府、市场、社会组织共同发展阶段。伴随着中国文化和经济的发展进入"新常态"，国家对利用海洋、与海洋和谐相处的重视，以及海洋文化市场结构的不断优化，政府、市场和社会组织多种力量开始联合起来，共同推动中国海洋文化产业的发展。无论是公共海洋文化事业还是营利性海洋文化产业，政府主体与市场层面各种类型的大小企业、个体、中介组织、金融机构以及社会上的高校、科研机构和民间自发形成的各类协会等社会组织形成了合力，产业价值链不断细分化、流畅化，由此带来的不同产业主体之间的互动和交流更加密集化、复杂化和动态化，整个产业系统内海洋文化产业主体间性较强。

同时，我们也应该看到，虽然在当前"万众创新"呼吁下的海洋文化产业发展中，产业主体日益多元化、产业主体间性日益密切化，但在当前中国海洋文化产业的制度环境中，不同的产业主体基于其不同的地位、角色、资源和利益分配等结构性问题，产业主体间性会在一定程度上被隐蔽起来而得不到清晰的辨别和深入的分析，再加上因为不同海洋文化产业主体支付了不同程度和性质的成本，但却未得到与之对等的收益，这使得主要主体和较为边缘的、小型的市场主体之间的主体间性从显性的不对等转化成了隐形的不协调。因此，需要厘清当前中国各类海洋文化产业主体的发展现状，平衡和协调各类产业主体之间的良性发展。

二 经济学意义上的发展

产业主体在海洋文化产业发展中起的是自觉性、创造性和能动性作用，它是海洋文化产业活动的实践者，也是海洋文化发展的承担者，通过对海洋文化资源价值的认定和挖掘，将蕴含着海洋特色的文化产品和服务作用于人的精神世界和物质生活世界，以此带来了中国海洋文化发展的经济效益和社会效益。

尤其是在近几年中国海洋文化产业的发展中，随着市场体制的日益完善，沿海地区的海洋文化产业主体之间逐步形成了"政产学研企"的协同式、集群式和规模化发展模式，带来了政府力量和民间力量的联盟以及市场力量和社会力量的联盟，推动了海洋文化产业的社会效益和经济效益双重效益的发展与升级。

（一）经济效益

经由中国海洋文化产业主体的产业活动而创造的产业利润和对中国经济发展形成的带动效益，是从宏观视野上对中国海洋文化产业主体发展所带来的经济效益的最有力佐证。

本书选取 2007—2017 年中国海洋文化产业增加值（OCI）数据作为样本数据，但由于中国除个别省份在个别年份披露相关数据外，目前尚没有海洋文化产业增加值的官方统计数据，因此，本书在估算衡量指标数据时，以《粤桂琼海洋文化产业蓝皮书（2010—2013）》公布的 2010 年到 2012 年的统计数据为参考，结合蓝皮书中这三年粤桂琼海洋文化产业占全国海洋文化产业的总值（GOP）、海洋文化产业增长率、滨海旅游业占海洋文化产业的比率和增长率四组参考数据估算出中国海洋文化产业的增加值，最终得出中国海洋文化产业增加值＝滨海旅游业增加值/70%。其余相关数据取自历年《中国海洋统计年鉴》和《中国统计年鉴》。另外，为了剔除价格变动因素对研究结果的影响，本书以 2007 年为基数，对数据做了价格指数扣除处理。最终得出的数据如表 4-1 所示。

表 4-1　中国海洋文化产业、海洋生产总值和国民生产总值数据

年份	OCI/亿元	GOP/亿元	GDP/亿元	CPI	oci/亿元	gop/亿元	gdp/亿元
2007	4608.29	24929.00	265810.30	112.80	4608.29	24929.00	265810.30
2008	5380.57	29662.00	314045.40	108.30	5165.92	28475.52	301483.60
2009	6215.57	31964.00	340902.80	109.00	6050.26	31113.76	331834.80
2010	7575.80	38439.00	401512.80	109.60	7360.88	37347.33	390109.80
2011	8914.14	45570.00	473104.10	111.00	8771.89	44840.88	465534.40
2012	9960.00	50087.00	519470.10	109.10	9633.30	48444.15	502431.50

续表

年份	OCI/亿元	GOP/亿元	GDP/亿元	CPI	oci/亿元	gop/亿元	gdp/亿元
2013	11216.29	54313.00	588018.80	107.30	10669.40	51662.53	559323.50
2014	12688.57	59936.00	636138.70	107.70	12114.88	57226.89	607385.20
2015	15534.29	64669.00	676708.00	107.50	14804.40	61629.56	644902.70
2016	17210.00	70507.00	744127.00	107.30	16370.86	67066.26	707813.60
2017	20908.00	77611.00	827122.00	108.90	20185.13	74925.66	798503.60

注：表中 OCI 代表海洋文化产业增加值；GOP 代表全国海洋文化产业总值；GDP 代表国内生产总值；CPI 代表当年的消费者物价指数；oci、gop、gdp 分别代表扣除价格指数变动后的海洋文化产业增加值、全国海洋文化产业总值、国内生产总值。

　　这些数据的变化趋势如图 4-1 所示。在最近十多年来，中国海洋文化产业增加值连年增加，产业增加值总量由 2007 年的 3742.29 亿元上升到 2017 年的 14636.00 亿元，占 GDP 的比重从 1.79% 提高到 2.31%；同时，海洋文化产业增加值对海洋产业总值和国民生产总值的贡献率也处于总体上升的趋势，说明近些年来中国海洋文化产业发展为中国经济发展贡献了很大的力量。

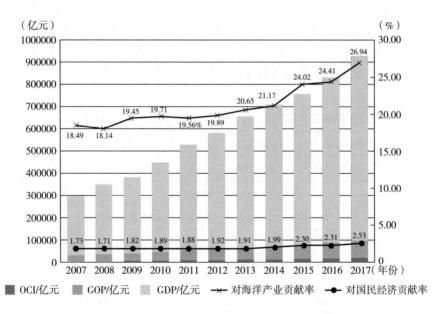

图 4-1　中国海洋文化产业相关增加值、贡献率变化情况

另外，历年《中国文化及相关产业统计年鉴》中的统计数据显示，从 2007 年到 2017 年，中国城镇居民人均文化消费支出由 591 元增加至 1426 元，占城镇居民人均可支配收入的比重从 5.03% 下降到 4.24%；同期农村居民人均文化消费支出由 305 元下降至 242 元，占农村居民人均可支配收入的比重从 8.50% 下降到 2.19%，较之城镇居民而言，比例明显下降。说明中国海洋文化产业还存在着巨大的消费潜力和市场供给空缺，海洋文化产业发展空间巨大，尤其是农村地区，海洋文化公共服务尚有较大欠缺，海洋文化产业有待于进一步的发展。因此，需要继续完善中国海洋文化产业主体的发展，提高产业主体的发展效率和供给能力，尤其是保护农村地区海洋文化产业主体的利益，振兴乡村海洋文化产业及其主体的发展，从而带动中国海洋文化产业更大力量的发展。

虽然图 4-1 显示了近十多年来中国海洋文化产业和海洋经济的连续增长趋势，以及产业发展对经济发展的贡献率，但为了进一步验证中国海洋文化产业发展对海洋经济增长和国民经济是否具有长期稳定的影响，还要对相关的数据做统计分析。为了消除变量中异方差的存在对统计结果的影响，对三个变量取对数，得到 ln（oci）、ln（gop）、ln（gdp）三组变量数据。

首先，为了避免大多数变量数据的"非平稳性"带来的"伪回归"现象，对三组变量数据的单位根进行检验，来考察时间序列的平稳性，确定是否符合回归分析模型的建立。本书借助 Eviews8.0 软件，利用 ADF 检验法进行变量的单位根检验，结果如表 4-2 所示：ln（oci）、ln（gop）、ln（gdp）的水平变量并没有通过平稳性检验，但是 ln（gop）的一阶方差和 ln（oci）、ln（gdp）的二阶方差表现出了平稳性，三个变量为一阶单整和二阶单整，通过了单个变量的平稳性检验，因此，满足建立回归分析模型的条件。

表 4-2 变量单位根检验

变量	检验形式	ADF 统计值	1% 临界值	5% 临界值	10% 临界值	结论
ln（oci）	(c, t, 0)	-2.568360	-5.835186	-4.246503	-3.590496	不平稳
ln（gop）	(c, t, 0)	-0.878486	-5.521860	-4.107833	-3.515047	不平稳
ln（gdp）	(c, t, 0)	-0.689101	-5.521860	-4.107833	-3.515047	不平稳

续表

变量	检验形式	ADF 统计值	1%临界值	5%临界值	10%临界值	结论
D (ln (oci))	(c, t, 1)	−3.213283	−6.292057	−4.450425	−3.701534	不平稳
D (ln (gop))	(c, t, 1)	−5.010517	−6.292057	−4.450425	−3.701534	平稳
D (ln (gdp))	(c, t, 1)	−3.567781	−6.292057	−4.450425	−3.701534	不平稳
DD (ln (oci))	(c, t, 2)	−1.862215	−6.292057	−4.450425	−3.701534	平稳
DD (ln (gdp))	(c, t, 2)	−2.256352	−7.006336	−4.773194	−3.877714	平稳

注：oci、gop、dgp 分别代表扣除价格指数变动后的海洋文化产业增加值、全国海洋文化产业总值、国内生产总值。

其次，选取的变量通过平稳性检验以后，就可以对三组变量数据进行协整关系检验分析。本书采用 OLS 分析法对 ln（oci）和 ln（gop）、ln（oci）和 ln（gdp）两组关系进行数据的协整回归分析，来检验两者之间的长期稳定关系。通过 OLS 方法得到两组归回方程：

$$\ln（gop）_t = 3.529155 + 0.786182 \ln（oci）_t \tag{4-1}$$

$$R^2 = 0.987598，DW = 1.641，F = 637.0375（P = 0.000000）$$

$$\ln（gdp）_t = 5.938190 + 0.0.780423 \ln（oci）_t \tag{4-2}$$

$$R^2 = 0.987397，DW = 1.641，F = 626.7476（P = 0.000000）$$

由两组方程的参数可知，回归模型序列无自相关，且拟合优度高。进一步得出两组方程的残差序列 E_{t1} 和 E_{t2}，并对两组数列继续做 ADF 检验，最终得出结果如表 4-3 所示：E_{t1} 和 E_{t2} 均表现出平稳性，说明 ln（oci）和 ln（gop）之间、ln（oci）和 ln（gdp）之间存在着长期的线性均衡关系。

表 4-3   **残差的单位根检验**

变量	检验形式	ADF 统计值	1%临界值	5%临界值	10%临界值	结论
E_{t1}	(c, t, 0)	−3.420056	−5.835186	−4.246503	−3.590496	平稳
E_{t2}	(c, t, 0)	−3.158085	−7.006336	−4.773194	−3.877714	平稳

最后，虽然中国海洋文化产业增加值与海洋经济总产值、国民生产总值之间存在着长期稳定的协整关系，但为了进一步确定两组数据是否是因果关系，还需要通过格兰杰因果检验方法来进行最后的验证。同样

借助 Eviews8.0 软件进行检验，检验结果如表 4-4 所示：在 2007 年到
2017 年，中国海洋文化产业产值的增长与海洋经济和国民经济的增长都
存在着因果关系，即海洋文化产业产值的增加对海洋经济和国民经济的
增加有着一定程度的带动作用；但从海洋经济的增长和国民经济的增长
总体来看对海洋文化产业的带动力较小，说明中国海洋文化产业发展的
力量不足，需要海洋文化产业主体进一步发挥强有力的能动作用，提高
海洋文化产业的发展力和影响力。

表 4-4　　　　　　　　　　格兰杰因果关系检验

零假设	滞后期	Obs	F 值	P 值	决策	结论
ln（oci）增加不是引起 ln（gop）增加的原因	1	9	1.21649	0.03123	拒绝	ln（oci）增加是引起 ln（gop）增加的原因
	2	8	1.41460	0.03692	拒绝	ln（oci）增加是引起 ln（gop）增加的原因
ln（gop）增加不是引起 ln（oci）增加的原因	1	9	0.00274	0.09600	接受	ln（gop）增加不是引起 ln（oci）增加的原因
	2	8	0.10576	0.09029	接受	ln（gop）增加不是引起 ln（oci）增加的原因
ln（oci）增加不是引起 ln（gdp）增加的原因	1	9	1.36673	0.02867	拒绝	ln（oci）增加是引起 ln（gdp）增加的原因
	2	8	0.71338	0.05579	接受	ln（oci）增加不是引起 ln（gdp）增加的原因
ln（gdp）增加不是引起 ln（oci）增加的原因	1	9	0.07381	0.07950	接受	ln（gdp）增加不是引起 ln（oci）增加的原因
	2	8	3.23895	0.1781	接受	ln（gdp）增加不是引起 ln（oci）增加的原因

（二）社会效益：文化、政治和美学

不同类型、不同所有制形式、不同特征的海洋文化产业主体，以其
不同的功能属性和特征，活跃在社会的不同领域，带来了文化、政治、
美学等不同领域的不同影响。

作为文化产业的一种，海洋文化产业的首要功能体现在文化产品和

服务带来的积极社会效应：第一，中国海洋文化自古以来蕴含的便是"四海一家""协和万邦""天下一体"的核心价值观念以及"人海和谐""耕海养海""亲爱敬海"的人文精神理念，海洋文化给人们带来的这些精神财富形成了巨大的向心力、吸引力和凝聚力，对于沿海社群，乃至整个民族、国家来说，是一种力量的整合，尤其是随着现在人们海洋意识的提高，公众在南海事件、钓鱼岛事件等海洋争端问题上发出了更多、更有力的声音，且随着中国一些海洋安全事件频发，公众、媒体和政府之间就海洋安全问题的沟通交流日益频繁、通畅，公众对于海洋权益、安全问题的认识和理解较之以前有了很大发展。另外，根据《2016 年国民海洋意识发展指数（MAI）研究报告》显示，中国国民海洋意识自东向西依次降低，且海洋意识高低与海洋经济发展相互促进，一个区域海洋文化的重要性越是突出，该区域民众的海洋意识相应也越高①。第二，海洋文化产业的发展建立在创意和智慧的不断创新基础之上，这也是一个对社会需求的升华与产业实践成果积累的过程，伴随着产业的发展，不断涌现出新的、进步的海洋文化活力，推动了人们对海洋的探索，启迪了人海关系的认知，激发了整个社会的创新，为人们开发海洋、利用海洋以及与海洋和谐相处提供了积极的引擎作用。根据《2017 中国海洋发展指数报告》披露的数据显示，近 7 年来，中国海洋事业平稳发展，2016 年中国海洋发展指数在 0.5% 的平均增速下，经济发展指数、社会民生指数、科技创新指数、公共服务指数、海洋权益与安全指数、综合管理指数、环境生态指数、国际事务与合作指数分别上升为 2010 年的 1.53 倍、1.50 倍、1.30 倍、1.14 倍、1.31 倍、1.53 倍、1.12 倍和 1.25 倍。

在政治上，政府参与和支撑海洋文化产业发展，这在海洋文化隐形的意识功能里既体现了政府发展海洋经济与文化的价值观念导向，也为建立服务型政府、规范市场体制起到了促进作用。海洋文化产品和服务所提供的精神价值必定会直接或间接、自发或潜意识地干预人们认知海洋的思想倾向、对待海洋权益的政治态度、欣赏海洋的审美情绪以及利用海洋的生活方式，而政府在这个价值精神上是需要"严格把控"的，要确保公众"真善美"生活中关于海洋的主流意识不能给政府和国家的发展带来动荡。海洋文化产业的发展因此也在一定程度上为政府政治职

---

① 《我国首次发布国民海洋意识发展指数》，《中国海洋报》2016 年 11 月 7 日。

能的体现与优化起到了促进和规范作用。

在美学效益方面，中国海洋文化产业种类和内涵丰富，多样化的产业形式记载了不同海洋文化元素的美丽年轮。海洋文化自然景观和人文景观中呈现的是海洋与科技、文学、宗教、绘画、摄影、美术、电影、音乐、雕塑等形形色色的艺术形式相结合的美感综合体，给人们带来了越来越多视觉上自然的审美享受；不仅如此，随着中国海洋文化产业发展深度的不断拓宽，海洋文化产品和服务也为越来越多的大众带来了一种和谐的、包容的、开阔的精神审美体验。近几年，随着纪录片《走向海洋》、电影《海洋之歌》等作品的诞生，越来越多的人认识了海洋、探知了深海，了解到了更多海洋的神秘与美丽。

第二节　政府主体的发展现状

一　政府作为产业主体时的发展情况

政府作为海洋文化产业的主体之一，在提供海洋文化相关的公共设施和服务、增进公众的海洋文化福利、发展海洋文化事业等基础性、服务性、保障性事务中，发挥了产业主体参与产业实践活动应有的职能，为公益性海洋文化事业的发展注入了时代价值和精神动力。

根据本书不完全统计，截至 2017 年年底，在国家文物局的引导和监管下，大到中国国家海洋博物馆，小到高等院校内设的海洋博物馆（如上海海洋大学中国鱼文化博物馆），东起沿海靠海地区，西到内陆省份，共建有海洋博物馆 70 余所，在这些海洋博物馆中，有海洋文化相关的自然生态资源、历史人文资源、民俗资源、科技资源、艺术资源等多种形式的海洋文化展览和遗存展示，一些博物馆还通过 VR 等现代化科技将展陈空间模拟真实海洋文化的自然和人文历史进行设计，让人置身其中时可以身临其境地感受中国海洋文化的深邃与灿烂，了解中国海洋文化的历史，促使人们产生对海洋的敬畏，直接起到了对海洋文化的教育意义，也丰富了海洋生态文明的内涵。

另外，在政府的推动下，目前国家海洋局共批复建成了涵盖辽宁省、山东省、江苏省、浙江省、福建省、广东省、广西壮族自治区、海南省 8 个沿海省份的国家级海洋公园共 5 批 42 个，以建立国家海洋公园的形式实现中国海洋生态保护与海洋资源开发利用的协调并重。在这 42 个国家海洋公园中，既有钱塘江观潮、舟山渔民号子、船饰文化、莆田妈祖等海洋民俗文化产业，也有南海海洋文化遗迹馆和三亚亚龙湾贝壳馆、广西的海洋之窗等现代海洋文化产业，既为海洋文化企业提供了发展平台，更保护了个人、家庭、家族式的个体经营者和当地沿海社群中尤其是农村地区为了民生、民计的，非经营性但又具有海洋文化市场性的民间社群个体。海洋文化公园的建立不仅推动了综合型滨海旅游业市场的发展，为海洋第三产业助力，同时也成为保护和传承、科研和科普海洋文化的基地。①

目前，中国已有国家海洋局批复的带动产业发展的全国海洋文化产业示范基地 3 批 21 处。这些海洋文化产业示范基地既有作为政府主体力量的行政事业单位，又有国有、民营性质的各类企业以及高校、科研机构等非营利性组织，涉及的产业门类包括了海洋文化传媒业、海洋文化创意设计业、海洋民俗文化产业、海洋文化旅游业以及海洋文化商品业等多种产业门类。政府通过建立海洋文化产业示范基地，一方面对各类产业主体发展海洋文化产业进行鼓舞与鞭策；另一方面也是政府引导不同类型的产业主体在海洋文化产业发展中发挥带头模范作用的具体行动，为全方位满足公众的海洋文化需求、创新海洋文化产业发展模式、切实服务地方海洋产业发展注入了动力。

二　政府作为产业支撑环境时的发展情况

政府作为海洋文化产业的支撑环境，通过结合产业发展实际情况来制定和完善产业发展政策，为不同产业主体营造良好的产业市场环境、法律环境、技术创新环境以及相应的基础设施环境，扶持、引导并服务于各类海洋文化产业主体的发展，本书分析了政府作为产业政策制定者在支持各类海洋文化产业发展中的产业政策情况，梳理并分析国家和沿海省份制定的相关政策发展脉络、政策数量、政策类型以及政策文本特征。

（一）中国海洋文化产业政策的发展脉络

中国海洋文化产业的发展政策，最先是依附于中国海洋经济发展和文化产业相关的政策框架体系之中，得益于此，它的发展轨迹也就跟海

---

① 徐文玉：《我国海洋生态文化产业及其发展策略刍议》，《生态经济》2018 年第 1 期。

洋政策和文化产业政策密切相关。2014 年 8 月，国家文化部、财政部联合发布《推动特色文化产业发展的指导意见》，首次在国家层面明确了特色文化产业发展原则目标和政策原则，为沿海特色海洋文化产业的发展增加了政策扶持；2016 年 11 月在《"十三五"国家战略性新兴产业发展规划》中，提出以"创新""创意"带动海洋产业和文化产业的发展。

海洋文化产业单独写进国家海洋发展的顶层设计是在 2012 年 9 月国务院公布的《全国海洋经济发展规划（2010—2015）》第六章"积极发展海洋服务业"中，该规划开宗明义，首次明确提出中国发展海洋文化产业的战略规划；2013 年 4 月，国家海洋局发布《国家海洋事业发展"十二五"规划》，又一次提出"培育海洋文化产业"的远景规划；2016 年 3 月，在国家海洋局发布的《全民海洋意识宣传教育和文化建设"十三五"规划》中，从以产业布局与融合发展开发海洋文化产品和服务、大力支持海洋文化企业的发展、推动海洋文化产业平台建设、打造海洋领域全媒介出版形式四个领域提出了海洋文化产业发展建设任务，并围绕目标任务提出了相应的扶持政策和保障措施；2017 年 5 月，国家发展改革委和国家海洋局联合印发《全国海洋经济发展"十三五"规划》，在第三章"拓展提升海洋服务业"中设"海洋文化产业"专节，再次将海洋文化产业的发展提升到国家层面，并提出了建设海洋公共文化服务体系的要求。至此，中国海洋文化产业打开了全面发展的新画卷。

表 4-5　　　　　　　　中国海洋文化产业发展的主要国家政策

年份	政策名称
2012	《全国海洋经济发展规划（2010—2015）》
2012	党的十八大报告"建设海洋强国"
2013	《国家海洋事业发展"十二五"规划》
2014	《推动特色文化产业发展的指导意见》
2016	《全民海洋意识宣传教育和文化建设"十三五"规划》
2016	《国家海洋局海洋生态文明建设实施方案（2015—2020 年）》
2016	《中华人民共和国公共文化服务保障法》
2017	《全国海洋经济发展"十三五"规划》
2017	党的十九大报告"坚持陆海统筹　加快建设海洋强国"
2017	《关于促进海洋经济发展示范区建设发展的指导意见》

在国家扶持政策的带动下，沿海各省份也相继出台了海洋文化产业发展的相关政策，例如在沿海省份的"十三五"海洋经济发展规划中，都明确提出了海洋文化产业发展的目标和方向，并针对各省份海洋文化资源特色提出了各省份各区域海洋文化产业具体发展总体布局。另外，在国家《关于促进海洋经济发展示范区建设发展的指导意见》下，沿海省份积极申报并规划，目前，各省份海洋功能区划、综合开发试验区规划等省级政策规划都为海洋文化产业的发展进行了规划性设计。

（二）中国海洋文化产业政策的文本分析

本书收集了 2011 年以来中国海洋文化产业相关的政策文本①，并以其中 42 例国家级和 60 例省级代表性政策为参考样本，进行如下分析。

从政策的类型来看，如图 4-2 所示，中国海洋文化产业发展的相关政策覆盖了金融财税、法律法规、产业服务、产业规划、生态环境等多个领域，政策类型较为广泛。其中，由于海洋文化产业尚处于发展起步阶段，所以无论是国家级还是省级，都是整体的规划型或者综合意见型的政策文件数量比较多，政府也出台了较多的服务保障措施和法律法规性章程。但是，从样本数据可以看出，从中央政府到地方政府，对海洋文化产业发展的金融财税支持力度还不够，这也从侧面反映了中国海洋文化产业政策的一个短板。

从政策颁布的时间分布上来看，如图 4-3 所示，2012 年以后，随着海洋文化产业的发展被写入国家顶层设计，海洋文化产业发展的相关政策数连年增加，这也与中国重视海洋发展，加快建设海洋强国的战略紧密相关，海洋文化产业发展也迎来了新的发展机遇，并随着 2016 年"十三五"规划纲要的发布和 2017 年党的十九大的顺利召开，海洋文化产业发展的格局进一步扩展，相关的政策开始陆续出台。从样本数据反映的国家级和省级政策数量趋势来看，两者都是上升之势，可见未来国家扶持海洋文化产业发展的力度将不断增大，扶持领域将日趋均衡、完善。各沿海省份根据实际情况制定的发展政策也将使中国海洋文化产业的发展政策体系更加系统、更加全面。

---

① 因条件限制，本书在收集海洋文化产业发展相关的政策时，为确保科学性，抽取过程中出现"海洋文化"频率 3 次以上的政策算入统计范围，并作为文本进行分析。

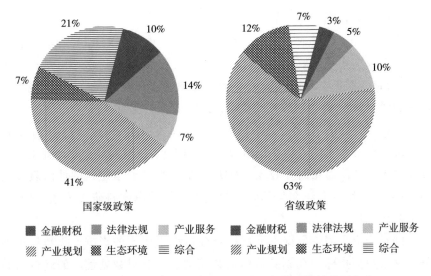

图 4-2 国家级和沿海省级海洋文化产业相关政策的类型分布

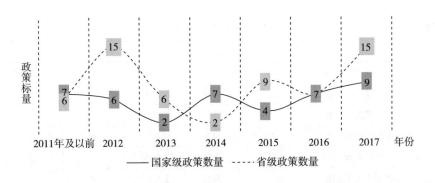

图 4-3 历年国家级和省级海洋文化产业相关政策数量变化

三 政府之手——产业政策的有效性

从中国重视发展海洋和文化产业以来，政府不断加大对海洋经济和文化产业的投入，并出台了大量规范性、促进性、保障性的政策和措施，这些政策既有针对海洋经济和文化产业各自发展的综合型政策，也有单独针对海洋文化产业发展的产业政策，这些政策对中国海洋文化产业及其产业主体的发展带来了怎样的绩效？本书通过分析海洋文化产业相关政策对海洋文化产业主体之间的资源配置和利用的作用机制，实证研究政府海洋文化产业政策的有效性，以期为中国海洋文化产业主体的升级发展提供经验依据。

第一，变量的选取。将中国海洋文化产业增加值（OCI）作为被解释变量；解释变量则主要包括了财政金融政策数量（fn）、法律法规类政策数量（ln）、服务类政策数量（sn）、生态环境类政策数量（en）、规划类政策数量（pn）等类型政策的数量，以及加总的省级（pln）和国家级数量（nln）的总和；另外，选取能够反映经济发展水平的人均 GDP、反映中国文化消费水平的人均文化消费支出（CC）、反映海洋文化产业某一行业发展水平的滨海旅游业收入（OTI）、反映生产要素之一的涉海就业人数（OEF）、反映海洋文化部分产业主体力量的海洋科研人才数（OSR）作为控制变量。

同时，为了消除数据不平稳性对分析结果产生的影响，除数量指标外，其余数据指标均在剔除价格指数变动后，取对数处理。最终得出的原始数据情况如表 4-6 所示。

表 4-6　　　　　　　变量的总体情况描述

变量	观测值	均值	标准差	最小值	最大值
oci（海洋文化产业增加值）	7	11722.06	3104.00	7575.8	16370.86
fn（财政金融政策数量）	7	0.8571	0.3499	0	1
ln（法律法规类政策数量）	7	1.2857	1.6057	0	3
sn（服务类政策数量）	7	1.1429	0.8330	0	2
en（生态环境类政策数量）	7	1.2857	0.8806	0	2
pn（规划类政策数量）	7	7.5714	3.5399	4	14
pln（省级政策数量）	7	8.2857	4.7121	2	15
nln（中央级政策数量）	7	5.5714	2.1946	2	9
人均 gdp	7	42717.06	6988.25	30876.00	52840.55
cc（人均文化消费支出）	7	1131.38	150.22	966.00	1385.63
oti（滨海旅游业收入）	7	8199.45	2176.55	5301.10	11794.01
oef（涉海就业人数）	7	3509.19	89.19	3350.80	3624.00
osr（海洋科研人才数）	7	39209.71	2437068.00	35405.00	42673.00

注：oci、gdp、cc、oti、oef、osr 分别表示扣除价格指数变动后的海洋文化产业增加值、人均国内生产总值、人均文化消费支出、滨海旅游收入、涉海就业人数、海洋科研人才数。

资料来源：历年《中国海洋统计年鉴》。

第二，本部分验证的是中国海洋文化产业政策的有效性，因此，首先构建能够利用变量进行解释的基本模型：

$$\ln(oci_{i,t}) = c_i + \alpha_1 fn_{i,t} + \alpha_2 \ln_{i,t} + \alpha_3 sn_{i,t} + \alpha_4 en_{i,t} + \alpha_5 pn_{i,t} + \alpha_6 pln_{i,t} + \alpha_7 nln_{i,t} +$$
$$\alpha_8 \ln(gdp_{i,t}) + \alpha_9 \ln(cc_{1,t}) + \alpha_{10} \ln(oti_{i,t}) + \alpha_{11} oef_{i,t} +$$
$$\alpha_{12} osr_{i,t} + \mu_{i,t}$$

运用建立的数据模型，对面板数据进行相关性检验，最终得出的相关系数如表4-7所示，可见，服务型政策、规划型政策、生态环境型政策、加总的国家级政策、人均GDP、人均文化消费支出、滨海旅游业收入、涉海就业人数和海洋科研人才数量之间存在高度的正相关关系，因此，政府主体的顶层设计、消费主体消费能力和空间的释放、海洋文化产业人力资源要素、非营利性组织主体力量对海洋文化产业的发展有着显著的促进作用；而财政政策数量与其他变量之间存在着负相关，说明政府主体还需要进一步完善对产业财政金融政策的支撑；另外，从表中也能够看到，较之其他政策，法律法规政策和财政金融政策一样对海洋文化产业发展的促进作用不显著，这在一定程度上反映了两类政策的紧缺性。

表 4-7　　　　　　　　　　　　变量相关系数情况

	ln (oci)	fn	ln	sn	en	pn	pln	nln	ln (gdp)	ln (cc)	ln (oti)	oef	osr
ln (oci)	1												
fn	0.337	1											
ln	0.337	-0.603	1										
sn	0.522	-0.42	0.549	1									
en	0.514	-0.331	0.479	0.723	1								
pn	0.626	-0.741	0.343	0.602	0.681	1							
pln	0.351	-0.582	0.586	0.745	0.807	0.872	1						
nln	0.642	-0.638	0.048	0.581	0.285	0.694	0.399	1					
ln (gdp)	0.979	-0.544	0.340	0.561	0.609	0.439	0.327	0.577	1				
ln (cc)	0.687	-0.651	0.382	0.302	0.743	0.760	0.661	0.317	0.628	1			
ln (oti)	0.998	-0.616	0.337	0.526	0.614	0.528	0.352	0.646	0.979	0.979	1		

续表

	ln (oci)	fn	ln	sn	en	pn	pln	nln	ln (gdp)	ln (cc)	ln (oti)	oef	osr
oef	0.986	-0.553	0.339	0.532	0.576	0.421	0.289	0.584	0.997	0.613	0.985	1	
osr	0.994	-0.580	0.367	0.588	0.670	0.532	0.392	0.635	0.978	0.670	0.995	0.982	1

注：oci、gdp、cc、oti、oef、osr 分别表示扣除价格指数变动后的海洋文化产业增加值、人均国内生产总值、人均文化消费支出、滨海旅游收入、涉海就业人数、海洋科研人才数。

资料来源：历年《中国海洋统计年鉴》。

从政策加总数的相关系数大小上来看，省级地方政策的有效性要小于国家级政策的有效性，说明中国海洋文化产业尚处于起步阶段，对于产业发展总体的规划还需要省级政府主体进行具体落实，制定相关的规划和政策，从而提高地方性政策在产业主体发展中的落实度和有效性。

第三节　营利性市场产业主体的发展现状

一　企业的发展情况

在中国海洋文化产业营利性市场中，各类型的企业是产业的主力军，它们基于不同的产权性质、不同的大小类型而拥有不同的海洋文化资源以及人力、物力资源等生产要素，从事不同的海洋文化行业，享受或者受到了不同的政策支持和约束，表现出了不同的产业主体地位和发展力。

利用"天眼查"商业调查工具搜索海洋文化企业，共有注册公司1054家，其中注销的有136家，除去这些注销的企业，经营时间在1年（含）以内的有132家，1—5（含）年的有418家，5—10（含）年的有163家，10—15（含）年的有114家，15年以上的91家；注册资本在100万（含）元以下的有509家，100万—200万（含）元的有152家，200万—500万（含）元的有69家，500万—1000万（含）元的有61家，1000万元以上的有127家。将这些企业的基本情况按照比例反映在图中如图4-4和4-5所示：从经营时间来看，将近一半的海洋文化企业经营时间在1—5（含）年之间，这些企业的主要经营范围包括海洋文化传媒艺术、海洋文化旅游休闲、海洋文化节庆会展等行业；经营时间在10年以上的企业则主要从事海洋文化传媒、海洋文化体育用品等行业，经营时间在5—10（含）年之间的企业从事的海洋文化行业领域最为广泛，几乎涵盖了经营性海洋文化产业的所有门类；从注册资本来看，注册资本在100万（含）元以下的占据了55%的比例，这些企业的主要经营范围是海洋文化传播传媒、海洋文化交流活动策划等行业，注册资本在1000万元以上的企业主要从事海洋文化旅游、海洋文化影视传媒、海洋文化节庆会展等行业。

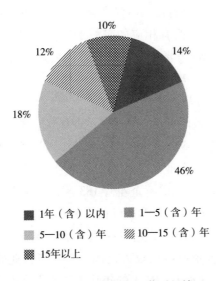

图4-4　海洋文化企业经营时间情况

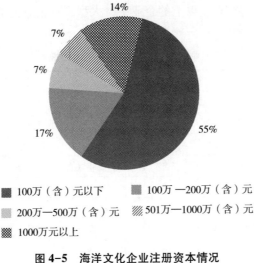

图4-5　海洋文化企业注册资本情况

对于海洋文化企业发展情况的了解，一方面基于部分企业虽未以"海洋文化产业"为主但却经营海洋文化相关产业；另一方面鉴于国家对海洋文化企业统计标准和数据披露的限制，因此，要对各类型企业的发展现状有更明确的量化评估，就需要在小范围内实际深入企业去考察海洋文化各类型企业的发展情况，发现具体类型企业的具体问题。为此，本书采用问卷调查的方法，在山东省、浙江省、广东省三个省份分别发放100份调查问卷，这三个省份的海洋文化产业发展在全国范围内有着较强的竞争力和代表性，并拥有相应的较好的产业政策和成熟的市场环境，对于中国海洋文化产业市场中各类型企业的发展情况能够提供较为科学的数据参考。

（一）样本企业的基本情况

本书调查问卷发放时间为2017年，共发放问卷300份，收回有效问卷208份，其中山东省82份，浙江省60份，广东省66份。汇总问卷相关信息，关于海洋文化企业的基本情况如表4-8所示：本次调研的企业中，公有制企业有25家，民营企业有183家，分别占了12%和88%，这些企业按照统计标准来分，又分别有大型、中型、小型、微型企业12家、35家、119家、42家，分别占6%、17%、57%、20%。因此，海洋文化类企业中，小微企业占据较大比例，其在年营业收入上也主要维持在200万到1000万元水平，员工的年均工资水平在5万到15万元之间；这些企业成立的时间主要集中在1—5年之间，且根据调查问卷反馈的具体信息看，在经营10年以上的企业中，大型国有企业占了较大比例。

表 4-8   **中国海洋文化企业的基本情况**   单位:%

企业性质	公有制企业		民营企业	
	25 家（12）		183 家（88）	
企业类型	大型企业	中型企业	小型企业	微型企业
	12 家（6）	35 家（17）	119 家（57）	42 家（20）
企业成立时间及占比	小于1年（含）	1—3年（含）	3—5年（含）	5—10年（含）	10年以上
	15	22	28	18	17
企业年营业收入及占比（元）	200万（含）以下	200万—500万（含）	500万—1000万（含）	1000万—5000万（含）	5000万以上
	28	22	20	24	6

续表

企业性质	公有制企业			民营企业	
	25家（12）			183家（88）	
企业员工年均工资及占比（元）	5万（含）以下	5万—10万（含）	10万—15万（含）	15万—20万（含）	20万以上
	12	38	44	3	3

同样从表4-8中数据能够看出，在中国海洋文化企业中，民营企业占据绝大多数，且根据样本反馈的企业主要经营类别来看，公有制企业主要经营图书报刊、广电影视以及新闻传播等思想意识形态较强的产业形态，民营企业则主要经营其他海洋文化内容性较强的产业形态，尤以娱乐休闲、海洋工艺手工艺、艺术设计以及其他海洋文化商品类等行业为主。因此，从反馈的企业的主要产业实践活动来看，如图4-6所示，大多数企业会投入到海洋文化产品和服务生产制造活动（71%）和海洋文化产品营销推广活动（52%）中去，且大多数企业为了迎合市场需求的不断升级变化，也需要不断进行海洋文化产品和服务新创意研发与创造（69%），来维持企业的不断运转。

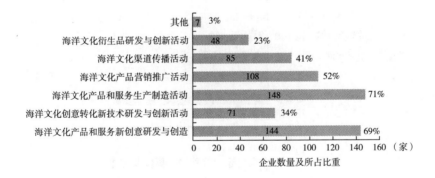

图4-6　海洋文化企业的主要产业实践活动

（二）海洋文化企业发展的制约因素和政策需求

海洋文化企业中大多数是中小微型企业，这些企业固定资产相对较少，员工不充足，又需要不断进行智慧创意的创新活动，因此，需要大量的资金运转来维持运营和抵抗创意性风险，也需要大量的海洋文化创意型人才来不断提供新创意、新智慧。如图4-7、图4-8所示，资金因素（74%）、劳动力因素（48%）以及交通电力因素（26%）是海洋文化企业生产活动的主要要素，同样，资金紧张和人才缺乏问题及其引发的创新技术缺乏和创意能力欠缺（42%）等问题，也就成为限制这些企业经营的主要因素。

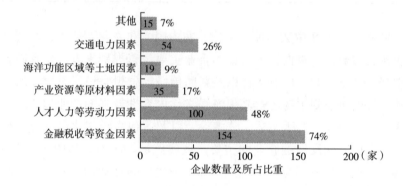

图4-7 海洋文化企业需要的生产要素

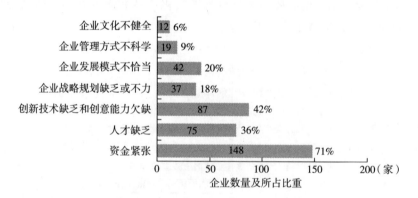

图4-8 海洋文化企业经营的主要限制因素

企业在经营过程中面临的一系列问题，一方面要通过合理的企业发展战略规划、科学的管理方式和高效的发展模式等措施来提高企业自身的发展绩效。另一方面，也需要政府部门提供一定的政策扶持，尤其是对于民营企业中的小微企业来说，根据问卷反馈的数据来看，它们较少享受到政府的资金扶持和税收优惠政策，一是源于这类企业本身的不稳定性和高风险性；二是因为它们所从事的海洋文化行业使得其在中国海洋文化市场中得不到应有的主体地位认可和保护，也就对打造海洋文化质量精品产业链有心而无力。

　　将样本数据反馈结果反映到图 4-9 中，可以看到，财政政策和人才政策是大型企业和小微型企业最为心驰神往的。大型企业资金流动量大，需要较硬的资金支持和人才人力来打造海洋文化品牌和精品、提升大型企业的国际竞争力，因此在这类企业的发展过程中比较注重企业的长期战略规划、人力资源体系构架的完善、资本的运作情况、企业的激励机制，以及打造"海洋性"的企业文化氛围，完善海洋文化产业配套设施和服务链。小微型企业则更多地出于维持经营和扩大自身规模等原因，而需要资金、人才和服务平台支撑，它们在企业发展过程中注重创意的不断创新更迭，虽然薪酬制度、绩效衡量上没有大型企业规范，但在企业氛围上有着较强的活力，比较注重不断地学习和交流，以及企业发展的准确定位。[①] 对于中型企业来讲，产业活动处于较为稳定的状态，但是在市场竞争中，向下面临着小微企业海洋文化产品和服务更新快、供给效率高的压力，向上面临着大型企业尤其是大型国有企业对海洋文化资源等生产要素的竞争压力，因此在产业发展服务性政策、市场环境、科技创新环境、公共基础设施环境上有着更大的诉求。

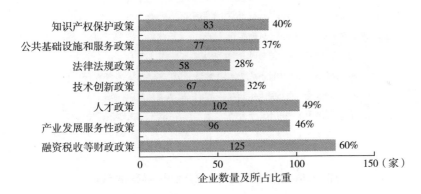

图 4-9　海洋文化企业的政策需求

　　在当前国家重视海洋文化产业发展，海洋文化产业市场日益完善的情况下，各类企业对中国海洋文化产业的发展保持着乐观的态度，问卷

---

① 毛振鹏：《涉海科技型中小企业发展政策需求研究》，《中国海洋经济》2017 年第 1 期。

调查结果显示企业对所在滨海城市的形象、拥有的特色海洋文化资源、企业所在滨海城市的经济发展水平以及国家和当地的产业发展政策有着非常重要的依赖程度，而对企业所在区域的地理因素、人文条件、居民消费观念等依赖程度较低。

如图4-10所示，在这些海洋文化企业中，60%的企业认为，较之中国丰富的海洋文化资源来说，海洋文化资源开发利用不充分，对于已经发展起来的海洋文化产业，大多数企业认为当前市场中存在着较为严重的产业形式趋同、品牌效应缺乏、国际竞争力不足等问题。对于整体海洋文化产业发展来说，良好的市场环境和市场体制、公益性海洋文化事业和经营性海洋文化产业共同发展的问题、海洋生态环境的污染破坏问题、海洋文化遗产保护问题以及不同性质的海洋文化企业发展不均衡问题也是企业能够看到或承认，并希望政府在制定产业政策时需要有的放矢、着重考虑的。

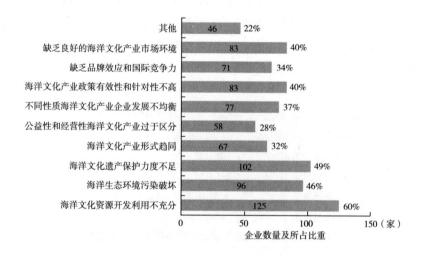

图4-10 企业关于海洋文化产业市场问题的认知

二 中介组织和金融机构的发展情况

(一) 中介组织的发展情况

目前，海洋文化中介机构已经活跃在海洋文化节庆会展业、海洋文化信息服务业、广播影视图书出版等海洋文化传媒业、海洋工艺品业、海洋艺术表演业、海洋文化创意设计业以及收藏品、艺术品等海洋文化商品业，涉及的中介服务类型包括海洋文化产权交易、海洋文化创意的选题、节庆会展和商品拍卖等活动的组织策划、工艺品的包装设计、海洋文化经营主体联络、海洋文化产品流通和消费等经营运作、海洋文化企业的绩效评估等。

1. 中国海洋文化相关中介组织的基本情况

根据本书通过调查工具"天眼查"和"企查查"的不完全统计，按照经营范围"海洋文化服务"搜索，截至 2017 年年底，共有注册的中介组织 1409 家，将行业按照"文化产业"，经营范围按照"海洋服务"来搜索，则注册的涉及海洋服务的中介组织可达 337 家，将这 337 家中介组织的具体情况反映到图 4-11 和图 4-12 中，可以发现：大部分中介组织的注册资本都在 100 万（含）元以下，企业规模较小，另外还有一些注册资本在 1000 万元以上的大型海洋文化企业，其主营业务为海洋文化产业，经营业务范围包含了中介服务。在经营时间上，以 1—5（含）年的居多，其次以经营时间 1 年以内的数量居多，这也从侧面反映了中国海洋文化中介组织注册数量不断增多、增长速度较快、规模日益扩大。

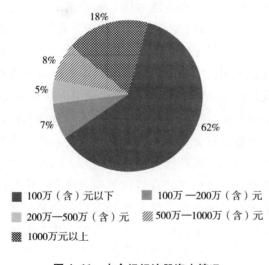

图 4-11　中介组织注册资本情况

2. 海洋文化中介组织发展现状和问题

中国海洋文化的中介组织起步较晚，虽然取得了一定程度的发展，但是整体上看仍然存在着主体地位不强、配套机制不完善、目前体制下的功能发挥受限等显著问题。

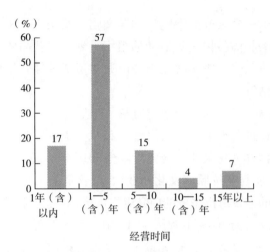

图 4-12   中介组织经营时间情况

首先，对于中介组织的发展，政府部门尚未建立系统的规划和引导制度，以及严格的管理和监督体系，相关的配套政策和法规也不健全，导致中介组织在自身发展的规范性运作、服务质量和经营效率上差强人意。加之目前中国市场体制下，对海洋文化中介组织的功能和性质定位、职责和经营范围划分等规定性理念建立缓慢，受内部自身条件限制和外部市场土壤的双重影响，中介组织要成为真正的产业主体尚需要一段路程。这进而导致其他海洋文化产业主体跟中介组织难以形成有效互动。

其次，除了中介组织在发展过程中面临的内外部限制，其自身也表现出一些问题：普遍存在着资源有限以及专业性人才缺乏或流动率过大而带来的平台规模较小、创新能力不足等问题，因此对于其他产业主体的多元化服务需求，中介组织的有效供给相对滞后；中国海洋文化产业中介组织主要集中于沿海省份，受各地海洋文化产业发展政策和规划的差异性影响，中介组织在组织结构、管理治理方式上也体现出一定的地域特点属性和服务偏好，不利于海洋文化产业主体在整体范围内的有效沟通和协同发展。

（二）金融机构的发展情况

中国海洋经济已经取得了令人瞩目的发展成就，海洋文化产业发展的格局也已经铺开，包括商业性和政策性金融机构、大型金融机构和中小金融机构在内的多元金融机构力量与海洋文化产业主体之间形成战略合作关系，通过对海洋文化产业重点领域和方向的金融支持助力海洋文化产业的蓝色华章的书写。

目前，支撑海洋文化产业发展的金融机构主要还是综合性机构，并主要从事陆域金融业务，针对海洋文化产业的金融服务和产品非常有限，在当前加快海洋强国建设的战略格局下，部分省份开始试点进行金融体系的完善，组建了专门的海洋金融机构，并逐步建立了海洋金融机构支持海洋文化产业发展的长效机制，为海洋文化产业的发展提供了基金支持和银行相关业务。因此，从中国海洋文化产业发展的长远需求来看，海洋金融机构的组建不可阙如。

目前针对海洋文化产业的金融机构多将力量放在大型海洋文化产业主体上，即大型银行针对大型海洋文化企业的金融服务较为广泛，而小微企业则难以取得大型金融机构的支持；但可喜的是，近几年中小金融机构力量逐渐强大起来，不断满足中、小、微企业的金融需求。因此，需要协调不同性质、不同规模、不同类型的金融机构在海洋文化产业发展中的金融扶持结构和优化，以合力、多元性的金融机构力量为产业发展提供金融保障。

三 个体从业者的发展情况

海洋文化个体从业者是产业中最为基层、较为庞大、最关乎民生民计的一个产业群体，他们或是通过在工商管理部门注册成为拥有营业执照的海洋文化产业个体经营者，或是分布零散、规模非常小的未注册的、无营业执照的小商小贩式个人经营者。他们所从事的主要是海洋文化的传统行业，产业化和市场化程度不高、技术含量低，但生产方式却最为生态。了解这一部分海洋文化从业者的生存和经营状况，从微观上讲，将有助于解决低收入群体，尤其是渔村渔民等涉海群体的生活保障问题；从宏观上讲，能够为解决海洋文化产业发展不充分、海洋文化公共服务不均衡，带动海洋文化供给侧结构性改革提供一定参考。

（一）个体从业者的基本情况

鉴于官方统计数据上的欠缺，本书仍然使用问卷调查法对个体从业者开展研究，共在山东省青岛市、浙江省舟山市、上海市金山区3个沿海市区、县级城市发放问卷300份，收回有效问卷223份，其中青岛市78份，舟山市76份，金山区69份。将问卷结果汇总，得到海洋文化个体从业者的基本情况如表4-9所示：创意团队（6%）以及家庭家族式个体方式（60%）经营的个体经营者占 66%，以家族家庭式个人（14%）和纯个人方式（20%）经营的个人经营者占 34%。在经营的主要行业上，创意团队主要集中于海洋文化创意设计、海洋体育竞技、海洋文化传媒等领域，而家庭家族式个体和个人主要集中于海洋文化旅游休闲业、海洋民俗文化产业、海洋手工艺业和其他海洋文化商品业等领域。这些个体从业者从事海洋文化行业的年收入稳定性不是很大，主要集中在 3 万—20 万元之间，其中以 5 万—10 万（含）元（41%）居多，而每个月用于经营性的支出主要集中在 5000 元到 5 万元之间，其中以 1 万—2 万（含）元（46%）居多，主要用于工作场地或店铺租赁费、原材料和商品成本以及水电交通等费用。

表 4-9　　　　　　　　　　海洋文化个体从业者基本情况　　　　　　　　单位:%

类型	个体经营者		个人经营者	
	66		34	
经营方式	创意团队	家庭家族式个体	家庭家族式个人	纯个人
	6	60	14	20
年营业收入	3 万（含）元以下	3 万—5 万（含）元	5 万—10 万（含）元	10 万—20 万（含）元	20 万元以上
	5	18	41	26	10
月均支出	5000（含）元以下	5000—1 万（含）	1 万—2 万（含）	2 万—5 万（含）	5 万以上
	5	17	46	23	9

　　从统计样本反馈的信息来看，家庭家族式从业者占据了最大的比例（74%），他们主要以典型的家庭式作坊形式为主，往往在本地进行原材料采购、生产和交易等分散性、零碎性的海洋文化产业活动。如图 4-13 所示，他们从事海洋文化个体经营的主要原因、所生产产品和服务的用途也多样化，维持生计改善生活（27%）是他们从业的主要原因，一部分是继承家族上一代的行当（15%），一部分是借助其拥有的海洋文化产业资源进行自由创业（19%）或出售其拥有的海洋文化创意和技术（16%），一部分个体，尤其是在沿海渔村地区，他们依托现代新型渔村建设的有利条件而从事了海洋文化经营的行当（14%），另外还有一部分

个体他们生产和制造的海洋文化产品主要用于自用或者是出于风俗习惯的相互馈赠和公益性馈赠，虽不以营利为目的，却互通有无，符合市场交易的原则，也属于海洋文化个体经营的一部分，且是最能体现原生态海洋文化产品特征的一部分。

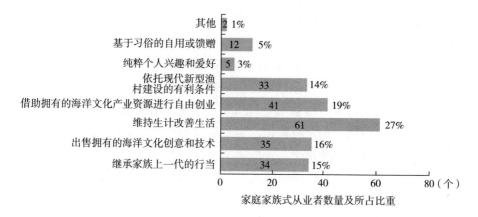

图 4-13　家庭家族式从业者从事海洋文化经营的原因

（二）海洋文化个体从业者的经营状况

将个体从业者的经营和生活状况反映到图中，如图 4-14 和图 4-15 所示。

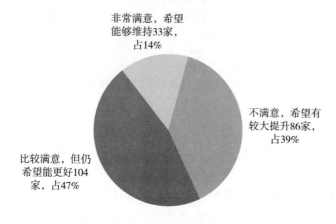

图 4-14　海洋文化个体从业者的经营和生活状况满意度

47%的个体从业者对目前的状态比较满意，他们有的享受到了应有的扶持性政策，在资金、经营能力和人力资源等问题上存在较少的限制，部分个体从业者的市场主体地位也得到了一定的认可；有39%的个体从业者不满足于现有的状况，并希望对目前的状况有所改善和提升，这些个体极少得到相应的政策扶持，日常小本经营且自身资本较薄弱，经营能力有限，很多民俗类产业甚至出现后继无人的状况，对于公共服务和保障措施的享受率和利用率也不高，因此在日常经营中受到的限制比较多，生活负担较重，产业主体地位几乎得不到认可；另有14%的个体从业者很满足于现状的状态，希望能稳定维持下去，他们大部分从事的是现代化海洋文化行业，能够充分利用现代市场上的互联网技术、物流技术等，科技含量高，创意新颖化，享受过政府产业政策的支撑，有充足的资金，有较强的创新能力、经营能力和团队管理能力，能够充分享受现有的公共服务体系和保障措施，其产业主体地位也得到充分认可。

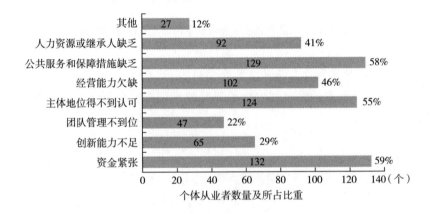

图4-15 个体从业者经营的主要限制因素

从调查问卷反馈的信息来看，个体从业者从事的海洋文化产业市场化程度普遍不高，他们的生产方式也较为生态化，对海洋文化原汁原味的特征保留得相对比较完整。他们在经营过程中，创意团队和一部分个体经营者会借助现代化的互联网平台和交易平台进行产品和服务的推广销售，大部分的个体则是通过比较传统的方式，诸如朋友介绍、中介机构代理、商场集市销售等。

如图 4-16 所示，个体从业者经营的水平不一，所期望的政策扶持也各异，对于创意团体和希望能扩大经营的个体从业者来说，他们更希望享受到政府的金融财税政策（52%）、公共设施服务政策（57%）以及关于创业培训服务政策（35%），家族家庭式从业个体，尤其是从事海洋民俗文化等传统行业的个体，更希望政府能采取措施来保护海洋文化知识产权（32%），进而保护和传承海洋文化遗产。

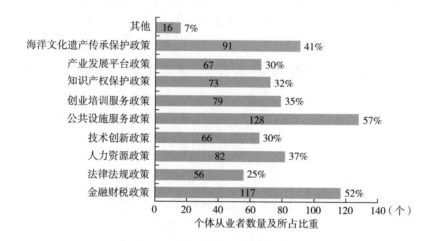

图4-16　个体从业者的政策需求类型

虽然中国海洋文化个体从业者大部分市场化程度不高，在产业市场中的主体地位认可度较低，但是他们却能从基层看清中国海洋文化产业发展存在的一些最贴合人们实际生活的基本问题，如图 4-17 所示，个体从业者由于资源开发和创意水平有限、人才财力资源不足、经营能力欠缺带来的海洋文化资源没有得到充分开发问题（47%）以及农村海洋文化产业发展力不足问题（48%）是他们站在自身角度发现的最大的切身问题。另外，由于缺乏对海洋文化遗产的保护（37%），致使一些传统海洋文化产业逐渐没落（35%），还有一些海洋文化民间礼仪、习俗在节庆活动中为了迎合大众需求而被改变形式或内容，丢掉了原本所蕴含的内涵底蕴，使得传统海洋文化精髓丧失和精神变异（24%）。这些问题都是切实关乎中国当前在发展海洋文化产业中需要解决和重视的民生民计、海洋生态文明建设、海洋文化自信等问题。

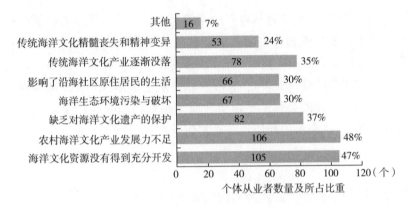

图 4-17 个体从业者关于中国海洋文化产业发展认知情况

第四节 非营利性组织的发展现状

在中国当前海洋文化产业的发展进程中，非营利性组织作为平行于政府和市场的"第三种力量"，发挥了重要的协调、促进、互补、合作作用，来自政府力量的非营利性组织在国家海洋文化发展的导向下引领着民间非营利性组织的发展和完善，民间非营利性组织也在海洋文化产业的发展中与政府非营利性组织相辅相成地完成了一系列海洋文化产业活动，不断贡献着民间自身的社会积极力量。

一 政府非营利性组织发展情况

中国海洋文化来源于政府力量的非营利性组织在海洋文化产业的发展过程中，在海洋文化科研、海洋文化知识教育、海洋意识普及、公共海洋文化服务、海洋文化产业发展推动等方面发挥了独特而积极的作用。

（一）政府性质非营利性组织的基本情况

在教育科研等领域，根据本书的不完全统计，目前，中国投入海洋文化研究和海洋文化人才培养的包括高等院校、研究院所、沿海智力机构在内的海洋文化研究机构有40余个，这些机构一方面推动了中国公益性海洋文化事业的发展，截至2017年年底，共出版并投入使用的中小学及高等教育院校海洋文化相关教材40余部。海洋文化相关刊物创办量、发表论文数量都与日俱增，在中国知网数据库中以"海洋文化产业"为主题进行检索，共有相关研究论文 1750 余篇，推动了中国海洋文化产业相关的学科建设和教育体系发展。另一方面，这些机构通过与政府、企业等市场主体的合作，为企业提供海洋文化创意和创新技术、为政府提供海洋文化公共产品和服务，完善了中国海洋文化公共服务和海洋文化产业的创新创意水平，推动了营利性海洋文化产业的发展。

在社会工作领域，根据本书的不完全统计，截至 2017 年年底，大到中国国家博物馆，小到高等院校海洋博物馆（如上海海洋大学中国鱼文化博物馆），东起沿海地区，西到内陆省份，中国共建有海洋博物馆 70 余所，多所大学和地方区域建有"海洋文库"和"海洋数字图书馆"等海洋文化相关公益性图书馆；另外，在政府非营利性组织的筹划和支持下，共举办了中国海洋文化论坛、世界妈祖文化论坛、东亚海洋文化教育合作论坛、海洋文化与城市发展国际研讨会、海峡两岸海洋文化研讨会等大大小小与海洋文化相关的国际、国内论坛和研讨会议 120 余场。

（二）政府性质非营利性组织的运行现状

第一，在非营利性组织机构的负责和决策机制上，政府性质的非营利性组织较之民间性质的非营利性组织，注册比例相对较高，并延续了部分政府和事业单位行政管理的方式和经营方式，因此这些组织的负责人一般由出资部门直接任命或提名，或者以公开聘任的方式来选择组织的负责人。在进行组织决策时，除了极少部分拥有决策机构的组织会通过理事会来解决，大部分的政府性质的非营利性组织采取的是共同协商解决的方法。

第二，在非营利性组织的监管和治理上，由于政府性质的非营利性组织来源于政府和事业单位机构，也就难以完全摆脱官方的控制。而鉴于海洋文化意识形态性，又需要官方在一定程度上为非营利性组织的发展提供大政方针，因此，在这部分非营利性组织的监管和治理上，就出现"官方性"与"社会性"色彩共存的现状。

第三，在非营利性组织的运行上，政府性质的非营利性组织较之民间力量，更容易获取中国海洋文化发展相关的社会资源，无论是在营利性海洋文化产业还是在公益性海洋文化事业上，其生存和经营空间都相对较大，获取的相应的政策扶持也就更有力。

二 民间非营利性组织发展情况

随着海洋文化产业市场发展的需求和政府职能的转换，民间性质的非营利性组织的准入门槛逐渐降低，大量的民间机构数量如雨后春笋般出现，尤其是近10年来，越来越多的民间非营利性组织开始参与海洋文化公益性事业的发展，发挥了民间组织的平台作用，拓展了中国海洋文化市场主体的多元空间，弥补了海洋文化市场中企业和个体存在的一些缺陷，也协助政府加强了中国海洋文化产业的服务监管职责。近5年来，中国民间非营利性组织通过与政府和企业的合力，共举办了包括"中国海洋文化节""中国象山开渔节"等一系列品牌在内的海洋文化节庆活动50余个，一些活动连续举办多年并成为这些民间非营利性组织的海洋文化品牌。

但是，目前中国民间非营利性组织大多数只能称为"组织"，虽具备非营利性组织的性质，但是没有登记注册，或者登记注册时找不到相应的主管单位，因而合法性不高，这就使得民间非营利性组织在运作和生存上面临着种种束缚，其产业市场主体地位得不到应有的认可。根据本书的统计，目前中国包括中华妈祖文化交流协会在内的海洋文化产业发展相关非营利性组织34个①，其中已注册的合法组织仅16家，不足一半，这就导致中国民间非营利性组织对外缺乏有力的监管，但同时，对内却容易形成一种柔性的自我管理方式，能够有序、高效地完成一些活动的互动与开展。

非营利性组织在政府和民间两种力量的有力配合下，促进了中国海洋文化产业资源的合理分配，转移了政府部门的部分职能困难，沟通了政府—市场—社会三种力量。但是，在海洋文化产业的发展过程中，中国海洋文化非营利性组织发展也出现了一种两难的状态：一方面，非营利性组织在一定程度上走市场化模式，自治性和开放性越大，就可以为协助中国海洋文化产业的发展带来更大的空间；另一方面，政府又需要介入非营利性组织的发展，以免造成非营利性组织对海洋文化资源配置权利的不良竞争和滥用。这就使得非营利性组织难以真正成为纯粹意义上的非营利性组织。

通过对中国海洋文化产业不同市场主体发展现状的具体研究可以发现，随着海洋文化产业的迅速发展和海洋文化市场体制、发展政策和制度的不断完善，中国海洋文化产业主体活跃在海洋文化产业活动的各个

① 天眼查，https://www.tianyancha.com/。

价值链环节上，也活跃在产业市场的各个层级和力量领域之中，产业主体在构成上日益多元，在相互联系上日益密切，在自身的发展上日益完善，不同类型的海洋文化产业主体各自发展又彼此联系，共同推动中国海洋文化产业向前发展。在市场力量中，海洋文化企业数量不断增加，并表现出较好的成长性，企业力量整体向好，尤其是大型企业，虽然占据的比例较少，但在中国海洋文化产业发展初期成为推动中国海洋文化产业发展的中坚力量，民营小微企业和个体经营者数量众多，但难以争取到有效的政策支撑和扶持，不过，随着中国海洋文化市场的不断完善，也逐渐向专、新、精、特的方向发展。

　　但是，我们在看到海洋文化产业主体发展存在的优势、机遇以及取得的成就的同时，也要看到中国海洋文化产业主体发展存在的一些缺陷，诸如政府主体在中国海洋文化产业主体发展中的"扶持"和"服务"力量有待进一步的发挥；市场主体中，海洋文化各类企业的发展尚未形成高效、规范的统一、平衡发展模式，同时，从事海洋文化传统行业的个人和个体活力不足，对个体从业主体，尤其是沿海农村、渔村海洋文化产业主体的保护力度不足；社会主体的力量较多，但相对分散，难以充分调动起来，中介组织处于一个较尴尬的市场地位难以发挥有效作用。因此，需要我们具体、详细审视和总结海洋文化产业主体发展中存在的问题以及产生这些问题的根源，进而采取实际的、有效的措施和方式来实现海洋文化产业主体的健康、可持续发展。

第五章　海洋文化产业主体发展
存在的问题及原因

　　通过对中国不同海洋文化产业主体发展现状的研究，本书厘清了当前中国海洋文化不同类型产业主体的基本情况和发展现状，将视野再回到整个海洋文化产业中，审视中国海洋文化产业主体的发展过程：从横向来看，包括利用海洋文化资源进行产品创意到创意转换、再到进入市场推广和渠道、最终被消费等整个价值链环节上不同产业活动实践主体的参与；从纵向来看，则包括从政府层面到市场层面再到社会力量三个层面的不同产业市场主体的参与。因此整个市场和产业活动同时关联着各类不同的海洋文化产业主体，这些产业主体在发展的过程中，基于不同的角色、地位、利益分配原则等问题而表现出一个动态博弈的过程，包括对海洋文化资源、人力、土地、创新技术、信息等各类生产要素，对海洋文化发展的市场环境、政策环境、法律法规环境等支撑要素，以及对海洋文化市场需求和地位的竞争要素的复杂博弈过程。在这个过程中，各类产业主体表现出了利益分割、成本控制和资源分配的重叠与差异，带来了产业主体系统内部各个产业主体结构性差异、主体地位不平衡、个体从业主体保护不到位、政策支撑不到位以及主体之间相互发展的交互不畅、互动不足、协同不力、竞争无序等诸多问题，所以必须对产业主体发展存在的问题和原因进行详细阐释，以正确审视海洋文化产业主体发展存在的缺陷，为平衡不同产业主体之间的关系，稳定海洋文化产业主体系统，优化产业主体发展模式，推进海洋文化产业健康、可持续发展提供突破口。

第一节　海洋文化产业主体发展不平衡

在中国海洋文化产业的发展中，围绕着对产业资源、经济利益和市场权利的博弈和竞争，海洋文化产业主体在长期的发展中逐渐浮现出一种表象：有的产业主体凭借资本、人才、技术和信息等资源的占有优势逐渐占据产业市场的中心主导位置，而部分产业主体却在这个博弈过程中因为多种条件的限制和因素的影响而在市场主体体系中主体地位逐渐下降，甚至逐渐被产业市场所忽略，这就导致了不同海洋文化产业主体发展的不平衡问题。

一　实践主体存在结构性差异

从中国海洋文化产业活动实践主体体系结构来看，不同的海洋文化产业活动实践主体由于拥有不同的资源要素，处在不同的海洋文化产业价值链环节上，因此支付了不同性质、不同程度的成本，但对于部分海洋文化产业主体来说，他们得到的却是与付出不对等的、不匹配的收益，这种现象对于占据海洋文化资源的拥有者来说更为明显。比如对于海洋文化资源的拥有者来说，他们的资源或者创意不知道如何或者不知道可以被转换成海洋文化产品而直接进入市场，在其他产业活动实践主体的经营、管理下，他们拥有的资源因为参与产业实践活动而获得一定的收益，但对海洋文化资源的拥有者或者海洋文化的创意主体来说，他们从中获取的收益却只占了相当小的比例，一来他们拥有的资源或"创意知识产权"没有得到充分的保护和应有的回馈，二来使得这些本来在产业实践活动中属于主体的部分群体逐渐变成了一种隐性的主体力量，偏离了产业实践活动主体的重心。[①] 这种差异和不对等的关系在长时间的产业发展中逐渐演化成一种潜在的不平等性，对于部分产业实践主体来说，将带来各种程度的损失，影响了中国海洋文化产品和服务的有效供给。

另外，较之一般产业注重中下游产业链环节的运转，海洋文化产业的实践活动注重的是上游、中游和下游整个环节的有效运转，尤其是上

---

① 郑宇：《民族文化产业的主体集群差异》，《云南民族大学学报》（哲学社会科学版）2007 年第 11 期。

游即海洋文化创意和智慧环节，是整个产业发展的核心要素支撑。这就导致在长期的发展过程中，更多的产业主体将产业实践活动行为倾向海洋文化的创意生产和创意转化等上游环节，比如政府通过大量的平台建设和资金支撑来加大对海洋文化创意和创意转化技术的创新，各类型企业也注重对海洋文化产品的创新与技术研发，而对于推广营销和渠道传播等中游环节，则更多地交给了小微企业以及更多的社会力量来完成，比如对于海洋文化创意的传播，政府的职责只是对传播内容和渠道进行严格的监管和控制，而这些活动的具体完成，则要靠企业和社会组织自身的力量，这势必为不同产业主体争夺市场资源等有利条件而产生无序竞争埋下了隐患。同时，这种不平衡发展被带到下游中去，使得产业主体为了争夺资源和市场而进行产业活动，而不是真正基于消费者的需求开展产品和服务的供给，这样便因为难以准确、有效把握人们对海洋文化需求的迅速变化和复杂性、不确定性，影响到了中国海洋文化产品和服务的有效供给，尤其是公共海洋文化产品和服务的供给效率。

二 市场主体地位不平衡

在中国海洋文化产业市场层面，政府、企业、中介组织、个体从业者和非营利性组织的主体地位同样因为当前市场机制、体制和产业制度的不完善等因素，在不同的产业资源禀赋条件、不同的政策扶持优势、不同的经营能力、不同的组织结构下表现出了不同的主体地位，有的市场主体在产业发展中逐渐占据了较大空间和力量，也有部分产业主体因为资本的缺乏等原因在长期的产业发展进程中慢慢被挤到了市场或产业活动的边缘化地位，使得不同海洋文化产业市场主体整体表现出主体地位的不平衡性，这种不平衡性可以体现在市场的不同层次、不同力量层级和不同区域三个层面。

（一）不同层级产业主体的不平衡

在海洋文化产业市场中，政府力量，市场力量和社会力量三个层次的产业主体发展也表现出了不平衡性。

作为海洋文化产业发展最强大的支撑力量，政府在产业发展中，一方面，要作为公益性海洋文化产业发展的主体来满足公众对海洋文化公共产品和服务的需求；另一方面，它又是经营性海洋文化产业发展的引导者、良好海洋文化产业环境营造者以及各类海洋文化产业主体发展的政策提供者，因此，政府在海洋文化产业发展中"亦里亦外"的双重作用是不言而喻且无法被取代的，自然政府主体在海洋文化产业发展中的主体地位更加突出。

市场力量中的产业主体，作为海洋文化产业发展最重要的产业行为主体，它们的市场地位被认可度从宏观视角来看，必然是处于海洋文化产业市场中最核心的地位。但目前普遍存在的情况是，在提及海洋文化产业发展情况时，被观察的视角往往是从企业的视角来进行产业发展绩效、发展模式、管理战略的分析，研究的重点也是集中于企业的治理和培育问题，这种本是企业、中介组织、个体从业者"市场云集"的市场主体结构在以企业为重的"集而不全"发展中，导致作为海洋文化产业市场力量必不可少的中介组织和个体从业者逐渐处于海洋文化产业市场统计或调研的边缘化位置，同样作为海洋文化资源的拥有者，它们进入了产业链条，却在当前的产业主体地位逻辑下，不得不面对从属甚至让位于它们本该有的产业主体地位的格局。尤其是对于个体从业者来说，那些未经注册的以个人、家族家庭式形式存在的个体从业者和个人从业者，他们除了面对较为复杂心酸的社会问题，还要面对市场地位中处于低端的现实，虽然他们从事的是最为绿色的、生态的蓝色海洋文化产业，但市场主体地位的认可度却非常低。

作为产业主体社会力量的非营利性组织，虽然在与其他市场主体，尤其是在承担部分政府职能、与政府和企业的合作中，实际参与了一系列海洋文化产业发展的活动行为，但也因为中国非营利性组织相关法律法规的缺失以及管理的不完善而导致大部分非营利性组织合法性较低，在中国海洋文化产业市场发展中也就心有余而力不足。

（二）不同企业层次主体的不平衡

从海洋文化产业市场中的企业层面来看，虽然国有企业、大型企业在数量上占了较小一部分，但却是海洋文化龙头企业、品牌精品企业的主要力量，且拥有非常高的资本力量和非常多的海洋文化产业资源，因而在海洋文化市场中占据较高的市场地位。而在企业总数量上占据了极大比例的中型、小型、微型企业由于自身规模小、资本力量较低、抵抗风险能力较弱，在海洋文化产业市场中，一些小微企业逐渐被大型企业兼并或收购，其主体地位较之国有企业和大型企业来说，又是低了一个甚至几个层次，再加上小微企业自身在融资、管理、人才等方面能力的欠缺，导致这类产业主体在海洋文化产业市场中表现出主体行为的乏力。

另外，民营海洋文化企业反对政府以意识形态为依据制定的海洋文化市场准入制度，认为政府和国有企业垄断海洋文化市场资源的做法有失公平，同时，国有文化企业则依然保持着承担对"公益性海洋文化事业"的需求、与政府"购买公共海洋文化服务"相依相符的"惯性依赖"，强调海洋文化产品和服务生产制造的社会效益性，要求政府加强对营利性海洋文化产业的管制，而且要"管严""管好"，坚守政府维护文化安全和价值正义的职责与功能，致使国有企业与民营企业成为海洋文化产业发展中实力强弱分明的矛盾体，海洋文化资源配置效率低下，海洋文化产业主体不平衡性加剧，削弱了产业发展的内生动力和活力。

三 缺乏对个体从业主体的保护

海洋社群生活状况、文化力量、价值理念通过个体从业主体参与海洋文化产业而得以较深程度地渗透与表达，尤其是对于从事海洋文化遗产保护和传承相关产业的个体从业主体来说，他们进入海洋文化产业主体体系，也就能带来他们本身所融入的传统海洋文化精髓和核心价值，也就能为传统海洋文化价值和精髓的保护和传承提供基本保障，同时也将助力这类产业主体参与海洋文化市场资源、利益的竞争和共享。

但是目前，无论是政府，还是市场本身，都在不同程度上缺乏对个体从业主体的保护。比如，在社区或村委会的带动和管理下，一些沿海地区的渔村通过开展休闲渔业和体验等海洋文化产业，将渔村打造成一个休闲渔村，虽然这为渔村村民提供了一种转型式的发展机会，但是作为最大利益相关者的个体从业主体所得到的利益却是有限的，渔村产业化带来的是物价上涨、环境破坏以及文化负担，这让他们付出了巨大的成本，但却因为政策或管理执行中的利益不均、津贴过少问题致使他们付出的成本大于受益，个体从业主体并没有得到真正的保护，这样的乡村振兴到底振兴了产业还是提高了个体的生活水平就有待讨论。

另外，在市场层面，个体从业者占据的资源、要素、资本都是最少的，而他们同样要参与海洋文化产业的市场竞争中，而个体从业主体往往又是最能体现海洋文化产业多样性、生态性、丰富性的产业主体群体，尤其是对于传统海洋文化个体从业者来说，他们所从事的海洋文化产业活动，很多都是在日常生活中，经过长时间的摸索与前进，在时间的磨炼和环境的考验下，利用"依海而居""靠海而生"的生活智慧和丰富经验一步步创作或衍化出来的，虽然他们从事的这种极其不现代的生产方式耗时耗力，但这个过程造就了涉海居民与海洋文化之间特殊的情感与生命的连线，这是再先进、再发达的高科技技术都无法取代的一种微妙的精神满足。因此，市场要对个体从业者有一个宽容的竞争态度，要在一定程度上与个体从业者合力向外参与竞争，政府也要对个体从业者实施较强的扶持力度，这样才能保证海洋文化产业在多样性、多元化发展的同时，保证个体从业主体的民生、民计、民安问题。

总体来看，海洋文化产业市场主体的发展是"政府—市场—社会"三种力量博弈发展的过程，三种力量既能相互抑制，又能相互促进，然而当前存在的问题却是在市场竞争下三种力量的不平衡发展，政府在公益性海洋文化产品和服务的供给上没有充分依靠市场力量和社会力量，市场力量中的各类企业在海洋文化市场资源的竞争中存在着"无序"甚至"恶意"的竞争行为，社会力量在向市场力量转化或者为市场力量提供辅助的过程中层层受阻。导致这三种力量之间难以形成充分、有效的互动，也就难以在相辅相成中实现均衡的、健康的发展。

第二节　海洋文化产业政策不完善

一　现有政策有效性不高

政府的政策支撑对于海洋文化产业主体来说，是巨大的养分。近年来，中国出台了大量关于海洋文化产业发展的政策。尤其是将海洋文化产业发展首次纳入国家顶层规划以后，中央和沿海省份都陆续出台了大量的海洋文化产业发展相关政策，这些政策为中国海洋文化产业的发展指明了发展方向、发展原则和发展要求，但也存在着一定的问题。

从本书前面对海洋文化产业相关政策的有效性研究来看，主要问题表现为两点：首先，就中国海洋文化产业发展政策的有效性而言，海洋文化产业增加值的增长速度要落后于海洋经济和国民经济总量的发展速度，部分政策对于海洋文化产业发展没有显著的促进作用，说明中国海洋文化产业政策总体的有效性偏低，对于真正带动海洋文化产业的迅速发展还有较大的空间。其次，不同层级的政策有效性存在着较大差异，国家级政策的有效性要高于省级政策的有效性，即地方海洋文化产业政策的落实度目前来说并不高，进而对海洋文化产业发展的促进作用也就不明显，而国家级政策的有效性相对地方政策来说，规划性的政策对于尚处于起步阶段的海洋文化产业发展起到了良好的促进作用。但一般政策从时间序列上来看，国家级政策有效性较为持久，国家级政策对海洋文化产业发展的推动作用是长期性的、较为缓慢的，而沿海省份的地方政策对海洋文化产业发展的推动作用是及时性的、较为短期的，因此，需要在地方具体政策落实的配合下，各类产业主体在目前国家级政策的规划、扶持下积极、迅速成长。

从不同产业主体对海洋文化产业政策的拥有和需求情况来看，在海洋文化产业的实际发展中，政策具体落实到不同海洋文化产业主体时，又出现了较大的差异：政府力量、市场力量、社会力量三个不同市场层级的产业主体，同一层级不同类型的产业主体如市场层面的企业、中介组织和个体从业者，以及不同区域的产业主体等不同类型的产业主体在获取政策扶持时呈现不同的难易程度和普及程度，导致政策在不同海洋文化产业主体类型中的分布呈现不平衡态势。

二　产业发展政策仍缺乏

从 2012 年海洋文化产业首次被纳入中国国家顶层设计规划以来，中央和地方陆续出台了一系列针对海洋文化产业发展的政策，虽然从总体趋势来看，中国关于海洋文化产业发展相关政策的数量呈上升趋势，但对于中国海洋文化产业的发展速度来说，政策量仍然不足，并且随着时间的推移，部分政策在产业发展过程中逐渐失去有效性和时效性，较之产业对政策的需求来说，仍然存在较大的政策落实空间。因此，随着中国加强海洋强国的进程，与之相匹配的产业发展配套政策也应该及时、足量地纳入海洋文化产业发展体系中。

从这些政策的具体类型来看，无论是国家政策还是地方政策，类型最多的是规划性政策，但扶持性、保障性、服务性的政策却相对较少。在目前的海洋文化产业发展政策中，中央和地方从未来海洋文化产业的发展方向、发展方式、重点发展领域上提出了规划性的意见和安排，但对于具体在哪些领域、哪种层面上如何来扶持海洋文化产业的发展并没有具体的规划，即在金融财税等资金政策、法律法规政策、人才政策、公共服务保障政策、科技支撑政策、海洋文化遗产保护政策等具体的政策类型和扶持方向上没有针对性的安排。因此，落脚到海洋文化产业主体，当它们需要或是人才科技支撑、或是资金支撑等不同类型的政策时，也就出现了政策支撑上乏力的现象。

三　产业主体的政策支撑力不平衡

从市场层面来看，国有企业凭借占据的资本和社会资源优势能够进行大规模的产业化生产，并能较快、较多地获得政府的政策支撑，尤其是政府在财政和法律上的支撑，以保证国有企业在海洋文化发展中能够发挥充分的主导作用。这对于国有企业和民营企业来说，是一定程度上政策资源配置的失当，这种失当会带来产业市场主体发展的不公平，引发不良竞争。而且，在中国目前海洋文化市场中，国有企业同样存在着自身管理制度老化、创新创意水平不高、创意人才缺乏等基本问题，这就导致了作为市场引领的国有企业在海洋文化品牌精品化打造以及参与国际竞争方面出现乏力，因此急需政府在政策导向上从人才和科技创新水平等方面来激活国有企业的市场活力。

虽然中国陆续出台了较多针对民营海洋文化企业发展的政策，来带动相对滞后和弱小的民营中小企业发展，民营企业占据了中国海洋文化企业的大部分，然而相对于数量较少的国有企业来说，民营企业的政策扶持力度却相对较小，对于大中型民营企业来说，相关扶持政策的不到位也在一定程度上影响了大中型民营企业打造市场化程度较高的海洋文化精品品牌；对于小微民营企业来说，尽管中国近几年出台了一系列关于小微文化企业的扶持政策，但是小微海洋文化企业主却在政策了解和合理利用上缺乏必要的能力和素养，使得这些政策难以落实到小微海洋文化企业的具体发展之中，利润收入不高、流动资金缺乏、发展模式不合理、经营能力欠缺仍是小微企业面临的问题。

对于中介组织而言，尤其是中国海洋文化产业的中介组织，大多处于成长的初期，自身的管理体制和发展机制尚不成熟，在海洋文化市场上的整体发育水平不高，除却体制、舆论以及行政等环境因素外，在政策环境上也存在着扶持政策、产业政策和服务政策缺乏的现象，使得部分海洋文化中介组织一直处于政府和企业的夹缝之中，难以较好地成长并发挥中介作用。中国海洋文化产业当前的发展需要更多中介组织参与进来贡献产业主体的力量，因此，需要国家政策着重对海洋文化中介组织的准入扶持，壮大中介组织的力量。

对于个体从业者来说，则是更难享受到海洋文化产业相关的扶持政策。即便是对于有经营执照的个体经营者来说，他们也处于政策的洼地，缺乏政策支撑以及对政策难以利用起来是他们面临的一个困境，而对于没有营业执照的个体经营者来说，他们受到政策扶持的比例微乎其微。对于他们来说，海洋文化更多的是一种生活方式的体现而非营利的手段，而在当前经济的迅速发展背景下，由于国家对其政策保障力度不足，使得原本甘于其食、安于其居、乐于其道、美于其服的海洋文化个体的生活生计甚至生存面临着巨大冲击与挑战。迫于此，他们不得不放弃传统海洋文化而另寻谋生之道。

四 不同区域政策差异性较大

从不同沿海省份来看，根植于不同区域的海洋文化资源有着自身的独特性和丰富性，各地对海洋文化产业发展的政策规划自然不一，但单从政府扶持力度上看，不同城市对海洋文化产业发展的重视情况不同，对产业主体发展的地方性政策分布情况也存在差异：从数量上来看，辽宁省、山东省、浙江省、福建省和广东省对海洋文化产业的发展出台了较多的产业政策，相较之下，河北省、江苏省和海南省的政策相对较为缺乏。出现这种情况的原因是，第一，不同区域海洋文化资源类型、特点不同，在具体的产业发展政策和规划上存在因地适宜性，这是有利于海洋文化产业及其主体多样性和丰富性发展的，也会为地区发展特色海洋文化产业形成产业市场的核心竞争力；第二，由于中国海洋文化产业的发展尚属起步阶段，一些地方尚未将海洋文化产业的发展上升到一定高度上，没有意识到海洋文化产业的巨大发展力和未来潜力，上层缺乏对产业发展的认识，自然下层的产业主体也就缺乏有力的动力、引导和支撑，难以带动海洋文化产业主体的发展与成熟；第三，部分城市基于其地理、交通、劳动力和土地等要素和地方性动力的不足，产业主体在从事海洋文化产业活动时，因为要素缺乏、方式粗放、经营能力欠缺、市场较为封闭、社会力量参与不足等问题而存在着主体市场行为上的乏力。

再具体到同一个省份的不同区域来看，最明显的一个不平衡性是城乡二元结构的长期存在使得人们在发展海洋文化产业时仍难消除"重城市而轻农村"的惯性思维，导致城乡海洋文化产业主体发展极不平衡。虽然国家和省级政府部门出台了若干政策和法规，并采取了多项措施来振兴乡村的发展，但真正落实到城市与农村海洋文化产业的发展时，却并未完全配套或协调得当，更多的针对农村海洋文化产业主体发展的专项性政策更是缺乏。农村地区海洋文化产业主体经营的主要是休闲旅游类、民俗类、节庆会展等行业门类，科技含量低、产业化水平不高，在海洋文化产业市场中他们一直是弱势的市场主体，但是他们又是最能体现海洋民间产业丰富性、原始性，最具民生民意的产业主体，沿海城市在发展海洋文化产业时，因为对农村地区传统海洋文化保护的力度不足、注重于打造海洋文化城市名片等问题而形成城市海洋文化产业发展政策扶持"一支独大"的局面，对农村海洋文化产业主体的保护与发展也就形成了政策洼地。

第三节　海洋文化产业市场机制有待完善

中国目前海洋文化产业的发展体制仍然沿用了文化产业的二分方法，即将海洋文化产业分为公益性海洋文化事业和经营性海洋文化产业，沿用这种分类发展的体制方式是因为目前中国海洋文化产业尚属于起步阶段，需要政府在资源配置上为市场的发展做好榜样、引导和保障，但随着中国海洋文化产业的发展，人们对海洋文化权益的需求日益迫切。在当前的市场机制体制下，逐渐出现了公益性海洋文化事业主体和营利性海洋文化产业主体在资源配置问题上不平衡的问题，不利于各类海洋文化产业主体的健康可持续发展。

一　公益性海洋文化事业和经营性海洋文化产业区分过重

目前，中国海洋文化产业市场采取的是公益性海洋文化事业和经营性海洋文化产业"二元"发展的市场体制，并在实际的产业发展进程中，市场力量和社会力量也参与了公益性海洋文化事业发展，在中国公共海洋文化服务体系中，不仅有政府主体，也有企业主体、个体和非营利性市场主体的参与。也就是说，中国海洋文化产业的发展虽有"二元"分法，却并没有完全形成公益性海洋文化事业和经营性海洋文化产业完全对立的"二元"化发展，但是从目前海洋文化产品和服务的供求状况来看，公众真实的"海洋文化需求"，尤其是对公共海洋文化产品和服务的需求，是大于目前海洋文化产品和服务的供给的。所以，就目前来看，海洋文化产业市场上对于"公益性"和"经营性"的区分仍然过重，许多具有提供公共海洋文化产品和服务能力和愿望的市场主体参与不到公共海洋文化服务体系建设中去，海洋文化产业主体总体供给效率，尤其是对公共海洋文化产品和服务的供给效率较低，这是导致海洋文化产品和服务"供不应求"的根本原因。同样，这种区分过重的海洋文化市场体制也使中国海洋文化产业主体的功能不能充分发挥，削减了他们参与公共海洋文化服务体系的动力和活力，阻碍了海洋文化产业主体的多元化、高效化发展。

其实，无论是公益性还是经营性的海洋文化产品和服务，其供给目的都在于满足人们精神层面的海洋文化需求。精神层面的文化产品和服务具有的意识形态性是无法用"公益性"和"经营性"加以割裂的，尤其是随着人们对海洋文化产品和服务需求的转型升级，将海洋文化产业的"公益性"和"经营性"发展更协调、更一致，即把"公益性"和"经营性"海洋文化产品和服务的供给主体——产业主体更统一化，把更多的市场力量和社会力量引入公共海洋文化服务体系建设中，市场力量在对经济效益的追求下，会更加主动地挖掘并满足公众对海洋文化产品和服务的需求，社会力量会因为贴近于公众而对海洋文化产品的需求有更为清晰的认知。

所以，从目前海洋文化产业市场的发展现状来看，公益性海洋文化事业和经营性海洋文化产业发展区分过重，公共海洋文化体系的发展也需要像经营性市场文化产业的发展一样兼顾经济、文化和社会效益，而不是仅满足于单一的文化效益。因此，公益性海洋文化事业和经营性海洋文化产业基于国家对部分纯公共海洋文化产品和服务的主流意识的引导和控制，应该有属性的区分，但却不能割裂开来发展。

二 政府角色和定位有效性不高

无论是作为海洋文化产业主体的一部分，还是作为其他产业主体发展的支撑环境，政府都要在海洋文化产业的发展过程中不断地充分发挥它"亦里亦外"两方面的作用，即政府既要从事海洋文化管理基础性事务、提供公共海洋文化产品和服务，又要为整个产业市场的发展提供管制性、引导性、监督性、服务性和保障性的支撑环境。在目前海洋文化产业市场发展中，政府这两个角色在有效性上都存在一定程度的欠缺。

作为海洋文化产业的产业主体之一，政府在中国海洋文化公共产品和服务的供给中，存在着供给力不足、供给与需求不对称两个主要的问题，这两个供给有效性不高问题产生的原因在于政府职能的转化和发挥不当，即政府在公共海洋文化服务体系的角色定位中，缺乏对产业发展的引导和产业主体的培育，没有树立新时代高效的服务型政府理念，反而在公益性海洋文化事业的发展中，过多地承担了公共海洋文化产品和服务的供给职能，没有充分利用市场的力量，将部分供给职能充分地交由市场和社会去完成，也就没有形成三种供给力量的合力，造成了海洋文化公共产品和服务的有效供给不足。这也自然限制了海洋文化市场层面和社会层面中产业主体的发展空间。

在海洋文化产业主体系统中，政府的角色应该像是照顾花园的园丁，要把控海洋文化主体所供给的产品和服务的意识形态与价值观念，引导和监管海洋文化产业主体的行为，培育海洋文化产业主体并保障它们的权益。而在实际的海洋文化产业发展过程中，政府的监管职能部分转化成了"幕后操控职能"，尤其是在公共海洋文化产品和服务的供给中，对参与进来的市场力量和社会力量干涉过多，只有"放权之行为"而没有"放权之事实"；另外，从之前对中国海洋文化产业主体发展问题的原因分析来看，扶持政策不充分、市场主体地位不平衡等问题在一定程度上都体现出政府这个园丁的责任，尤其是从对个体从业主体的利益保障、对海洋文化遗产的传承和保护、对公共海洋文化服务体系的建立和完善来看，政府的保障职能也有待进一步提高。

三　资源配置失当下市场竞争的无序化

中国海洋文化产业主体的性质和功能不同，在具体的管理体制和政策上也就各不相同，并且由于海洋文化产业政策尚不完善，各类产业主体在目前的市场机制下很难被一视同仁地对待，这就导致中国海洋文化产业资源在不同所有权性质的产业主体中广泛存在资源占有和配置不平衡的现象，进而造成了产业主体之间的不合理竞争，影响了海洋文化产业市场秩序的规范性。

在中国海洋文化产业的发展中，从事海洋文化产业的事业性单位和国有产权性质的企业在市场中能够较容易地获得市场法规、政策、行政上的保护和财税、科技、人才等方面的支持，而民营性质的企业和个体从业者则需要通过较为激烈的竞争才能获取这些福利，以至于在长期的发展中，不同产权形式的产业主体在同一个市场的资源占有和配置上便没有了公平的机会，这种资源配置的失当引发的不良后果之一就是占据了大量资源的事业单位和国有企业在产业创新发展行为上的低效甚至懒惰，而民营和个体力量却因为这种资源配置的失当被迫缩减了自身发展的动力，致使海洋文化市场资源的利用率和产出率都不高，并加大了海洋文化产品和服务供需不平衡的状态。另外，对于民营企业和个体从业者来说，为了争夺和占有有限的市场资源，除了要跟国有企业竞争外，还要在自身所处产权性质范围内争夺资源，加大了民营和个体力量内部在市场和资源上的过度甚至恶意竞争，导致整个海洋文化产业市场的无序化，破坏了中国海洋文化产业主体系统的稳定性和产业主体发展的协同性，背离了海洋文化产业主体系统内各类产业主体交互发展、相辅相成的运转原则。

四　海洋文化产业有效供给率不高

海洋文化产品和服务有效供给的指标之一应该是公众的海洋文化需求得到较好、较为公平的满足，并在一定时期内能够为社会实现海洋文化产品和服务一定数量上的可持续供给。而这个指标实现的前提条件之一便是海洋文化产业主体地位的充分落实。

近五年来，中国海洋文化产业带动经济发展的贡献率保持连年上升趋势，中国居民的人均可支配收入也保持了平均 8.88% 的增速，但相应人均文化消费支出却增加缓慢，甚至出现增长率持续下降的趋势，且无论是城镇居民还是农村居民，用于文化消费的支出占可支配收入的比例持续下降，这说明中国居民的海洋文化消费力远未得到充分释放，也从侧面反映了中国海洋文化产业主体在供给上没有较好地满足公众对海洋文化产品和服务的需求，海洋文化产业的供给仍然存在着较大的有效性和高效性供给缺口。

另外，从目前各类海洋文化产业主体的主要海洋文化产业经营门类来看，所从事的海洋节庆会展业、海洋信息服务业、海洋艺术表演业、海洋民俗文化产业等基本消费型海洋文化产业发展增速缓慢，海洋工艺品业、海洋文化传媒业、海洋体育竞技业等发展型海洋文化产业发展增速较快，海洋文化公共服务业、海洋文化旅游业、海洋休闲渔业、海洋文化商品业等享受型海洋文化产业增速最快，发展潜力也最大。这说明中国公众对于海洋文化产品和服务的需求不仅是迅速增加的，而且呈现转型升级的趋势，人们从最开始的基本海洋文化消费开始逐步向发展型和享受型海洋文化消费转变，而目前中国海洋文化产业主体体系中，从事传统海洋文化产业的主体仍然占据着较高的比重，且整体产业覆盖面不广，出现了基本的海洋文化消费供给过剩且供给质量不高，而较高层次精神追求和情感体验的发展型和享受型海洋文化产品和服务的供给数量和质量都存在着明显不足的情况。因此，相对当前公众的海洋文化需求，中国海洋文化产业主体的供给水平和效率都不高，这将不利于培育海洋文化产业的新需求，实现海洋文化产业的转型升级发展。

第四节　海洋文化产业发展模式不合理

海洋文化产业发展模式是在当前市场环境、文化氛围和经济发展条件下，海洋文化产业主体的发展战略、发展方向、发展方式和效率，这关乎海洋文化产业及其产业主体能否实现长远的健康、可持续发展，关乎海洋文化产业能否实现产品和服务的有效供给，关乎海洋生态资源和环境能否得到有效保护，关乎产业发展是否聚焦海洋社群的民生、民计。目前，中国海洋文化产业的发展以初步形成全国范围内海洋文化产业的发展布局为战略，以提升中国海洋文化服务为方向，采用公益性海洋文化事业和经营性海洋文化产业共同发展的方式，形成多种力量、多种所有制形式的产业主体参与的产业市场主体格局，这种产业发展模式带来了中国海洋文化产业的持续发展，形成了以沿海省份为集中点，贯穿渤海、黄海、东海、南海海岸带的海洋文化产业布局，以及海洋文化事业和海洋文化产业共同发展的产业结构。但是从目前中国海洋文化产业及其产业主体发展存在的问题来看，当前海洋文化产业的发展模式中，作为产业存在和发展之基础和动力的产业主体在主体之间的交互、协调、平衡发展上存在着一些不足。

一　产业主体之间交互不充分

在中国海洋文化产业主体系统内，不同类型的产业主体之间应该始终处于动态的、持续的、充分的交流与互动过程之中，虽然在同一个市场环境中以不同的自身特征和属性占据着不同的产业资源，但是在一个有序的海洋文化市场里，产业主体之间应该是通过适度的竞争、共享的资源配置与产业收益来达到产业主体系统内和谐的利益关系。目前中国海洋文化产业主体之间由于一定程度上的交互不充分，使得市场资源配置和利益关系达不到一个和谐有序的状态。

　　从海洋文化价值链横向上的产业活动来看，各类产业实践活动主体要充分交流，才能实现海洋文化创意价值的最大程度转化。目前中国海洋文化产业价值链活动中，普遍存在着这样的情况：由于创意主体和创意转化主体之间的沟通不畅，许多的创意没有被转化成海洋文化产品和服务，或者转化为不被消费者认同的产品和服务；推广主体的营销行为没有抓住生产主体所提供的海洋文化产品和服务的特质和宣传要点；生产制造主体与渠道传播主体协调不力带来的海洋文化产品和服务的挤压与过剩，缺乏对消费主体的充分调研而使得最终的海洋文化产品和服务并没有满足消费者的真正需求，等等。这些问题的存在，最主要的原因就是在完整的产业链条上没有形成产业实践主体之间充分的、持续的交流和互动，不仅是相邻产业活动上两类实践主体之间的交流，而是整个海洋文化产业实践主体体系内，相邻或不相邻的产业实践主体与其他所有实践主体都要进行不间断的、动态的交流过程。只有这样才能充分掌握整个海洋文化产业价值链条上从创意生成到最终被消费实现产品和服务价值这一系列互动中所有活动节点上的信息和情况，从而实现海洋文化资源的高效开发和利用。

　　而在纵向的市场产业主体体系中，首先，从对海洋文化产业资源的占有上来看，有些产业主体如部分事业单位和国有企业存在着产业资源过剩的情况，而有些产业主体如部分民营小微企业，却在产业资源上存在不同程度的短缺，如果这两类产业主体能进行相互的交流和互动，通过协调产业资源在这两类产业主体之间的占有情况，则是市场中产业主体自身协调资源配置状态，实现产业资源合理、高效利用的一个有效方式；其次，从市场竞争的角度来看，尤其是对于同一产权所属性质的产业主体类型内部自身的竞争来说，这些海洋文化产业主体为了争夺有限的市场资源、获取较高的盈利，而在内部与其他产业主体过度竞争，"自相残杀"，削弱了彼此的实力，不利于产业主体长远的发展。海洋文化产业主体系统内不同产业主体之间应该允许适度竞争的存在，即通过持续的、充分的交流和互动实现不同产业主体之间的合作与竞争并存，形成海洋文化产业主体的协同发展，实现海洋文化产业主体系统内"以大代小，以强带弱"式发展。

二　不同产业主体发展模式趋同

　　不同类型、不同地区的海洋文化产业主体的发展模式自然应该各有差异，才能根据自身的功能和特色找寻适合自己的发展模式，但是由于目前海洋文化产业主体都处于产业生命周期的形成阶段和成长阶段，缺乏完善的经营管理经验、长远的战略规划和健全的保障体系，因此对于自身的发展模式尚处于一个探索的阶段，很多产业主体在主动积极的追求和被动的安排下，效仿成熟期产业主体较优的发展模式，造成了整个海洋文化产业领域内，产业主体发展模式的大规模雷同，反而不利于产业主体自身的成长。

不同区域的海洋文化产业主体因为不同的地方性发展规划和政策，不同的产业市场成熟度，以及海洋文化资源区域性差异等因素，产业资源的占有情况、面临的市场环境也不相同，因此，应该结合区域的实际情况，"因地制宜"地制定不同区域海洋文化产业主体的发展模式。中国沿海省份海洋文化产业发展水平不同，有些地方的海洋文化产业已较为成熟，海洋文化产业主体闯过了难关进入了快速发展的阶段，对于海洋文化产业发展仍处于最初阶段的区域来说，往往会借鉴甚至直接照搬其他区域发展海洋文化产业及其主体的模式，"照葫芦画瓢"带来的是"聋者之歌"，不仅不利于本地海洋文化产业主体的发展，海洋文化产业的本土优势也无法充分发挥，还造成了产业形式上的雷同，并且难以形成自身具有地域特色的海洋文化产业竞争优势。

在当前"大众创业、万众创新"政策的号召下，海洋文化内涵在创新中不断丰富，海洋文化产业迅速发展，海洋文化公共产品和服务不断完善，但与此同时也存在着"搭政策之便车"的现象，很多海洋文化产业主体往往只是为了迎合政策而创新，或为了创新而创新，应海洋文化产品和服务的一时之供需问题，未能考虑海洋特色文化的可持续发展要求，在主动积极的追求和被动的安排下，盲目或者过度开发海洋文化，导致不少海洋文化产品和服务普遍存在着重物质轻精神、重效益轻内涵、低层次低质量、重复建设和缺乏个性等问题。

不同类型的海洋文化产业主体，其发展模式也应该不同。尤其是对于不同所有权性质类型的海洋文化产业主体来说，它们在各自的小范围内拥有不同的产业资源，面临的是不同的市场竞争关系，不同的产业制度规范和不同的技术文化支撑。比如政府在作为产业主体供给海洋文化公共产品和服务时，其发展模式自然与市场层面的产业主体供给海洋文化产品和服务的模式不一样；再比如，国有企业面临的更大的竞争关系应该是参与国际上海洋文化产业竞争，即对外竞争，而民营企业面临最多的竞争关系则是中国国内市场中不同性质的产业主体之间进行的竞争，自然它们发展模式的着力点就该不同。中国海洋文化产业市场中存在的不同区域、不同类型海洋文化产业主体发展模式雷同的现象，带来的不仅仅是海洋文化产业发展缓慢低效问题，还不利于海洋文化产业主体的健康成长以及健康海洋文化市场发展氛围的建立。

三 不注重产业主体的平衡协调发展

合理、高效的海洋文化产业发展模式，应该能够平衡、协调好各类不同性质、不同功能产业主体之间的发展，形成各类产业主体良性、健康的运转，整体海洋文化产业主体系统和谐、可持续的产业主体系统运行状态。在中国海洋文化产业的发展进程中，不合理、不高效、不系统、不科学的产业发展模式导致海洋文化产业主体在长期的博弈与发展中呈现不平衡、不稳定的发展态势，势必会影响中国海洋文化产业的健康发展。

从整个宏观市场来看，在当前的市场运行机制、市场环境、制度和政策环境下，中国海洋文化产业主体的发展在政府力量、市场力量、社会力量三个不同层级，以及这三个层级中同一层级的不同主体类别上都存在着产业主体地位和发展状态的不平衡性。在中国目前对海洋文化产业发展战略的规划中，从全局上对海洋文化产业的发展布局和结构、发展方向和原则进行了战略性安排部署，但并没有对海洋文化产业的发展模式从整体上进行发展原则、发展目标、发展方式、发展理念的合理规划，也就是对于中国海洋文化产业的主体来说，当前海洋文化产业发展的目标追求、文化立场、重点领域、发展模式等问题始终没有给予产业主体一个满意的结果。虽然海洋文化产业的发展是由生产力最活跃的各类产业主体来进行的产业行为选择，决定产业的管理运行方式、使产业不断按照其需求和目的去发展，但是在特定市场环境中，不同产业主体在市场中进行自由博弈行为选择时，面对的是外部的各种限制或支持因素、各类或优或劣的信息，这就导致在当前较为固定或雷同的产业发展模式的"大趋势"下，不同类别的产业主体一股脑地按照同一个模式、遵循同一条路子、朝着同一个发展热点迈进，在这个过程中忽略了找寻符合自身的成长模式，不仅不利于产业主体审视自身的问题、进行自身的优化，还在海洋文化产业的长期发展与竞争中逐渐造成了不同产业主体地位的不平衡。

在产业发展较为成熟的区域,海洋文化产业逐渐呈现集聚式发展的趋势,一方面,涉海资本、劳动力、技术等生产要素会大量在该区域集聚,并在这种集聚作用下,生产要素在各类海洋文化产业主体之间进行重新配置而使得该区域的海洋文化资源得到高效的开发利用,海洋文化产业迅速发展,同时,海洋文化产业的不断集聚带来正的"扩散效应",使产业主体在这个过程中通过分享交流、匹配更新和学习反馈而进入一个不断自我强化的通道,促进了海洋文化产业主体的成长;[1] 另一方面,在海洋文化产业集聚发展中主体地位较低、处于低端不占竞争优势的产业主体,能够利用的生产要素本来就有限,在产业集聚发展过程中有限的生产要素又大量地流动到了产业集聚发展水平高的产业主体那里,在这种负的"虹吸效应"下,阻碍了部分海洋文化产业主体对产业资源的开发与利用,不利于它们在市场中的健康成长。于是,在长期的发展过程中,海洋文化产业的经济集聚带来的"扩散效应"和"虹吸效应"使得不同海洋文化产业主体的成长水平和主体地位差异性逐渐拉大,出现了"强者越强,弱者更弱"的趋势,从而导致了整个区域海洋文化产业主体发展的不平衡。

四 海洋文化精神与海洋文化产业难以有效统一

现代化的生活中,丰富的物质生活体现的是我们人类社会的进步,然而却不是人们"进化"的表征,而恰恰一个民族的文化所体现的精神文明才是我们社会持续"进化"的精神支撑与思想保证。中国海洋文化自古以来的"四海一家""协和万邦""天下一体"等中华传统优秀文化底蕴既是人们认识海洋的基础,又是人们关心海洋的动力,它丰富灿烂的价值内涵和历久不变的海洋文化精髓引领人民亲近海洋、认识海洋、尊敬海洋、利用海洋,它以文化价值渗透的经济价值和社会价值带领人们经略海洋,并与海洋和谐相处,它和平、和谐的"中国式"海洋文化发展模式及其中所体现的"和平合作""开放包容""互利共赢"等人文精神是人类对美丽海洋的共同期待。然而,中国改革开放 40 余年的工业化进程中,人民生活品质大幅提高的同时,也对中华大地上包括海洋文化在内的传统文化精髓带来了某种程度的破坏,加之受西方功利主义和

---

① 张朝霞:《经济集聚视角下中国文化产业的发展机制分析》,《统计分析》2016 年第 8 期。

人类中心主义的影响，在现代化海洋文化产业发展的进程中，对已破坏的海洋文化因素又以西方文化或农耕文化的标准对其肆意地"改造"，致使传统海洋文化精髓逐渐被隐藏到了产业发展的身后，失去了原有的内涵，这导致的结果便是原本应该被大力继承并广泛传扬而成为影响世界海洋观念的中国传统海洋文化精髓在树立海洋"文化自信"、建立"环中国海"文化圈、以增强中国海洋话语权形成海洋发展"命运共同体"的道路上放慢了脚步。

从海洋文化产业主体提供产品和服务的产业活动上来说，为了迎合部分消费者的个性化、专业化以及全球化的消费需求，一些产业主体为了追求经济利益，大规模地利用产业化、商业化思维来生产、改造和包装原生态的海洋文化资源及创意，使得海洋文化产品和服务所蕴含的价值观念与传统海洋文化的精神理念发生背离甚至被扭曲。如此下去，商品价值和经济效益的背后牺牲的却是海洋文化的原有内涵和精神特质，丢掉了原汁原味的海洋本真性和自然的海洋文化气息，也就丢掉了海洋文化的灵魂，那对应的产业发展也就难以呈现持久的生命力。这是一些产业主体在目前的海洋文化产业发展模式中，在海洋经济发展的大浪潮中逐渐迷失而导致的问题。海洋文化产业的健康发展模式一定是将传统海洋文化精髓始终贯穿其中的，即既要实现海洋文化产品和服务的多样化、丰富化创新，又要避免传统海洋文化精髓的流失，这是中国海洋文化产业及产业主体持久发展的重要保证和思想支撑。

从对海洋文化遗产的保护和开发的角度来看，海洋文化遗产是海洋社会文化记忆的延续和沿海居民智慧的结晶，是对传统海洋文化积淀和相关生活方式的传承与展现，是海洋生态文明建设的重要内容。然而，在目前海洋文化产业尤其是海洋民俗文化产业的发展中，由于"现代化"的发展指向主要是市场化和技术化引领下的工业化、城市化、商业化和资本化，毋庸讳言，这是与传统海洋文化的发展保护指向背道而驰的。这种传统文化与现代文化发展的"反向"现象在海洋文化遗产的保护与开发中表现得尤为明显，海洋文化遗产受到的破坏性影响尤为惨烈，越来越多传统的海洋文化传统被现代化工业模式以及便捷的生活方式所取代，海洋文化遗产尤其是海洋民俗文化，与人们的日常生产生活已渐行渐远。虽然中国出台了《优秀传统文化传承发展的指导意见》以及《非物质文化遗产法》等一系列海洋文化遗产保护相关的制度和管理体系，但在追逐海洋经济发展的浪潮中，海洋文化遗产还是面临着前所未有的威胁和破坏，给涉海居民生活带来浮华的同时，也带来了心灵的彷徨。我们发展海洋文化产业，要在保护好海洋文化遗产的同时，做到"古为今用"，实现海洋文化遗产的传承保护与现代化海洋文化产业发展相融相通，在继承中发展，在发展中继承，如此所有海洋文化产业主体才能齐心协力更好地完成现代海洋文化供给的时代任务。

从树立海洋文化自信的角度来看，在全球化和经济一体化、社会生活现代化的时代背景下，我们的民族文化受到外来文化的强势撞击，致使人们的生活方式、价值观念、精神文明和社会审美等发生变化，传统海洋文化生存的环境也就潜移默化地受到影响。但中国海洋文化蕴含积淀着海洋社群乃至中华民族深层次的海洋精神追求，它不仅是涉海居民关于海洋文化归属感和自豪感的综合体，也是我们坚定海洋文化自信的源泉和根基。在现代化的海洋文化产业发展模式中，试想一下，当祖先传续的海洋民俗文化艺术表演和礼仪节庆被开发成商业演出而丧失民俗韵味和文化底蕴时，当安龙骨的传统造船方式和渔家布饰婚嫁习俗被批量化复制甚至西化洋化时，当渔船簇簇、鸣榔隐隐的渔村被鳞次栉比的楼房所取代时，浓郁的海的味道、海的记忆以及海的灵性便荡然无存，海洋文化的精髓慢慢消失于热闹与喧嚣之中，给涉海居民带来生活的浮华与浮躁，也带来了心灵的彷徨和落寞。当人的生活安适度和精神安顿度都得不到满足的时候，那么传统文化就丢掉了保护发展的灵魂，我们的社会也就失去了"进化"的持久动力和支撑，更以何种力量来树立海洋文化的自信呢？

五　缺乏对传统海洋文化资源的创造性转化和创新性发展

在当前日趋激烈的海洋竞争中，在中国"海洋强国"和"文化强国"战略、"海洋命运共同体"构建等战略发展中，保护和传承中国海洋文化优秀传统，规划和促进传统海洋文化的繁荣创造和创新发展，已成为一个艰巨而光荣的历史使命。中国传统海洋文化创造性转化和创新性发展的具体实践需要借助产业化的思维和模式来落实。中国海洋文化资源历史悠久、种类丰富、数量较大，但目前现有的海洋文化资源家底还未理清，对海洋文化的挖掘力度仍不足，尚未建立起中国海洋文化的基因库，尤其是缺少对体现中国传统海洋文化精髓、凸显中国地方和区域特色海洋文化发展观念的海洋文化进行挖掘和整理。不能对中国的海洋文化资源进行全面系统的掌握，就难以进行系统全面的保护。海洋文化的开发、利用和保护的前提是首先应摸清各沿海区域海洋文化资源的家底，梳理、归纳分类海洋文化的内容体系及其所体现的价值观念。如果对现有的海洋文化资源的类型、内涵、空间分布、主要价值等基础性问题没有做一个系统的调研、整理、分析与总结，就无法制定有针对性的海洋文化资源保护与开发方案，以此为基础的创意利用与海洋文化产业的可持续发展的举措便是空谈。

中国海洋非物质文化遗产的基础存量也是相当可观的，在内容形式上包括有着浓郁海洋气息的民俗，记录和展示着人与海洋互动产生的情感、梦想，其他能够体现海洋生活的传统音乐、舞蹈、曲艺、体育、游艺与杂技、民间文学，以及在与海洋打交道的过程中形成的海神信仰、祭祀活动等习惯和仪式。① 这些海洋非物质文化遗产在中国"国家+省+市+县"四级文化遗产保护体系下，很好地被挖掘、收录和保护起来，但是仍有大量的分散在市、县级别以下地区的海洋非物质文化遗产没有被挖掘或保护起来，这些遗产资源或是因为在快速的城市化、全球化进程中，因为人文环境的不断变化，而对沿海社群传统生活方式的摒弃、对传统海洋非物质文化自觉不自觉的破坏，或是因为对海洋非物质文化遗产的认知不够而忽略了对海洋非物质文化遗产的保护，改变了海洋非物质文化遗产的原有传承模式。另外，中国拥有 1.1 万多个海岛，从海洋非物质文化遗产形成的空间载体来看，由于海岛属于相对封闭的区域，在人类与海洋互动的历史进程中会产生多种类型的海洋非物质文化，这些海洋非物质文化不仅有着明显的地域特色，还因为环境的相对封闭没有受到严重的破坏，因此，海岛海洋非物质文化遗产的挖掘、整理、保护和传承尤为重要。但就目前来看，在中国的 52 个国家级海洋非物质文化遗产中，海岛型的数量仅有 2 项，这也说明在海岛海洋非物质文化遗产关注上的缺失。

中国东部沿海地区多属于经济发达的城市，经济区位优势必然会带动城市化进程的加快，大拆大建可以使城市面貌在短期内焕然一新，却也使得一些低等级、分散的海洋文化遗产在现代化建设的大浪潮中显得

---

① 王高峰：《海洋非物质文化遗产的保护与传承》，硕士学位论文，浙江海洋大学，2013年，第53页。

脆弱不堪。虽然具有良好的海洋文化开发利用条件，在发展与保护关系上势必会面临诸多冲突，如何在保护的基础上促进海洋文化遗产的可持续利用，同时又要兼顾经济发展，将是每一个沿海区域在海洋文化资源保护中面临的又一个重要课题。目前，在中国海洋文化资源的保护和整体利用上，主要还是依靠政府来支撑着海洋文化资源的保障机制，尚没有形成多方力量的通力合作。对比一下韩国济州道，济州道占地 1825 平方千米，登录世界遗产的名项却有 6 处，单一地区获得多个联合国教科文组织的认定，这种密度之高在世界上也是罕见的。这一方面要归功于济州道高度珍视、积极保护自己有限的文化资源，并为独特的地域文化而自豪；另一方面，也要归功于韩国政府、商界、学界和民间力量的密切联系合作，以创造性和主动性而非单纯依靠政府的行政命令来推进文化研究和文化产业的发展。

从 2005 年世界遗产委员会设立"世界海洋遗产项目"起至 2021 年年底，全球共有 40 个国家的 54 项海洋遗产被列入《世界遗产名录》，其中有 6 项为海洋自然文化复合遗产，44 项为海洋自然遗产，4 项为海洋濒危自然遗产；在联合国教科文组织评选的《人类非物质文化遗产代表作名录》中，共有 25 项与海洋相关的非物质文化遗产项目（见表 5-1）。[①]世界级海洋相关遗产数量的不断提升，既说明了世界和人类对海洋的愈加重视，也说明了海洋遗产保护的重要性和紧迫性。

表 5-1　《人类非物质文化遗产代表作名录》中与海洋文化相关的名录

序号	海洋文化遗产项目名单	所在地
1	中国帆船水密舱壁技术（Watertight-bulkhead technology of Chinese junks）	中国
2	妈祖信仰与习惯（Mazu belief and customs）	中国
3	皮尼西船——印尼南苏拉威西造船艺术（Art of Neapolitan "Pizzaiuolo"）	印度尼西亚
4	阿尔贡古国际渔业文化节（Argungu international fishing and cultural festival）	尼日利亚

---

① 数据根据联合国教科文组织官方网站信息统计而来。https：//ich. unesco. org/en/lists? multinational = 3&display1 = inscriptionID#tabs。

续表

序号	海洋文化遗产项目名单	所在地
5	济州海女文化（Culture of Jeju Haenyeo）	韩国
6	济州岛七美瑞永登仪式（Jeju Chilmeoridang Yeongdeung-gut）	韩国
7	地中海饮食（Mediterranean diet）	西班牙、希腊、意大利和摩洛哥
8	波斯湾地区伊朗蓝吉木船的传统造船与航海术技术（Traditional skills of building and sailing Iranian Lenj boats in the Persian Gulf）	伊朗伊斯兰共和国
9	加纳利群岛中戈梅拉岛的哨语（Whistled language of the island of La Gomera, the SilboGomero）	西班牙
10	马略卡的西比尔之歌（Chant of the Sybil on Majorca）	西班牙
11	科西嘉岛的世俗和礼仪口头传统（Cantu in paghjella, a secular and liturgical oral tradition of Corsica）	法国
12	桑科蒙：桑科的集体捕鱼仪式（Sankémon, collective fishing rite of the Sanké）	马里共和国
13	扎克里森瓦尔岛的"跟随十字架"游行（Procession ZaKrizen（'following the cross'）on the island of Hvar）	克罗地亚
14	波罗的海歌舞盛典（Baltic song and dance celebrations）	爱沙尼亚、拉脱维亚、立陶宛
15	塔奎勒岛及其纺织工艺（Taquille Island and Its Textile Technology）	秘鲁
16	日本神奈川女孩舞蹈节（Chakkirako in Japen）	日本
17	瓦努阿图沙画（Vanuatu Sand Drawings）	瓦努阿图共和国
18	基努文化空间（The Kihnu Cultural Space）	爱沙尼亚共和国
19	加利弗那语言、舞蹈和音乐（Language, Dance and Music of the Garifuna）	伯利兹
20	兰瑙湖玛冉瑙人的达冉根史诗唱述（The Darangen Epic of the Maranao People of Lake Lanao）	菲律宾
21	送王船（Ong Chun）	中国、马来西亚
22	马提尼克岛多桨帆艇（The Martinique yole）	法国
23	克肯纳群岛的夏尔非亚捕鱼法（Charfia fishing in the Kerkennah Islands）	突尼斯共和国
24	科托尔博卡海军文化遗产（Cwltural Heritage of Boka Navy Kotor）	黑山共和国
25	北欧叠板船传统（Nordic Clinker boat traditions）	丹麦、芬兰、冰岛、挪威、瑞典

　　从 1985 年中国加入《保护世界文化与自然遗产公约》至今，中国世界级遗产达 55 处，人类非物质文化遗产项目 42 处，成为名副其实的世界遗产大国。然而，细数与海洋相关的世界级遗产，2019 年"中国黄渤海候鸟栖息地"作为海洋自然遗产资源获准列入世界遗产名录，2021 年"泉州：宋元中国的世界海洋商贸中心"作为海洋文化遗产资源被列入世界遗产名录，2009 年、2010 年和 2020 年，"妈祖信仰与习惯""中国帆船水密舱壁技术""送王船"分别作为海洋非物质文化遗产列入《人类非物质文化遗产代表作名录》，除此 5 项外，再无其他与海洋相关的世界级遗产项目，这不免让人深感遗憾和深思。作为海洋大国，中国拥有漫长的海岸线、悠久的海洋文明历史，海洋遗产资源数量庞大、种类丰富、特征鲜明，然而《世界遗产名录》上海洋遗产数量的尴尬处境不仅体现了中国世界级遗产从陆地走向海洋面临着机遇和挑战，也在一定程度上让我们深思，在海洋文化产业的发展中，对中国传统海洋文化资源是否做到了创造性转化和创新性发展？

第六章 海洋文化产业主体发展模式重构

海洋文化产业的发展是产业主体借助一定的发展和成长模式，呈现自身本质力量和特征的过程，这个过程要在产业主体内部系统之间、产业主体与海洋系统之间、产业主体与社会系统之间的不断交流与互动中得以实现。如果产业主体对自身内部系统、海洋系统和社会系统的索取和消耗超过了当前海洋文化产业主体自身的能力、超过了当前的生产力水平、超过了海洋和社会系统承载力，那海洋文化产业主体的本质力量则会以一种扭曲的方式呈现出来。同样，如果海洋文化产业主体在自身内部主体系统的产权结构和要素规则上不合理"出牌"，在海洋系统的资源占有和生态保有上眼光不长远、方式不健康，在社会系统的生产经营和利益分配上不平衡、不协调，那么海洋文化产业主体的本质力量也会以一种变形的状态释放出来，这都将影响海洋文化产业的健康、可持续发展。因此，我们要通过对海洋文化产业资源的占有和配置方式进行系统的统筹安排，对海洋文化产业主体的结构性关系和要素进行合理设定，来寻找适合海洋文化产业主体自身发展和整体海洋文化产业系统协调运转的路径。

在前述的章节中，我们厘清了中国海洋文化产业主体系统的具体构成，分析了各类海洋文化产业主体的功能特点、发展形态及其发展模式，探究了中国海洋文化产业主体发展中存在的问题和原因。在此基础上，按照海洋文化产业及其产业主体平衡、协调发展的基本原则和目标，遵循国家海洋文化产业发展的顶层规划，对各产业主体的发展模式进行重新的科学规划和合理布局，并通过更加优化、完善的产业发展政策对接，来重构中国海洋文化产业主体发展模式体系，以期最终形成产业主体间协同发展、良性发展的繁荣局面。

第一节 海洋文化产业主体发展的应有机制

　　要对中国海洋文化产业主体的发展进行重新的规划安排和布局设计，首先要明确在当前中国海洋文化产业发展现状和实情下，产业主体应该以何种视角为发展的目标指引和原则导向，才能有利于解决目前中国海洋文化产业及其产业主体在发展中存在的一系列问题，实现海洋文化产业主体系统的改良与升级。

一　产业主体多元化发展

　　海洋文化产业活动的扩展依赖于多元主体间产业行为交互活动的扩大，多元化产业主体发展是产业活力和能力的体现，也是社会制度进步和市场机制完善水平的重要衡量指标。随着市场改革的不断深化，中国海洋文化产品和服务的供给由政府包办逐渐向多元产业主体供给的方向过渡，海洋文化产业主体呈现以政府为主导、以企业和公益性海洋文化单位为骨干、以非营利性组织为辅助，全社会不同层级不同力量广泛参与的多元化发展。但是，产业主体多元化的趋势尚处于一种萌芽期的多元集合状态，目前的产业主体仍然没有形成最大力量、最大限度的参与，且不同产业主体之间尚未形成高效的、良性的互动和交流，具体表现如下：一方面，当前产业主体的健全程度满足不了中国目前海洋文化发展的丰富性和人们需求的多样性，许多可以成为产业主体的力量因为行业的限制和资源的有限等因素没有进入产业主体的门槛中；另一方面，中国当前海洋文化产业市场中产业主体发展的不平衡问题使得一些地位和层次较低的主体逐渐被排挤到产业主体的边缘地带或直接被剔除出去，产业主体得不到良性的扩大化发展。

　　而从目前中国海洋文化产业的发展趋势来看，一方面，中国海洋文化产业产值连年增加，产业呈现快速增长的发展趋势，但是就目前总的供求状态来说，当前的海洋文化产品和服务并没有很好地满足人们对海洋文化精神层面的需求，与此同时海洋文化产业市场却存在着巨大的消费缺口，供给与需求不匹配的问题严重，因此，对于产业主体来说，要深入到消费者中去，使得公众在消费海洋文化产品和服务的同时，更多地通过市场的引导和培育，成为产业消费主体的一部分。另一方面，从目前海洋文化产业市场体制状况来看，中国现阶段海洋文化产业主体力量中是公有制力量占主体，其余多种所有制形式力量共存的方式，随着文化产业发展的持续改革，海洋文化产业主体中国有产权的比例将逐渐缩小，要实现多种所有制力量不断扩大并和谐发展，就需要构建多元化的非公有制形式的产业主体。

产业主体多元化发展应该是怎样的"多元"表现呢？

第一，产业实践活动主体多元化。从横向的海洋文化产业价值链体系上看，产业实践活动是海洋文化发展的坚实根基，它促进了产业主体的发展，推动着海洋文化产业的不断完善。海洋文化产业价值链上每一个产业实践活动主体的有效衔接与互动是海洋文化产品和服务实现价值最大化的保证。目前中国海洋文化产业实践主体主要由政府主体、创意主体、创意转化主体、生产制造主体、投入主体、推广主体、渠道传播主体、消费交换主体、衍生主体、服务主体十大主体构成，而海洋文化产业的价值链注重的是上、中、下游整个环节的产业活动，且"文化性"和"涉海性"特点使得海洋文化产业价值链条更为系统、复杂，随着产业发展进程中对整个价值链条的进一步完善，它可以进一步被细分为更多的、更具体的、更专业化的产业实践活动节点，而每个节点对应着一个类型的产业实践活动主体，这是公众对中国海洋文化产品和服务需求不断丰富化、定制化、私人化发展的必然要求。

第二，市场主体的产权属性多元化。中国海洋文化产业市场主体除政府主体外，在市场上既有公有产权性质的国有企业和相关事业单位，又有其他的个体、私营、混合制的所有制类型市场主体。其中，国有企业仍然占据着产业主体的主导地位，虽然个体、私营等企业在资产优势上占据着非主导地位，但从海洋文化市场企业的数量来看，非公有制形式的企业占据了大部分，且其资产优势总量的比例呈现上升趋势。这是中国社会和谐发展和海洋文化进步发展的趋势。因此，中国海洋文化产业要充分释放非公有制形式产业主体的活力，通过产权分离、机制转换、体制创新等形式，进行国有企业的创新和改革，同时培育更多的非公有制市场主体，扩大非公有制力量，充分释放非公有制性质主体的活力。

第三，产业主体力量多元化。目前中国海洋文化产业主体体系是政府力量为主导、市场力量为主力军、社会力量广泛参与的系统运转状态。政府主导力量的多元化，不仅体现在中央政府在中国海洋文化产业发展的顶层设计上，各省级政府单位，尤其是下至县区的基层政府力量是最摸得清本地区海洋文化资源和产业发展实际状况的，也是最能根据国家顶层规划来进行区域海洋文化产业发展的具体安排的，因此，政府力量的产业主体需要最基层的政府力量的积极作为；以企业作为骨干的市场力量中，产业主体类型最为复杂，民营产业主体占据着较多的数量，尤其是小微民营企业，它们往往能够走在海洋文化创意的前沿，能够更好地体现海洋文化产品的多样化和异质性，这是海洋文化最具现代化魅力的特质，因此，需要加大对小微海洋文化主体的扶持，使之更能体现海洋文化的自身内部性和正外部性等多元性产业主体功能；在海洋文化产业主体系统中，民间非营利性组织等社会力量的参与不仅为政府主体力量排忧解难，承接部分海洋文化公共产品和服务的供给，还通过与市场主体力量的合作推动了海洋文化产业的发展，民间非营利性组织来自民间，更能准确地把握公众对海洋文化产品和服务的具体需求而为政府主体力量和市场主体力量提供海洋文化供给的参考，提高海洋文化供给的有效性，因此，发动最广泛的社会力量，让更多的民间力量成为产业主体而参与海洋文化产业的发展中，才能真正实现海洋文化的发展取之于民、用之于民、享之于民。

二　产业主体不断交互发展

每一个产业的发展都不是独立的产业主体通过独立的经济活动完成的，它是在整个产业有机系统中，多个产业主体共同作用的结果，海洋文化产业的发展亦不例外，海洋文化相关生产力的保存和发展，都是以产业主体之间的交流和互动为基础的，各类生产要素要在不同的产业主体之间进行分配、传递、交接才能完成生产力的转化，信息在不同产业主体内传播、流转、共享才能完成产业市场环境的相对完善。无论是同一个产业活动中的不同产业主体，还是不同产业活动中的不同产业主体，无论是基于一个产业活动目标任务的完成，还是基于一个市场中多项复杂产业活动的完成，都需要不同产业环节、不同层面、不同所有权性质、不同等级的产业主体进行时时刻刻的交流与互动。

从海洋文化产业活动的价值链来看，从起始端到终端，产业价值的增值过程是环环相扣的产业活动有机集合体，各活动环节之间的产业主体相互关联、彼此依赖和影响，如同本书前文所分析，海洋文化创意要转换成产品和服务，必须与创意转化主体、推广主体、渠道传播主体等多个主体之间就创意的内涵和价值进行充分的沟通，才能实现创意的有效转换、高效推广和正确传播；生产制造主体也需要与消费主体和创意转化主体沟通才能生产出既符合公众海洋文化需求、又体现海洋文化创意的产品和服务。因此，海洋文化产业主体交互不仅是在相邻的价值链环节之间，而是每个价值链环节的产业活动实践主体都要与其他所有环节的产业实践活动主体进行充分的交流、互动和沟通，且这种交互必须是时时刻刻的、连续不间断的且充分的。只有在如此有效的、全方位的交互和沟通下，才能够节省产业链价值传递所需要的成本，加快海洋文化产业活动内的信息流通速度，增强整个产业活动的效率。尤其是随着目前社会分工的不断细化，海洋文化产业价值链活动集合中的"元素"数量将不断增多、特征逐渐个性化、活动日益专业化，需要更多相对独立的产业活动主体来相互交流和关联，相辅相成地共同形成海洋文化产业活动的动态组织过程。

从产业市场上来看，政府力量、市场力量和社会力量三个层面的市场主体在海洋文化产业资源占有和市场活动中，虽然是相对独立且彼此竞争的关系，但是在当前资源配置方式下，充分的交互才能实现产业资源的有效利用，合理的竞争与合作共存才能实现稳定市场秩序下产业的向前发展。竞争也好，合作也好，都是建立在对另一方和多方交流互动的基础上进行的，从竞争的角度看要"知己知彼"，从合作的角度看不仅要"知己知彼"还要"合而不化"。在目前中国海洋文化产业市场中，多类产业主体集聚式发展、"产学研"协同发展都是局部范围内产业主体进行交互的模式之一。除此之外，在海洋文化市场上，不同层级力量的产业市场主体借助网络平台形成一个创新生态系统，在系统内部通过信息与资源的共享实现不同产业主体的协同发展与价值共创，这种模式能够深度推进不同市场主体之间的融合交流与互动发展，有利于充分利用和整合海洋文化产业相关资源，发挥并学习不同产业市场主体各自的优势，形成整个海洋文化产业市场主体在动态交互中共同优化的模式。

三 产业主体平衡协调发展

海洋文化产业主体系统稳定性的根源在于各类产业主体地位的平衡与协调，中国海洋文化产业主体地位的不平衡性主要体现在民营企业中的小微企业、中介组织、个体从业者以及民间非营利性组织中。这些产业主体规模虽小但数量多，地位虽低但必不可少，它们的存在和发展对稳定和拉动社会就业、提高社会创新力、维护社会公平以及增强全社会公众的海洋文化福利、保障和改善海洋社群的民生民计具有重要的作用。因此，在海洋文化产业主体系统的运转中，要平衡和协调好各类产业主体的地位和发展，就要保证政府主体的主导地位，稳定国有企业、大中型民营企业的高市场主体地位，改善民营小微企业、个体从业者的低市场主体地位状态，带动更多的中介机构和非营利性组织加入市场主体行列中，尤其是要提高个体从业主体的产业市场主体地位，这是本书进行海洋文化产业主体模式重构设计的一个重要落脚点。

第一，要提高民营小微企业的主体地位。民营企业中的小微企业在中国海洋文化产业市场中主要处于"温饱型"的状态，在市场竞争中，大量的小微企业被大型企业所并购或重组，一方面这有利于将小微企业智能化、专业化的创新活力和新技术、新业态带到大型企业中；另一方面这也是小微企业在较低主体地位下成长模式选择的一个侧面反映。民营小微企业是海洋文化产业主体多元生态化的体现，是与"互联网""大数据"等技术高融合业态的代表，是海洋文化创意型生产专门化和定制化的前沿，提高它们的主体地位，让民营小微企业从"温饱"状态上升到"小康"状态，将极大增强中国海洋文化产业主体的活力。

第二，着重保障并提高个体从业者的主体地位。个体居民等从业主体是海洋文化产业发展中最关乎民生民意的产业群体，尤其是对于从事传统海洋文化行业的个人、家族、家庭式个体居民从业者来说，在当前海洋经济开发的浪潮下，他们处于较低的产业主体地位，使用的是最为原生态、最为环境友好的生产方式，却因为原生地海洋文化资源的开发、破坏以及行业竞争等因素付出与其主体地位不匹配的成本，使得他们的生活、生计甚至生存受到巨大的冲击与挑战。而事实上，对于大多数个体居民经营者来说，他们从事的活动是现实生活中精神层面的一种追求，是对生活满足感和幸福感的追求。他们并非以高赢利为目标追求，更多的是对生活满足、生活艺术和审美的一种自然流露和体现。因此，从民生的角度，从人的需求和精神追求的角度，从文化内涵和本质的角度，海洋文化产业的家族、家庭、个体居民的"生业"这一主体类型的地位及其发展，更应该受到大力的保障和促进。

第三，带动中介组织和非营利性组织成为产业主体并提高其主体地位。中国海洋文化中介组织和非营利性组织是产业主体中较新、较小的一股力量，其主体地位份额有待于进一步的扩充。中介组织在一般产业发展中开展活动已久，但在创意产业尤其是海洋文化产业中，很多中介组织是根据产业活动的特殊性而专门成立的，并以较强的针对性和专业性为海洋文化产业的发展提供了服务和保障，要扩大中介组织的服务范围，就要降低门槛，鼓励更多力量进入中介组织市场，尤其是扩大在知识产权保护、风险保障、信息咨询等方面的中介组织机构份额，使更多的中介组织力量活跃在海洋文化产业主体系统中。非营利性组织是海洋文化产业主体中不可缺少的一部分，是海洋文化产业主体多元化、协调化发展的体现，尤其是民间非营利性组织，它们的广泛参与对普及海洋文化意识，带动海洋文化生产积极性具有重要意义，因此，要鼓励和支持更多的民间力量，尤其是具有海洋文化基础性文化素养、专业性能力素养以及发展性学习素养的，热衷于海洋文化的保护和传承，对海洋意识普及和海洋环境保护具有广泛热情的民间非营利性组织加入到海洋文化产业主体力量中来。

四 产业主体健康可持续发展

海洋文化产业主体的健康可持续发展是中国经济发展新常态下海洋文化产业能够持续健康发展的基本保证，其健康性体现在产业主体系统的平衡与稳定状态，体现在良好规范的市场秩序和完善的政策保障体系上，可持续性体现在其对海洋文化资源保有和海洋环境保护上，体现在对海洋文化遗产的传承保护和传统海洋文化精髓的融入上。

海洋文化产业主体系统的健康运转必须依托稳健的市场及配套的政策保障体系，在市场秩序上具体包括平衡协调的资源配置、和谐共享的利益分配以及适度的竞争。首先，海洋文化产业主体之间的资源配置要在确定以公有产权为主导的前提下，尽可能地实现更多资源向民营企业尤其是中小微型民营企业和个体从业主体靠拢，并通过不同层级产业主体之间的有效互动和协同发展，实现产业资源在主体系统内部的自由配置和共享共用，提高产业资源的配置率和利用率。其次，引导产业主体之间的竞争，尤其是国有和民营大型海洋文化企业，政府要鼓励其向外参与国际竞争、占领国际市场并不断发展壮大中国海洋文化企业的国际竞争力和影响力，向内则引导民营企业和个体从业主体之间的适度竞争，它们的目标不是市场内的"骨肉同胞之争"、营利下的"窝里斗"，而是以利益和谐的、收益共享的心态，通过良性的、适度的竞争，共同实现海洋文化产业的进步和产业主体之间彼此的成长，这也是对中国海洋文化之精髓"和"的最好体现。最后，对产业主体发展的管理和扶持，政府要站在所有海洋文化产业主体的立场上，做到政策扶持体系的"有的放矢"，即针对不同所有权性质、不同力量层级、同一层级不同类型大小、不同区域的产业主体，要分别有针对性、目的性、重点性地设置扶持政策，同时，在产业主体的管理上做到市场机制的发展和政策扶持的协同，既要为海洋文化市场的发展把关定向，更要为个体从业主体的民生、民计之"营生"提供保障。

　　海洋文化自然资源和人文精神资源的良好保有和传承应该始终贯穿海洋文化产业主体的可持续发展之中。一方面，海洋文化产业活动所需要的各类海洋文化资源量不断加大，一些产业主体为了占领市场份额、追求规模效益而不断扩大地盘，出现诸多不合理的海洋文化资源开发与利用现象，导致一系列海域污染、渔业资源枯竭、海水入侵、海洋原生态环境破坏等严重的环境与资源问题，这是在生态文明建设已经成为国家战略、海洋生态文明建设更是迫在眉睫的当代条件下，海洋文化产业主体未来发展必须要面对并解决的一个问题，海洋文化产业主体在追求自身可持续成长的同时，一定要保护好它所依赖的海洋自然环境和资源。另一方面，海洋文化产业主体发展模式中传统海洋文化精髓的传承和发展必须是应有之义，这是支撑一门提供精神服务的文化产业的思想保障和动力根基。中国海洋文化产业主体的发展模式要在继承传统海洋文化遗产和精髓的基础上体现出新时代中国特色社会主义的海洋文化发展思想，即通过将优秀海洋文化底蕴作为精神滋养和价值指导，并将其融于海洋文化产业主体的发展模式之中，不断巩固"四海一家""协和万邦"的和平思想基础、坚定的海洋文化自信，为推动海洋文化产业健康可持续发展，加快中国特色社会主义海洋强国建设提供精神保障。

第二节　海洋文化产业主体的发展模式构想

一　产业主体发展模式重构的必要性

　　中国海洋文化产业发展存在的问题是作为产业发展动力的产业主体系统进行一系列市场活动与主体作用的结果，本书分析了中国海洋文产业主体发展存在的问题，指明了产业主体发展的应有方向，就有必要以产业主体作为逻辑出发点进行海洋文化产业发展模式的重构。

第一，产业主体是海洋文化产业的核心要素。产业主体是海洋文化产业存在和发展的基础与动力，也是选择海洋文化产业生产方式和发展模式的决定性要素，海洋文化产业的发展过程实际上是依赖不同的产业主体将其拥有的本质性力量借助产业化的运作方式和市场发展模式不断地进行外化、具象并显现出来。在这个过程中，产业主体自身对海洋文化产业的管理运行方式、海洋文化创意内容呈现形式、产品和服务推广方案等活动做出行为选择和决策，并形成完整的产业活动，因此，从产业主体成长的角度来重构海洋文化产业的发展模式，才能更准确地推动海洋文化产业的进步与创造。

第二，产业主体系统的协调平衡运转是海洋文化产业健康、可持续发展的决定性因素。海洋文化产业健康、可持续发展的能动性完全来自于产业主体，而产业的发展模式决定了产业主体组织海洋文化资源的方式、利用海洋文化资源的方法、开展海洋文化产业活动的战略方向和价值主张，以及经营海洋文化产业活动的基本内容和逻辑框架。因此，要实现中国海洋文化产业的健康、可持续发展，就要在把握产业主体的功能特征、发展状况和应有指向的前提下，协调和平衡各类海洋文化产业主体，优化海洋文化产业主体系统，构建能够统筹各类产业主体发展，实现产业主体系统有效交互、良性运转，多元海洋文化产业主体健康成长、不断完善的产业发展模式。

第三，中国海洋文化的主体性和树立文化自信的必然要求。一方面，随着全球化带来的文化流通和传播，外来异质性文化的入侵与本土海洋文化发生价值观念冲撞，在一定程度上阻碍了人们对中华民族海洋文化的认知。要使中国海洋文化能在世界多元文化的冲突和竞争中永葆生机与活力，就要通过与现代生产力和生产方式的结合来发展海洋文化产业，创新海洋文化发展形式，重新赋予海洋文化新的时代内涵和现代化表现形式，将中国海洋文化的精神属性通过日常海洋文化产品和服务的供给植入人们的生活，让人们更加了解自己的海洋文化，增强中国海洋文化的主体性，这也将极大地保护中国特色海洋文化的独特性、丰富性和多样性，增加海洋文化民族感情和海洋文化意识。另一方面，要树立和增强我们的海洋文化自信，就需要产业主体充分认知中国优秀传统海洋文化的价值，并将这种价值植入自身生命力中，带到海洋文化产业的发展中去，带着对传统海洋文化精髓保护、传承和发展的使命，让海洋文化产业的发展变成人们认知、吸收和繁荣传统海洋文化精神的媒介和途径，把海洋文化转换到看得见、摸得着、感受得到、享用得到的海洋文化产品和服务中去，宣扬中国海洋意识、渗透中国海洋故事、阐释中国和谐海洋观，最终形成对世界海洋文化和海洋强国、海洋大国发展的巨大吸引力和向心力，增强中华民族海洋文化自信。

第四，对"加快海洋强国建设"和"海洋生态文明建设"的推进。一方面，要加快具有中国特色海洋强国的建设和海洋生态文明建设的步伐，通过海洋文化产业主体行动践行海洋文化先行的力量，将是这一长久战略的思想根基和精神动力，海洋文化包含的"四海一家""协和万邦"等中华传统优秀文化底蕴既是人们认识海洋的基础，又是人们关心海洋的动力，更是产业主体成长的养分，海洋文化产业主体借助海洋文化丰富灿烂的内涵和神秘的历史带领人民走向海洋，并通过海洋文化价值渗透的经济价值和社会价值带领人们经略海洋，海洋文化产业主体将和平、和谐的"中国式"发展模式和人文精神融入其发展模式之中，将充分体现我们对美好和谐社会的共同期待。另一方面，在海洋文化的发展进程中，沿海人民以生态文化价值体系和人海和谐共荣的海洋文化为指导，不断为建设和发展海洋事业创造出一系列海洋文化与海洋生态系统交互共生的精神和物质成果，以丰富的海洋生态文化资源和内容表现形式呈现海洋文化产业的生态化发展，衍生出了诸如海洋生态旅游业、海洋景观鉴赏业、海洋生态文化体验业等海洋生态文化产业新业态，这些产业的发展不仅是中国海洋经济发展的推动力，还是主动应对当前海洋生态与环境面临的危机和挑战的一种有效方式，是海洋文化产业发展生态化的具体体现，这种在海洋文化传播与交流的基础上实现的海洋生态系统内动能的转换与代谢兼顾文化功能与经济功能，使人类产业经济活动的经济效益与海洋环境资源、社会效益达到良性的互动和共赢。因此，推进海洋文化产业主体发展模式的构建和优化，有效提升海洋文化产业发展对加快海洋强国建设和海洋生态文明建设的支撑作用，这将是中国海洋文化实现人海和谐共生、建设美丽海洋的有效途径。

二　产业主体发展模式重构的原则和目标

从产业主体的视角重构中国海洋文化产业的发展模式，要明确产业主体发展应该实现目标和坚守的原则。

（一）中国海洋文化产业主体发展模式重构的原则

第一，从发展模式重构的技术性上来说，要有前瞻性、可实现性和可操作性。这里的前瞻性是指对于海洋文化产业主体发展模式的设计，要在当前中国经济发展进入新常态的背景下，结合新时代中国特色社会主义建设的需求，对中国海洋文化产业未来应有的发展方向、发展趋势、发展战略等问题做出科学准确的判断。在当前加快建设海洋强国的战略部署下，中国海洋文化产业的发展仍处在大有作为的重要机遇期，面临较多的发展机会和空间，同样也面临诸多矛盾相互叠加的严峻挑战，因此，要充分把握海洋文化产业发展的复杂性和风险性，做到对产业未来发展的综合性、前瞻性判断。可实现性是指发展模式的设计要着眼于多元产业主体之间的协调和平衡发展，着眼于整个海洋文化产业的健康、可持续发展，使之体现并服务于海洋强国战略及国家整体海洋发展战略的发展道路和方向。可操作性是指所设计的发展模式要切实考虑中国海洋文化产业发展的现状和机遇，结合产业主体系统的特点和状况，从原则上、方法上、路径上要具体可观察，最重要的是重构设计的海洋文化产业主体发展模式最终可实现。

第二，从发展模式重构设计的能动性理念来说，必须要以能够实现产业主体系统内多元产业主体间的充分交互为原则。要通过对发展模式和相应衔接政策的设计，产业主体在具体的产业活动运转中，能够实现多元产业主体在产业运作过程中连续的、动态的、充分的交流和互动，即在所重构的发展模式中，产业主体系统在市场中是一个动态并且有序的、立体而非线性的系统运转模式，从而能够实现海洋文化产业资源、要素和信息在不同产业主体之间进行合理高效的配置和共享共用，提高产业的整体发展水平。

第三，从发展模式重构涉及的精神理念来说，必须将传统海洋文化精髓的传承和保护的理念贯穿始终。也就是说，在多元产业主体发展各类形式和内容的海洋文化产业时，要以保护和传承传统海洋文化为先，兼顾海洋生态保护，以发展海洋经济为辅，做到轻重有分，文化先行。因此，所有海洋文化产业主体的发展都必须要注重对中国海洋文化遗产的保护，必须要注重将中华民族优秀的传统海洋文化精髓和价值理念融入海洋文化产品和服务中，必须注重将"和谐、和平""四海一家"的

"和"理念融入产业主体的行为和美丽海洋的建设中，这是保证中国海洋文化产业主体发展方向、满足公众海洋文化精神供给、树立中华民族海洋文化自信的思想根基和重要保证。

第四，从发展模式重构的落脚点来说，要做到在发展中坚持保障和改善民生。个体从业主体占据了海洋文化产业主体相当大的一部分，他们不仅是中国海洋文化原生态、多样化、丰富性的保存者，更是传统海洋文化的传承者和守护者。一方面，对于涉海群体来说，他们开展海洋文化产业活动的目的在于"民计"，且海洋文化产业发展的创意"取之于民"，其成果也自然是"用之于民"，实现人民海洋文化收益的共享；另一方面，中国农村、渔村地区有着大量的海洋文化产业个体从业主体，保护这部分主体的利益，是发展乡村海洋文化产业的基础保障，更是对振兴乡村发展政策的具体落实。因此，在海洋文化产业主体的发展模式设计中，要着重体现对地位较低的个体从业主体的保障，将"民生"贯穿始终。

(二) 中国海洋文化产业主体发展模式重构的目标

第一，实现海洋文化产业主体系统的平衡、协调、稳定运转。产业主体系统内不同主体之间不断进行交互的目的之一，就是要实现多元产业主体之间的有效沟通，从而达到协调资源配置、统筹产业活动安排、协同不同主体发展的目的，这是维护中国海洋文化产业主体系统稳定、可持续的必要因素。因此，在对海洋文化产业主体的发展模式进行重构设计时，要在确保多元产业主体能够持续、充分交互的基础上，平衡不同产业主体的力量和地位，协调不同产业主体之间的运转和交互关系，让不同的产业主体借助产业模式实现整个海洋文化产业主体系统的优化运行。

第二，实现海洋文化资源的合理、高效利用。海洋文化产业资源的合理高效利用是确保中国海洋文化产品和服务能够有效供给的条件之一，也是减少海洋文化资源浪费和海洋生态环境破坏的有效途径之一。在产业主体发展模式的设计中，不仅要注重海洋文化资源的开发技术和开发程度、利用方式和路线，还要协调好从事不同产业资源开发和利用的产业主体之间的平衡，整合海洋文化资源，通过多元产业主体之间的合作和交流，形成产业发展的集聚和协同效应，最终实现海洋文化资源的高效配置和利用。

第三，形成稳定有序的产业市场环境。和谐有序、适度竞争、利益共享的稳定市场环境是海洋文化产业主体充分发挥其主体功能的有效条件。因此，产业主体发展模式的设计要能够实现海洋文化产业市场环境的优化，即促进政府更好地转换职能，为产业发展提供充分的支持和有效的指导；充分发挥国有企业的主导带头作用，打造国有大型企业的国际竞争力和影响力，并以自身为示范带动民营企业的发力；引导主体之间的内外部竞争，对外以国有和大型民营企业为主形成国际核心竞争力，对内通过适度竞争增强产业主体的活力；保护个体从业主体，带动更多的中介组织和非营利性组织参与产业发展模式的优化。

第四，实现海洋文化产业的健康、可持续发展。实现海洋文化产业的健康、可持续发展是进行产业主体发展模式优化设计的直接目标，其长远目标则是通过海洋文化产业的健康、可持续发展，带动海洋经济的转型升级发展，促进海洋经济的新旧动能转换，从而助力"加快海洋强国建设"。这个目标是海洋文化产业主体自身优化的宏观动力，也是产业主体系统稳定运转的微观动力。

三　产业主体发展模式重构的思路

海洋文化产业主体发展模式的优化设计应该体现政府规划、市场秩序、产业主体能动性三者有效结合的机制。以政府的规划为导向，在政府的引导、监管和支持下，实现纵向产业市场主体在横向产业实践活动中的有效参与和充分互动，从而形成产业主体系统动态的交互运转和平衡发展，尤其注重以保障和改善民生为落脚点，着重确立个体从业者的主体地位；同时，通过政府政策的针对性扶持，实现海洋文化产业主体发展和扶持政策的有效对接，科学规划各主体的最佳发展模式和政策有效对接的支撑布局，推动中国海洋文化产业最终形成主体间协同发展、良性发展的繁荣局面。

具体说来，海洋文化产业的市场主体，即政府、企业、中介组织、个体从业者、非营利性组织，它们当中的每一个都可以成为任意一个海洋文化产业价值链中的产业实践活动主体，要进行产业主体发展模式的重构设计，创新它们在价值链活动中的综合运转是一个重要前提。因此，本书首先要对海洋文化产业价值链环节上实践活动主体之间的价值传递和交流互动过程进行优化设计，通过对产业价值链活动的分解和整合，提出能够优化、延伸和拓展海洋文化产业价值链，实现产业价值创新成长的产业实践活动主体的发展模式，以便使得贯穿整个产业价值链的各类产业市场主体在整个海洋文化产业主体系统内，形成市场主体的立体而非线性的、时时且充分的、既相对独立又互补的交互发展。

在海洋文化产业市场层面，基于政府主体在市场中既作为产业主体的一分子，又作为产业主体系统的支撑环境这样一个"亦里亦外"的双重角色，本书从公益性海洋文化事业和经营性海洋文化产业两个层面来研究不同海洋文化产业主体在这两个层面的海洋文化产品和服务供给活动中应有的发展模式。即对于公益性海洋文化事业的发展来说，作为产业主体的一部分，政府如何有效地组织和利用市场力量、社会力量来形成主体力量的合力，实现海洋文化公共产品和服务的有效供给；对于经营性海洋文化产业的发展来说，即通过产业发展模式的重构设计，思考政府作为产业主体系统的支撑环境，如何引导、监督并扶持其他产业市场主体，合理、高效地分配和利用海洋文化资源，并通过类产业市场主体之间的平衡和协调发展来打造稳定的产业主体系统和良好的市场秩序，最终实现海洋文化产品和服务的有效供给。

无论是从产业价值链的角度思考包含所有市场主体类型的产业活动实践主体的发展模式，还是从公益性海洋文化事业和经营性海洋文化产业两个层面去分析产业市场主体的发展模式，都是以政府的指导和支撑作为产业发展的基础大环境。因此，对于产业主体发展模式的创新设计，必须要有针对性的、行之有效的政策衔接体系，与海洋文化产业主体的发展模式相辅相成，才能形成完整的海洋文化产业主体系统的发展模式总构架，进而实现海洋文化产业主体系统的稳定运转、海洋文化产业的健康和可持续发展。

第三节　海洋文化产业主体发展模式体系

一　产业价值链上实践主体的交互发展

在海洋文化产业价值链体系中，除政府主体外的产业活动实践主体，按照产业流程可以初步分解为上游的创意主体、创意转化主体、投入主体，中游的生产制造主体、推广主体和渠道传播主体，下游的消费交换主体、服务主体和衍生主体。这三个产业流程段是由相互关联的多种实践主体组成的小集合，同时三个流程段之间又互为关联，组成产业价值链活动的大集合。

要实现更高效、更大化的海洋文化产业价值创造和价值增值发展，就要对海洋文化产业的价值链进行组织构架、流程运转和互动方式的完善和优化，即通过产业活动实践主体在三个产业活动流程段中的组合、分解、协作、重构等方式，实现价值链上游、中游、下游产业活动中实践主体既相对独立又相互衔接，且环环相扣、不断协同合作的发展模式，从而使得产业实践主体能在原有价值链进行高效率、低成本的价值生成同时，也能不断地培育能够产生新的价值形态、实现产业价值创新式成长的产业主体。

如图 6-1 所示，在本书所设计的海洋文化产业实践主体的发展模式中，一方面，位于产业价值链上游、中游、下游的实践主体分别依赖于其所在的半独立性分系统，按照一定的产业流程规则传递产业的创意价值。从这个层面上看，实践主体在产业活动价值链中按照从上游到中游再到下游的线性的方式进行价值的传递和增值，产业实践主体之间的交流也集中于相邻的活动节点中。另一方面，这些产业活动的实践主体又会借助市场环境、资源禀赋等条件，结合产业活动的具体内容，或在相邻的活动节点、流动阶段中，或跨越不同的产业活动节点、不同的产业活动流动阶段，以分解、组合、重构的形式跨边界、跨空间地进行整合、协同、合作发展，比如创意主体跨越创意转化主体与推广主体直接进行沟通互动，或者创意转化主体直接跨越上游产业链与下游的服务主体进行合作，再或者整个产业活动上游的各类实践主体与下游的各类实践主体进行协作或交互。通过不同实践主体之间互补互助形式的价值转移和传递活动，实现整个产业实践主体系统内三个产业流程阶段的大规模渗透和融合，以及产业价值链组织结构的交叉分布，从而使得海洋文化产业的实践主体在价值链条上不再是简单的线性、单方向依赖关系，而是更为复杂的、动态的、立体的、全方位的相互交流和沟通，打破产业实践主体在价值链上游、中游、下游的交流沟通界限，如此，不仅可以节省产业活动实践主体之间价值传递的成本，还能提高海洋文化产业资源的利用率，加快信息的流通速度，从而使整个海洋文化产业活动主体系统的价值创造能力大幅提升。

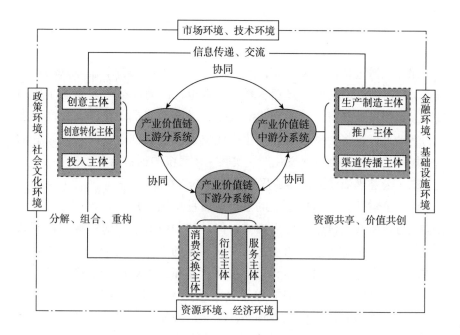

图6-1　海洋文化产业实践活动主体发展模式

同时，在这种发展模式之下，不同产业实践主体在价值链中可以自由地进行信息、资源的交流和沟通，使产业的价值在不同的产业活动环节得以转移并重新分配。在这个条件下，对于每个能够作为产业实践主体的市场层面的企业、个体从业者、中介组织、金融机构、非营利性组织等市场主体来说，它们之间也会根据产业的资源禀赋条件、市场环境和人才技术支撑等要素，选择能够相互促进或具有同样特质的实践主体迅速联合起来，实现海洋文化产业价值链横向的扩展，甚至吸引更多的力量成为实践主体的一部分，实现纵向海洋文化产业价值链的延伸。比如对于从事产业生产制造实践活动的企业来说，它可以与同样作为生产制造主体的其他企业进行海洋文化资源的整合，通过形成战略上的联盟来重新合理分配资源、集中并打造具有核心优势的资源，以更低的成本增强市场份额，进行海洋文化产业价值链的横向扩展；再比如，对于从事创意活动的企业或者个体来说，它们可以通过纵向的价值链延伸，跟从事创意转化、生产制造、推广营销、渠道传播等产业活动的其他企业和个体形成合力，或者直接将其产业活动延伸到其他产业实践活动领域，形成新的市场主体，并使其产业活动范围自价值链的上游一直辐射到下游，实现价值链纵向上的最大增值。

如此，通过这种发展模式，产业活动实践主体在整个循环状的价值链中实现跨越式的交流、互动、联合、重组，带动各类产业市场主体通过交互作用进行集群式、协同式的发展，进而形成推动海洋文化产业发展的新动力，这将会赋予海洋文化产业更大的价值创造空间和更旺盛的创造能量，增强整个海洋文化产业实践主体系统的创新能力。

二 公益性海洋文化事业层面的产业主体发展

对于公益性海洋文化事业的发展，目前中国采用的是政府、市场和社会三方机构共同供给的发展模式，但是这种模式下如何掌握与协调政府这只"看得见的手"与市场这只"看不见的手"之间的关系一直是一个难题，也是导致中国海洋文化公益性产品和服务难以有效供给的一个原因。从经济视角而言，只有以市场主体为本位来发展海洋文化产业，才能最大限度地利用和分配各种海洋文化产业资源，广泛地调动最大多数人的积极性、主动性和创造性；而从文化视角而言，海洋文化产业的发展又不单是经济问题和市场问题，它同时又是一个文化问题，即公益、正义、道德、社会价值观与民俗风气的评判与引领问题，需要政府站在全体公众海洋文化需求和供给的立场上，提供对市场主体的管理，同时向全社会提供均等的、充足的海洋文化公共产品与服务。

因此如何协调政府、市场和社会三个有机体，在所有产业主体共同的博弈下，实现三种力量的相互依存和相互补充，就要思考政府在职能执行中"干预"的最适当尺度是多少，如何才能既保证最恰当尺度和程度的政府管理得到施行，又能保证政府能够像一个为植物创造最适宜生长条件的园丁一样，为产业主体的发展创造有利的内外部环境。为此，本书将公益性海洋文化事业发展层面产业市场主体的发展模式进行优化设计。

在公益性海洋文化产品和服务的供给上，政府主体的发展逻辑就是：一方面，要协调政府、市场和社会三层力量上的市场主体来提供公益性海洋文化产品和服务；另一方面，还要引导、监管、支持市场和社会力量中产业主体的经营性活动。如图 6-2 所示，本书将公益性海洋文化产品和服务细分为纯公益性海洋文化产品和服务、准公益性海洋文化产品和服务两大类。通过细分，可以使得政府主体的作用空间和职能导向更为明确，同时，政府、市场和社会三层力量中的产业主体在分工协作上更加具体、协调。

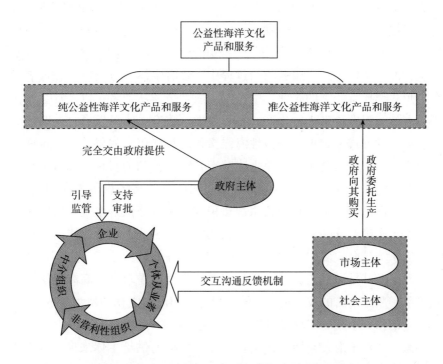

图6-2　公益性海洋文化事业层面产业主体发展模式

首先，对于"市场完全失灵"的纯公益性海洋文化产品和服务，包括海洋文化公共政策法规、海洋文化权益与安全、海洋文化基础设施建设等，要完全由政府主体来提供，最重要的原因是政府需要严格控制纯公益性海洋文化产品和服务所蕴含的以人为本、公平正义、人海和谐等价值观的精神内涵导向，从国家层面的战略高度做出正确的政策引导及海洋文化的价值定位。这个时候，政府要提供能够满足公众"美好生活需求"的海洋文化公共产品和服务，就需要与市场层面和社会层面的各类产业主体形成充分的交流与互动，充分了解和把握公众对公益性海洋文化产品和服务的需求。

其次，对于准公益性海洋文化产品与服务，包括海岛社会保障、国民海洋教育、海洋生态文化修复等，则主要坚持市场和社会配置而非政府配置的原则，即政府主体此时的职能定位和发展逻辑应该是作为准公益性海洋文化产品和服务的供给规则的制定者和引导者、执行供给的监管者和支持者，而不是直接的准公益性海洋文化产品和服务的供给者。这个时候，产业市场主体的发展模式便是：引入市场机制和社会力量的产业主体，将部分政府权威下放，并和市场的交换功能有机结合。① 在准公益性海洋文化产品和服务供给过程中，政府主体一方面以委托或者发包的形式选择市场中的企业、中介组织或者个体从业者，以及社会中的非营利性组织力量来进行生产；另一方面，政府主体可以通过向市场和社会购买的方式来实现准公益性海洋文化产品和服务的供给。在这两种供给方式中，市场层面的产业主体基于其获取营利的目标，会自觉地去了解公众的海洋文化需求，把握海洋文化产业的市场供给方向和定位。而社会层面的产业主体则因为来源于民间，贴近公众的生活，则能够更加真实、准确地反映公众对海洋文化的需求，因此，这种模式是一种以民生需求为导向、多中心多层次协同合作的高效供给模式。它不仅能够兼顾社会尤其是渔民农民海洋文化消费的多样性需求，提高海洋文化供给产品和服务供给的效率和公平性，促进民间海洋文化消费力量的成长，同时还能激发全民的广泛参与和海洋文化创新活力。

最后，对于准公益性海洋文化产品和服务的供给主体来说，政府主体第一要发挥引导和审批职能，对企业、中介组织、个体从业者和非营利性组织进行价值观念的引导和创意生产的审批，以确保它们所提供的公益性海洋文化产品和服务不会给国家的文化精神主流意识带来冲击；第二，要对这些市场主体的产业活动进行监管、指导和支持，严格监督和把控市场主体所受托提供的海洋文化产品和服务，对产业市场主体在创意生产和生产制造等环节所需要的人力、财力、物力等资源要素给予充分的支撑，并给予技术和管理上的指导；第三，企业、中介组织、个体从业者和非营利性组织四大市场主体之间要进行动态的、密切的交流互动，相辅相成，形成合力。同时，政府主体也要与企业、中介组织、个体从业者和非营利性组织等市场主体进行随时交流和互动，并建立双向的、及时的沟通和反馈机制，以确保政府主体能够充分了解准公益性

---

① 陈立旭：《公共文化发展模式：市场经济条件下的重构》，《苏州行政学院学报》2010 年第 3 期。

海洋文化产品和服务的供需状况，并在政府、市场和社会三方市场主体的合力下，实现准公益性海洋文化产品和服务的有效供给。

三　经营性海洋文化产业层面的产业主体发展

在经营性海洋文化产业中，产业主体的组织构架、管理运行和经营活动最为复杂，也最难将它们的发展方式协调、平衡于一个特有的、固定的发展模式中。对于多种产业主体力量的发展模式，应该层层规划、自宏观到微观循序渐进，政府对其也要"因材施教"、有的放矢地支撑和区别管理。即对企业、中介组织、个体从业者和非营利性组织 4 个产业主体大类在外部总的产业主体系统内的发展有一个模式规划，再具体推进，在同类产业主体内部小系统范围内，如国有企业和民营企业，大型、中型和小微企业等具体的市场主体类型的发展进行详细的推究和规划。这样做既能保证各类产业主体在市场中运作的独立性、特质性，又能推动它们在整体主体系统范围内的交互运转。

1. 政府职能的发挥

经营性海洋文化产业的发展主要依靠市场和社会力量层面的产业主体来进行。在这个过程中，政府不再作为市场主体的一部分参与海洋文化产品和服务的生产制造，而是作为整个产业和产业主体系统发展的管家，引导、监管和支持市场主体发展经营性海洋文化产业。此时政府在整个产业主体发展模式中的职能发挥主要有两层：第一层，管理，即充分发挥政府的引导、审批、监管、指导职能。对市场层面的各类海洋文化产业主体，要以经济手段和法律手段而非行政手段在经营性海洋文化产品和服务的供给过程中进行创意的引导和审批、生产制造的监督和支持以及营销推广的监管等工作。第二层，服务，即政府要通过制定和完善针对海洋文化产业总体发展和不同产业主体分类、平衡发展的扶持性、服务性的政策和法律法规、制度规范，为中国海洋文化产业市场主体的发展营造良好的市场环境和成长氛围，同时为海洋文化产业市场主体的发展和成长提供足够的保障性基础设施和技术创新支持。这两方面职能的发挥，都要求政府与市场中所有产业主体进行充分的、有效的交流和沟通，根据它们的政策需求和发展模式，做到有的放矢的精准扶持和鼓励带动。

2. 产业主体——企业的发展

在海洋文化市场中，企业是最大的市场主体，也是成分最为复杂的一个产业主体类型。既要充分发挥和利用公有制企业的力量来树立国际竞争力和产业带动力，又要促进其他所有制产权性质的企业能够以良性的竞争形成产业发展的活力。

国有企业要在海洋文化产业的发展中充分发挥其作为公有制产权类型企业的市场主导作用，具体发展模式表现为：第一，成为推动海洋文化产业发展、促进海洋经济转型升级和新旧动能转换的基础性力量，即在保持国有海洋文化资产的主导优势地位下，创新和改革国有企业的管理体制和运行机制，以海洋文化产权制度为核心，实行新型海洋文化企业管理模式，激活国有企业的市场活力，发挥国有企业在海洋文化产业市场中的带头作用和模范作用；第二，带头进行海洋文化产业主体发展模式的创新，即借助新媒体、新技术，以其拥有的海洋文化资源和要素优势，带动民营企业打造产业集群化和协同化发展，提高中国海洋文化产业的规模化和集约化水平；第三，成为海洋文化产业主体创新机制的骨干，即通过新技术、新媒介实现"跨界融合"，在融合中实现对创新创意技术、主体组织运营和管理方式的创新，带动其他海洋文化产业市场主体的创新力和创造力；第四，成为参与国际竞争的中坚力量，即国有海洋文化企业要充分利用自身享有的稀缺资源优势和市场地位，在国家的引导和支持下，着力向外参与国际竞争，打造海洋文化国际品牌，提高中国海洋文化产业的国际竞争力和影响力；第五，引导公众海洋文化消费，引领海洋文化价值理念传播，即国有企业作为公有性质力量，要正确引导公众的海洋文化消费观念和消费认知，并要引领中国海洋文化产品和服务中的价值观念，为企业主体树立正确的标杆和榜样力量；第六，引导和支持非公有制产权性质的产业主体发展，国有企业在完善自身发展的同时，要引导非公有制产业主体的发展方向和价值导向，并通过"以大带小""以强带弱"来帮助和扶持非公有制产业主体力量的发展，共同助力中国海洋强国建设和海洋生态文明建设，同时，国有企业要通过以其占有的资源优势，积极与其他产业主体沟通交流，实现海洋文化资源的共享共用，优化海洋文化资源在产业主体系统内的二次合理配置。

民营企业是海洋文化企业的主力军，尤其是小微企业，占据了民营企业的大半壁江山。对于大中型民营企业来讲，它们的发展一般处于成长期，有着较为成熟的运行方式和较为稳定的扶持环境，因此，在其发展模式上：首先，要实现企业的转型升级发展，就要注重打造适合自身发展的商业模式，以独特的定位和价值创造不断创新和完善自身价值链活动流程，形成具有差异化、特色化的海洋文化自主品牌，打造市场核心竞争优势，避免因盲目跟风而引起的海洋文化产品和服务的雷同①；其次，通过人才的吸引、培育以及企业创新机制，提高自主创新能力和活力，在提升企业原有品牌的基础上，提供更多高端化、精品化、专业化的海洋文化产品和服务，拓宽民营大型企业的市场份额；最后，在大型民营企业中形成适度的、良性的竞争和合理的资源整合，带动民营企业的创新动力和运营活力，提高民营大型企业的整体发展水平，促进民营大型企业的健康发展。

对于小微民营企业来说，它们是海洋文化创意性的前沿主体，它们规模虽小但创意多，集约化水平不高但生产智能化，它们更容易与现代技术相融合，更容易实现产业推广的科技化、发展模式的新颖化和传播渠道的多元生态化。对于小微民营企业的发展来说，首先，要根据自身不同特点和优势，利用不同的资源禀赋条件和发展机遇，形成符合自身发展的独特运作模式。比如针对目前海洋文化的多样化需求采用定制化产品和服务供给模式，或者借助互联网、物联网和大数据技术来进行海洋文化产品和服务渠道的对接经营，或者依托专业人才专注于海洋文化技术的研发来形成自己的专利，以此打造行业核心竞争力。其次，小微民营企业要充分利用和争取政府的扶持性政策，为自身的发展添砖加瓦，中国近几年出台了较多支持民营小微文化企业发展的政策和方案，小微企业要通过不断学习，来提高自身合理利用和争取政策的素养。最后，引导小微民营企业打造饱含民意的产品和服务，例如私人海洋文化博物馆、民营海洋艺术与演艺团体等，因为小微企业能够更好地感知民众多样化的海洋文化需求而迅速做出生产要素的及时调整，也能直接和敏感地感受到海洋文化社会氛围的宽容度和政策支持度，所以要加大、加重对小微企业的扶持和适度的外部性控制。

3. 产业主体——中介组织的发展

中国中介组织的发展尚处于起步阶段，其关键的路径应该是服务产业主体，满足海洋文化产业发展的信息服务、风险控制、公证咨询等需

---

① 陈少峰：《促进民营文化内容企业发展的对策思考》，《福建论坛》（人文社会科学版）2012年第6期。

求的同时，满足政府对海洋文化意识形态管理的要求。一方面，中介组织要平衡好其内部组织的经济属性，即引入更多非公有制形式的中介组织，实现中介服务主体的多元化发展，尤其是从政府脱离出来形成的中介组织，要在当前海洋文化产业发展的需求下，撇掉其"政府职能"惯性，塑造属于自己的服务品牌和形象，从而提高中介组织的主体地位；另一方面，中介组织介于政府和企业之间，但要全方位地融入海洋文化产业市场体系中，才能为产业主体的发展提供切实有效的、高质量的中介服务，因此，中介组织首先要完善自身的运行机制和管理制度，提高其作为市场主体的运营能力，同时，积极寻求能够契合自己服务范围和领域的产业主体或价值链环节活动，将中介组织的服务功能与海洋文化产业主体的供给功能有效搭配和衔接。另外，随着中国海洋文化需求范围的扩大和需求总量的提升，中介组织也要尝试借助新技术进行传统服务模式的跨越和创新，拓展其服务范围和领域，以便更好地服务海洋文化产业的转型升级。

对于广义上属于中介组织的金融机构来说，第一，要通过产业主体与金融机构的协调，实现各类海洋文化产业主体与商业性银行和政策性银行的长期合作，尤其是中小金融机构对于民营小微企业、个体从业主体的融资支持；第二，要根据中国海洋文化产业的发展水平和实际需要，以试点的方法建立专门具有海洋特色的涉海性金融机构，有重点地扶持海洋文化产业的发展；第三，金融机构要积极建立融资服务平台，形成金融机构的合力，促进政府、银行、保险等机构与各类产业主体的多元融资力量对接。

4. 产业主体——个体从业者的发展

个体从业者是海洋文化产业中主体力量较为薄弱的、主体地位较低的产业主体类型，但也是应该着重保护、大力发展的对象，这是保证和改善沿海社群民生、民意的必然要求，也是振兴乡村海洋文化产业发展的必然要求。

对于在现代市场经济新潮下成长起来的从事新型海洋文化产业门类的个体来说，海洋文化新兴创意和现代化高新技术是它们的核心竞争力，因此，它们的发展思路就是在着重发现和把握海洋文化产品和服务精细化、专门化、定制化需求的机会下，以此为逻辑起点和对象，进行现代化海洋文化产品和服务的定位与开发、人力资源与技术配置，不断自主地进行海洋文化创新，借助现代化生产力、生产方式和生产技术、形成现代先进的海洋文化，赋予海洋文化新的时代内涵和现代化表现形式，满足公众对现代海洋文化产品和服务的升级化需求。

对于从事传统海洋文化行业的个体从业主体来说，既要保留其"淳朴"的生态化发展模式，又要通过创新模式实现个体从业主体的升级发展。因此，其发展模式路径主要有二：第一，依托现有的扶持政策，顺应现在的发展状态和模式。这种方式主要针对那些从事海洋文化遗产类的，或具备最生态化、原始化的海洋文化精神特质的海洋文化行业从业主体，要用"道"法自然的方式和理念来发展这类海洋文化产业及其主体，让这类产业主体及其所经营的产业处于一种有机自生的状态中，顺应其自在状态，进行自然化、传统化的"活态"保护和传承，而非让其活在高度的竞争和市场化、机械化、现代化发展机制中。因此，这种有深度的、可持续的发展方式，需要建立在国家对这类个体从业主体充足的政策支持和法律保障之下。第二，从业主体的转型升级发展。在中国海洋文化产业市场中，一些个体从业主体拥有海洋社群的集体智慧积淀和生活经验积累，所从事的海洋文化行业既关乎民生、民计，又关乎对传统海洋文化内涵和精神的传承与保护。在当前的海洋经济开发浪潮中，要实现这部分产业主体的可持续发展，就要通过现代化市场理念来发展传统海洋文化产业，进行发展方式的转型升级。例如上海金山嘴渔村的做法就值得参考。近几十年来，上海沿海地区众多化工企业的兴建给上海的海洋环境带来了严重的污染，现代化渔业的过度捕捞也造成渔业资源的严重衰退，金山嘴渔村的人们逐渐告别了世世代代赖以生存的大海，人们或是选择外出务工，或是选择经商，但有些人一直坚持近海捕捞和滩涂养殖，并在村里办起了养殖、渔业加工等海洋产业，也有些渔民利用渔村与沪杭公路为邻的交通区位优势，在村边路旁开了数十家海鲜美食餐饮店，形成了颇具特色的海鲜美食一条街。当地政府为了充分利用海洋文化资源来提高渔民生活水平和质量，实施积极的扶持政策，采用产业结合的方式，将原本属于个体经营的海鲜美食一条街和极具渔文化特色的金山嘴老街整合成一个综合性观光旅游消费地带，整合并保护渔村渔户个体经营，同时利用渔村公共文化空间开展各种文化节会活动，利用渔民传统老宅兴建渔村博物馆、渔俗馆、妈祖文化馆等公益性海洋文化场馆设施，与经营性的海鲜美食一条街浑然一体，既丰富、传承、发展了渔村文化的深厚底蕴和鲜明特色，又为综合性观光旅游消费区带来了更多的消费人气；既提高了渔民以及渔村集体的收入，提高了当地渔民的生活水平，又使古老的渔村重新焕发崭新的可持续发展活力。①

5. 产业主体——非营利性组织的发展

非营利性组织的发展要充分体现其独特的桥梁纽带作用和广泛的参与力，这是在非营利性组织的成长和发展中需要着重体现的要点。

对于具体的发展模式而言，来源于政府力量的非营利性组织在海洋文化产业的发展中，首先，要发挥好桥梁纽带作用，积极承接和承担政府及相关事业单位的海洋文化产业发展服务功能，发挥自身独特的优势来转移和消化政府和市场主体面临的职能困难，做好政府力量和市场力量的衔接和对接，完善中国海洋文化产业市场的公益性力量。其次，对于来源于民间力量的非营利性组织来说，在海洋文化产业的发展中则要着重向下，面向民间，通过充分了解公众的海洋文化需求和满足状况，带动促进民间海洋文化消费力量的成长和公共海洋文化服务体系的完善，激发全民广泛参与海洋文化建设的动力和全民海洋文化创新的活力。无论是政府力量还是民间力量演变而来的非营利性组织，在其发展过程中都要充分借助目前政府的政策和法律保障来不断优化和壮大自身，强化自身才能更好地提供服务。

在非营利性组织的发展理念上，无论是来源于政府力量还是来源于市场力量的非营利性组织，除了要积极献力于公益性海洋文化事业的发展，还要积极参与经营性海洋文化产品和服务的供给中，为海洋文化产业中市场主体的发展起到适当的平衡和调节作用，比如：联合高校和科研机构建立海洋文化智库，以专业素养和研发创新力为海洋文化产业的发展和政府的决策提供智力支持；举行多样化的海洋文化科普和宣传活动，丰富公众的海洋文化知识素养，提高公众的海洋意识；承接、承办海洋文化节庆会展活动，在转移政府和市场职能的基础上，扩大海洋文化在民间的影响力和号召力；自发组织和服务海洋文化的创意与科研，以公益性力量助力海洋文化产业的转型升级发展；通过组织和参加国际论坛、学术交流会议、国际交流活动等形式的国内外交流活动来强化中

---

① 韩兴勇、刘泉：《发展海洋文化产业 促进渔业转型与渔民增收的实证研究——以上海市金山嘴渔村为例》，《中国渔业经济》2014年第2期。

国海洋文化的话语权和软实力等。

在分析了市场中每个产业主体的具体发展模式后，再回到整个经营性海洋文化产业层面，来看所有产业主体在市场中总的运转模式，如图6-3所示，在政府的引导、审批、监管和支撑下，企业、中介组织、个体从业者和非营利性组织处于一个循环的、立体的系统中，它们之间在共同的市场环境、技术环境、基础设施环境下，在海洋文化产业主体系统中处于不断的动态运转中，进行交流互动。例如，企业的发展需要中介组织提供服务，也需要非营利性组织在企业面临市场职能困境时提供援助，企业的发展同样要关注海洋文化资源原生地和原住居民的经营、生活状况，实现资源的共享和利益的合理分配。其他每一个产业主体都一样，需要与整个经营层面的所有市场主体进行不断的合作、交流和互动。另外，为了满足海洋文化多层次、多样化的需求，在整个市场中，企业、中介组织、个体从业者和非营利性组织还能够在充分的交流和互动中实现"政产学研企"的协同发展模式，在政府的引导下，以海洋文化市场需求为导向，以企业为主导力量，充分利用高校和科研机构的技术、人才和创意支撑，在中介组织的服务作用和非营利性组织的桥梁作用下，有效整合市场海洋文化资源，协调配合，彼此支撑，实现不同产业主体的优势互补和共同进步。

四　海洋文化产业主体系统发展模式总构架

在逐个厘清中国海洋文化产业各类主体的发展思路和发展方式后，将所有产业主体置于市场环境中，依赖海洋文化相关的技术、文化、人才以及基础设施等条件，按照逻辑的、有机的原则，重构中国海洋文化产业主体系统的发展模式总构架如图6-4所示。这种发展模式的总逻辑就是：海洋文化产业主体系统中各类产业主体围绕公益性海洋文化事业和经营性海洋文化产业齐抓共管，通过在产业价值链活动上的精细化分工和专业化运作，实现政府、市场和社会不同层面力量中不同产业主体之间分工和协作、竞争和合作博弈的最优均衡组合。

在整个海洋文化产业主体系统中，所有的产业活动都是依靠价值链连接在一起而实现海洋文化创意的价值创造和传递，其中各个产业价值链活动的独特连接方式和集成程度决定了一个海洋文化创意的价值增值和竞争优势，因此，作为产业活动的能动者——产业活动实践主体，便要在产业价值链中充分发挥其在价值链活动全过程中的管理和运转功能。

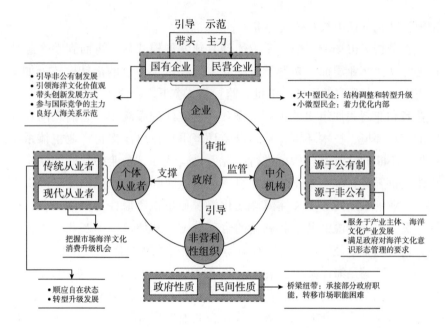

图6-3 经营性海洋文化产业层面产业主体发展模式

在市场中，政府、企业、包括金融机构在内的中介组织、个体从业者以及非营利性组织，它们每一个产业市场主体都能够担当任何一个环节中海洋文化产业实践主体的角色，因此，不断优化它们自身的发展模式，既是对整个海洋文化产业价值链活动的优化，也是对整个海洋文化产业及其主体体系的优化。

如图6-4所示，在公益性海洋文化事业中，政府作为产业主体的一部分，与市场和社会三者协调分配，共同完成准公益性和纯公益性海洋文化产品和服务的有效供给。在经营性海洋文化产业中，市场力量中的各类产业主体作为主力军承担经营性海洋文化产品和服务供给的任务，并通过更加细化、严密的产业价值链设计，不断地进行产业活动的细分深化和专业化分工，提高海洋文化产业价值创造的效率。

从微观层面来看，在市场层面中，企业和中介组织、个体从业主体，它们首先在自身的组织结构形态下开展海洋文化产业活动，如在海洋文化企业中，推行"大企业带动战略"和"中小企业集聚化战略"，中国有部分大型海洋文化企业的市场化、国际化、专业化程度都比较高，掌控着相对雄厚的资本、技术和高端人才，产业资源优质便捷，对海洋文化产

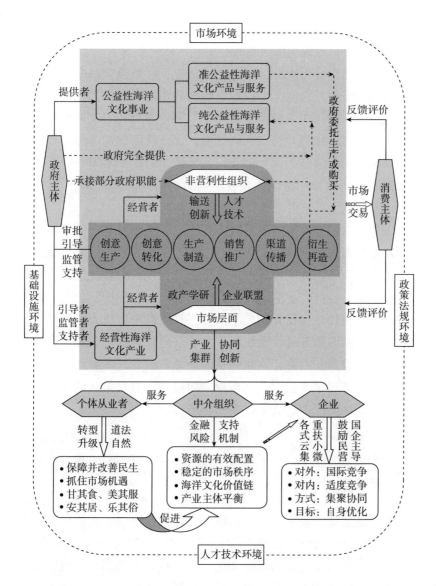

图 6-4 中国海洋文化产业主体系统发展模式

业的整体进步具有重大带动作用，因此，对外的国际竞争主要由发挥龙
头作用的国有企业和大型民营企业引领，并依靠大企业带动中小企业的
发展，同时对于中小企业来说，既要形成自身的差异化发展，又要围绕
共同的目标，通过适度竞争，形成不同中小企业的目标集聚化发展，在
提高自身的同时推动整个企业层面价值链的组织功能优化升级。另外，

不同市场层面的、不同类型产业主体又会利用自身的优势，通过资源的重新整合形成更广范围的协同发展。

从宏观层面来看，政府、市场中的企业、中介组织和个体以及社会中的非营利性组织，它们又可以形成协同创新发展的模式，即围绕一个共同的大目标而进行"政学研企介非个"产业主体跨越式联合运作，实现不同产业主体的优势互补和共同发展，这样既能促进海洋文化产业资源的有效配置和价值链的深化完善，又平衡、协调了不同产业主体的发展，稳定了市场秩序，在优化升级产业结构的同时，兼顾了"甘其食、美其服、安其居、乐其俗"的民生保障和改善。

但需要注意的是，本书虽然从公益性海洋文化事业和经营性海洋文化产业两个层面来分析海洋文化产业主体的发展模式，但在整个海洋文化产业中，事业和产业的发展并不是截然分开的，公益性层面也好，经营性层面也好，各类产业主体的发展及其应该发挥的作用是没有界限的，诸如一些私人博物馆和民营的艺术团体，它们既可以作为企业承担经营性海洋文化产品和服务的供给职能，又可以向社会提供公益性海洋文化产品和服务，兼具公共海洋文化的供给职能。因此，各类产业主体的发展不应该局限于海洋文化产业和事业，而应利用自己最大的优势，尽自己最大的力量，发挥自己最充分的主体功能。

第四节　海洋文化产业主体发展的政策衔接

发展模式犹如产业主体发展的躯干，要想产业主体在优化后的发展模式中发挥更高的效率，就需要有与之相衔接的产业扶持政策作为养分，因此，要制定和实施正确的海洋文化产业主体发展政策，且政策要从宏观到微观，层层铺开、面面辐射、科学规划、有的放矢，才能保证海洋文化产业主体源源不断地从中吸收"养分"，并借助良好的产业模式健康地成长。

一　宏观层面：进行高效科学的产业顶层设计

加快海洋文化产业及其主体繁荣发展的关键点是要重视顶层设计和制定正确的海洋战略，要站在全国海洋文化产业发展的战略高度进行科学、合理规划，明确海洋文化产业及其主体的发展目标、发展方针、发展方法、发展理念，并领导与协同政府和社会力量共同为产业主体的行为提供宏观指导和整体把控。

海洋文化产业的顶层设计主要包括：

第一，发展公益性海洋文化事业，健全海洋文化公共服务体系。海洋强国的建设离不开完善的海洋文化公共服务体系，通过发展公益性海洋文化事业，满足人们对公共海洋文化的需求，是实现人海和谐发展、满足人民对美好生活新期待的必然要求。发展公益性海洋文化事业，首先，要建立以政府主体为指导，根据纯公益性海洋文化事业和准公益性海洋文化事业的划分，合理协调市场和社会力量中的产业主体，实现海洋文化产业自治和公众广泛参与的公益性海洋文化事业供给体系；其次，在公共海洋文化服务体系建设中，要以公众的海洋文化权利需求和权益保障为导向，以政府的"服务"职能为主要功能体现，实现中国海洋文化发展成果的全民共享；最后，在具体的行动中，通过建立和扩大海洋文化公园、海洋文化博物展览、海洋文化科普与教育示范基地等基础设施建设，在全社会范围内宣传和科普海洋文化，提升公众的海洋意识和海洋文化素养。

第二，加强海洋文化产业立法，规范产业主体的行为。要促进和保障中国海洋文化的繁荣发展，离不开立法制度体系的建设，目前，中国虽在海洋经济和文化产业的发展中都初步形成了有层次性的法律体系，但尚没有针对海洋文化产业发展的基本法律法规，造成了目前相关法律制度与中国海洋文化产业发展不接轨的现状，直接影响了中国海洋文化产业的进一步发展。因此，需要针对目前海洋文化产业发展的需求，构建产业法律法规体系，规范和调整海洋文化产业主体的行为。具体来说，在立法中要大力弘扬中国的海洋文化精神，贯彻对海洋文化遗产的保护精神，支持和促进产业主体传播中华民族优秀的海洋文化；政府以减政之法对产业主体适度放权，同时以严格的审查、监察制度保障中国海洋文化安全；规范管理产业主体及其行为，营造良好的产业发展制度环境，尤其是打击产业主体之间的恶性竞争等不良市场行为，着重支持和保障民营企业和个体从业者发展海洋文化产业的行为；通过立法的形式，加大对中国农村地区海洋文化产业发展的保护和乡村公共海洋文化服务体系的建设，做到发展海洋文化产业和保障改善民生统筹兼顾，推进沿海乡村的振兴发展。

第三，保护海洋文化遗产，传承海洋文化精髓。借助当前"海上丝绸之路"倡议等的实施，推动中国海洋文化遗产的保护工作进程，并着重留住和保护海洋文化遗产的主体人，即通过财政、法律、教育等多种形式的政策保护和支撑体系，给予相应海洋文化遗产主体人生活上和海洋文化遗产保护能力上的保障。为了让海洋文化遗产在兼顾传统海洋文化精髓的基础上开辟未来，在善于继承海洋文化精神的基础上更好创新，还需要多层次的、科学专业的海洋文化产业专业、高层次人才发挥其遗产传承、发展、创造的功能，以其能够顺应海洋文化自然有机发展状态和创新式新生态的理论素养和专业知识来共同保护海洋文化遗产，让海洋文化精神在创新中发展，在发展中继承。另外，产业主体的海洋文化价值观念和道德观念等影响了它们保护海洋文化遗产的行为和思想，因此需要国家政府主体做出正确政策引导及海洋文化的价值定位，统一对海洋文化的社会舆论与认识，争取公众的支持与自觉。尤其是当传统海洋文化精髓在经济全球化、市场化、工业化等较为强势的发展导向无处不在的影响下，政府更应该从精神上建立海洋文化产业主体对海洋文化自然、本真发展状态的自觉和自信。

第四，搭建海洋文化产业发展平台，为产业主体创造良好的成长条件和空间。统一规划和合理布局海洋文化产业的发展，并对产业主体进行科学管理和严格监督，尤其是加大对特色海洋文化产业项目和产业主体的扶持力度，打造中国海洋文化产业的精品品牌，提高中国海洋文化的国际竞争力和影响力；依托区域海洋文化资源，打造具有地方特色的海洋文化产业带，以"带状发展"整合区域海洋文化资源，进行合理的开发和有效的保护，例如"21世纪海上丝绸之路"海洋文化产业带建设。[①] 建设一批具有海洋特色的文化产业平台，一方面为中国海洋文化产业"走出去"搭建舞台，借助平台在全世界范围内宣传中国"天下一体""四海一家""自由共存"的和谐、和平海洋文化精神理念，扩大中国海洋文化的影响力和话语权，为中国海洋文化产业的发展打造良好的国际环境，并树立海洋文化自信；另一方面，借助产业平台为中国海洋文化产业主体的创新发展打造空间，实现海洋文化与多种技术、多种行业的

① 国家发展和改革委员会和国家海洋局联合印发的《全国海洋经济发展"十三五"规划（公开版）》，2017年。

跨界融合发展，完善海洋文化产业价值链体系，并不断培育新的产业主体。

第五，推动海洋文化产业转型升级发展，以应对不断变化的市场供求关系。在全面深化改革的大背景下，需要通过改善海洋文化资源的供给结构、拓展海洋文化产业发展的新空间，推动海洋文化资源供给从生产要素向消费要素转变来实现海洋文化产业的转型升级发展，以推动海洋文化产业供给侧结构性改革，适应海洋经济发展的新常态，促进海洋经济新旧动能转换，应对不断变化的海洋文化市场供求关系。因此，首先，以海洋文化产业价值链体系中的消费主体为导向，提供满足消费主体多样化、定制化、个性化需求的产品和服务，并着力培育海洋文化产业消费的新增长点；其次，完善中国海洋文化市场机制和政府的政策扶持，鼓励产业主体利用新技术与新业态实现海洋文化产业的融合发展，在创新驱动下，不断创新海洋文化产业主体的新理念、新形态、新内容和新管理，探索和创造出能够激励和推动海洋文化产业转型升级路径，从而为海洋强国建设注入新的力量。

第六，着重实施渔村渔民振兴战略，发展农村特色海洋文化产业。一方面，中国浪漫而璀璨的海洋文化主要起源和沉淀于农村、渔村地区，在中国沿海社群中，农村、渔村有着丰富的原汁原味的海洋文化资源，是中国现代海洋文化产业中饱含传统文化韵味和特色的海洋文化创意和灵感的来源，因此，振兴农村、渔村海洋文化，是对中国海洋文化产业创意、元素和灵感的一种挖掘和拓展，通过发展农村特色的海洋文化产业，繁荣农村地区的海洋文化，强化农村、渔村海洋文化的公共服务保障体系，传承优秀海洋民俗文化，不仅是培育海洋经济发展新动能的有效途径，更是振兴乡村发展的有力举措。① 中国沿海地市的农村地区的海洋文化资源囊括了滨海旅游文化资源、海洋民俗文化资源、海洋历史文化资源和海洋节庆文化资源等不同类型海洋文化产业资源。因此，可以通过挖掘和拓展沿海农村、渔村地区海洋文化产业创意、元素和灵感，开发利用不同乡村各具特色的海洋文化资源，振兴中国沿海农村、渔村的海洋文化发展，培育沿海乡村特色海洋文化产业。例如沿海渔村可以

---

① 张忠：《青岛农村地区海洋文化产业发展现状及对策分析》，《广东海洋大学学报》2015年第4期。

借助滨海旅游资源发展渔村休闲旅游、休闲渔业、乡村生活体验等不同类型海洋文化产业；拥有传统节庆资源的农村、渔村则可以通过大力发展和宣传节庆资源，诸如举办海洋文化节、开海节等丰富的海洋文化节庆活动来发展乡村海洋文化产业；在沿海区域地方政府的规划和带领下，通过进一步开发当地的渔村民俗博物馆等历史和民俗海洋文化等方式来繁荣农村地区的海洋文化。① 由此通过不同的路径来强化农村、渔村海洋文化的产业创新体系，在传承优秀民俗海洋文化的基础上实现中国沿海乡村的转型和海洋经济的新发展。另一方面，沿海农村、渔村地区包含了中国海洋文化产业个人和个体从业主体的大部分力量，着重保护和扶持这一部分产业主体力量，切实保护他们的产业主体地位、发挥他们的产业主体作用是对中国农村、渔村地区民生、民计的保障，让他们成为能够实现沿海乡村地区海洋文化资源"开放带动"的群体，丰富海洋文化产业的个体力量和海洋经济转型升级的主体力量，并提高这部分个体的幸福感、满足感。

二 中观层面：营造健康规范的产业市场环境

海洋文化产业及其产业主体的健康发展必须依托健康规范的市场环境，而稳定的市场秩序是良好市场环境的前提，即海洋文化产业主体系统要在本质上形成一种利益上和谐、竞争上适度、收益上共享的产业资源合理配置状态和产业主体间利益关系体系。

（一）利益和谐

利益和谐作为一种"以人为本"的特色社会主义价值基点，在海洋文化产业的发展中主要有两个层面。首先是最基本层面，即海洋文化产业主体之间通过海洋文化资源占有的调整和分配达到经济利益上的和谐。中国海洋文化产业主体因性质层级不同、占有资源要素不同，以及追逐利益的方式不同等差异，自然也就有着利益上的区别，这种差异的存在使得产业主体为了追逐各自的利益、实现各自的目标而不断推动着海洋文化产业的发展，但如果产业主体间利益分化严重，就会导致部分产业主体对市场体制失去认同，整个海洋文化产业的凝聚力也会下降。② 因此，需要政府深化对中国海洋文化市场的改革和规范，加快海洋文化产

---

① 郑贵斌、刘娟、牟艳芳：《山东海洋文化资源转化为海洋文化产业现状分析与对策思考》，《海洋开发与管理》2011 年第 3 期。

② 袁会敏：《论利益和谐是和谐社会建设的基础》，《湖北社会科学》2014 年第 6 期。

业的转型升级发展，实现海洋文化产业发展新常态与产业主体共同成长获益相结合，切实提高各类产业主体利益的包容性和多维性，缩小产业主体之间的市场地位和扶持力度差距，实现不同产业主体利益上的高度和谐。

其次，在较高层面上，产业主体之间以对经济、文化和社会的共同诉求，而结成"利益共同体"，在海洋文化资源合理利用和海洋环境有效保护的基础上共同推动中国海洋文化产业健康、可持续发展，满足社会海洋文化权益的需求，打造和谐的人海关系。因此，需要在政府的宏观调控和统筹规划下，组织、协调各类产业主体之间的利益行为和利益诉求，推动产业主体之间的合作与交流，通过建立完善的激励机制和约束机制，为海洋文化产业主体系统的和谐、稳定发展创造更加有利的环境，并引导和支持整个海洋文化产业主体系统内多元产业主体的合作与合力，围绕共同的价值目标和实践路径，形成整个海洋文化产业内和谐的终极利益追求。

（二）竞争适度

产业主体之间的竞争是推动海洋文化产业发展的动力，也是市场经济的一个本质特征，然而基于海洋文化产业特殊的"涉海性"特征以及中国海洋产业和文化市场发展的复杂情况，规范而有效的竞争机制是中国海洋文化产业在当前经济大浪潮中健康、可持续发展的保证。因此，首先，政府应该引导产业主体从理论高度上认识到竞争是海洋文化产业发展中普遍而持久的现象，是每个产业发展和产业主体进步的驱动力，各类产业主体应该积极认知并参与海洋文化产业的竞争。政府则要鼓励具有国际竞争力的产业主体积极面向国际水平标准参与竞争，即眼睛向外，目标向外，市场向外，营利在外，同时鼓励一般产业主体按照规范的、适度的竞争规则积极参与和应对国内海洋文化产业的市场竞争，即眼睛向内，目标向内，市场向内，营利在内。

其次，由政府和市场共同制定产业发展的竞争规则，提倡适度竞争，反对不正当竞争。具体来说，着眼海洋文化产业主体发展的国际市场，由政府引导，选择支持一批成长性好、竞争力强的海洋文化企业或集团来重点培育和发展，打造具有国际影响力的品牌和精品，并着力于对外参与国际竞争；在国内市场上，则以合作和协调发展为主，即政府要合理利用优惠的财税、金融、科技、人才等政策，推动不同产业主体之间在竞争中实现跨地区、跨行业的联合或重组，一方面合理规避不当竞争，缓解中国海洋文化产业主体发展的不平衡状态，提高产业总体的集约化经营水平，促进海洋文化产业发展相关资源整合和结构调整①；另一方面，通过以产业主体地位较高的主体带动和帮助产业主体地位较低的主体，形成大中型企业引领小微企业，市场引领个体、个人从业主体以及非营利性组织等社会力量的协同发展局面。

（三）收益共享

不同产业主体由于自身特征、资源禀赋等因素的差异导致的发展不均衡是海洋文化产业主体发展中的一个常态，收益共享就是产业主体在这种彼此发展存在差异的情况下通过协同合作或和谐相处实现互惠互利，从而形成对海洋文化产业发展利益的共享。目前中国海洋文化产业主体不平衡发展的突出表现之一就是：不同性质的产业主体由于当前市场的不完善，占据着不同的产业资源，处于不同的市场地位水平，支付不同性质和程度的成本，但却得到了与之不对等的收益，影响了产业主体系统的稳定。尤其是对于个体从业主体来说，比如在海洋民俗文化产业发展中，经济发展带来的物价上涨、环境破坏、文化负担让作为最大利益相关者的海洋民俗文化主体人付出了巨大的成本，但却因为政策执行中的利益不均、津贴过少问题而导致他们付出的成本大于收益，使得对海洋民俗文化保护与传承的热情逐渐被消磨，直至消失殆尽。

因此，出于社会公平正义的角度也好，出于改善和保障民生、民计的角度也好，都需要在政府的政策规制和行动指导下，整合各类海洋文化产业主体的"民意"，将多元海洋文化产业主体的产业需求和发展诉求巧妙地结合起来，尤其注重满足主体地位较低、关乎民生和民计的产业主体利益需求。通过利益的整合，既满足不同海洋文化产业主体合理需求，又要保障它们的利益，即保证不会损害任何一个产业主体的利益，做到不同层级、不同性质、不同大小海洋文化产业主体利益分享的公平、公正、共享。通过这种利益共享机制，缩小不同产业主体发展不平衡引起的利益差距，缓和利益冲突，形成均衡的利益格局，从而有利于形成健康、有序、规范的市场环境，实现海洋文化产业主体系统的和谐、稳

---

① 刘堃：《海洋经济与海洋文化关系探讨——兼论我国海洋文化产业发展》，《中国海洋大学学报》（社会科学版）2011年第6期。

定，以及海洋文化产业主体的平衡、协调、可持续发展。

三　微观层面：培育完善均衡的产业主体

完善、均衡的产业主体体系是中国海洋文化产业健康、可持续发展的必然要求。针对目前中国海洋文化产业主体系统存在的产业主体缺失、产业主体责任不明确、产业主体地位不平衡、产业主体成长效率不高等弊端，需要进一步构建和完善科学的海洋文化产业主体体系，通过深化改革，在完善目前产业主体系统平衡发展的同时，扩大产业主体的多元力量，鼓励更多力量加入中国海洋文化产业主体的"蓝色朋友圈"。

（一）培育多元海洋文化产业主体，扩大"蓝色朋友圈"

在日新月异的科学技术和产业的日益成熟中，海洋文化产业链条不断周密、细化、严谨，原有的产业活动实践主体要满足价值链的高效率、低成本要求，就需要不断培育能够产生新的价值形态、实现产业价值创新式、高技术含量式成长的海洋文化产业主体。在海洋文化产业市场中，面对国家海洋文化产业发展的现实和中国海洋文化消费滞后的现实，构建科学、高效的产业主体体系不可阙如。

首先，要培育多元化产业市场主体，树立海洋文化产业市场主体的本位意识是市场主体培育的关键认知。即中国海洋文化产业发展要以市场中的产业主体为主力骨干，以政府为产业发展的引导，以民间个体和社会力量为辅助框架，如果把产业比作人体，政府就是心脏，产业的市场主体就是动脉血管，而民间个体和社会力量犹如毛细血管。因此，在市场层面，需要大力培育海洋文化企业，一方面，通过所有制结构的调整，推进国有企业和事业单位改革，完善和创新国有企业和事业单位的运营监管，并着重培育发展一批具有雄厚实力和较强竞争力的骨干企业；另一方面，降低和消除海洋文化产业市场进入壁垒和障碍，引导各种类型的企业、中介组织和个体经营者进入海洋文化产业领域，尤其要鼓励和支持非公有性质的产业主体进入海洋文化市场主体领域，着重扶持民营企业的发展、保障个体从业者的主体权益；另外，完善中介组织对海洋文化市场主体的服务和投入机制，为市场主体的进入提供信息、中介和金融支持。

其次，对于海洋文化中介组织，一方面，政府要通过优惠政策加快建设海洋文化中介组织，放开对中介组织所有权性质的限制，健全中介组织的管理机制，给予法律保护上的自主性和独立性，加大对中介组织的创新扶持，解决中国海洋文化产业中介组织发展的"先天不足"，扩大中介主体力量；另一方面，通过制定政策和市场规则，给予尚处于发展初期的中介组织较为宽松的市场准入和发展环境，赋予中介组织一定的权利，比如制定海洋文化行业知识产权鉴定标准等，待到中介组织逐步成熟时再进一步让中介组织发挥市场主体作用。

最后，通过社会体制改革，积极培育和发展民间非营利性产业主体力量，并引导它们在海洋文化产业发展中发挥拾遗补阙的积极作用。第一，要理顺政府与社会非营利性组织的关系，给予民间非营利性组织自主化、规范化、法定化的管理空间，引导非营利性组织承接部分政府职能，尤其是完善其在公益性海洋文化产品和服务的供给机制；第二，政府要完善非营利性组织的法律保障和监管体系，为民间非营利性组织成为产业主体创造规范的保护环境，保障和促进产业主体社会力量的多元化；第三，政府要制定非营利性组织的培育政策和措施，通过财税优惠、人员技术支持、用地配备、管理与运作指导等配套服务，优先支持非营利性组织在公益性海洋文化事业中的发展。

（二）完善海洋文化产业主体结构，促进产业主体平衡协调发展

在中国海洋文化产业的发展中，以政府为主导，以市场为主体，以社会为辅助，并不是要一切都以"市场为先"，而是要根据产业的发展，协调和完善政府、市场和社会三者的力量结构，促进产业主体在这三种力量中的平衡发展，这是产业主体系统稳定性的必然要求。

第一，转变政府职能，尤其是在公益性海洋文化事业的发展中，政府以纯公益性海洋文化产品和服务供给为主，对于准公益性海洋文化产品和服务，尤其是接近于经营性的产品和服务，则要充分交由市场和社会来完成，形成公益性海洋文化产品和服务的多元供给机制。无论是作为产业主体的一部分，还是产业主体系统的支撑环境，政府都要以引导、监管、审批、扶持等服务功能为主，切忌越俎代庖而让海洋文化产业失去以市场为主的自主创新能力和市场竞争能力。

第二，对于海洋文化企业的发展来说，在坚持公有制企业为主体的前提下，增大非公有制企业主体的比例，其中一个重要的路径就是：鼓励和扶持国有企业做大、做精，通过政府对其财政税收、金融、科技创新、人才培养和奖励扶持、国际合作和竞争等政策上的重点扶持，发挥国有企业的"大企业带动战略"作用；重点扶持民营企业，重新确定海

洋文化民营企业尤其是民营中小企业在中国海洋文化产业主体体系中的功能定位，对民营海洋文化产业实行普惠的税收减免和财政扶持，并拓宽民间资本的多元化投资融资渠道，通过进一步改革行政审批制度，放宽市场准入，为民营海洋文化产业发展拓宽空间，另外，还要引导民众对民营企业的认知、关注与支持；引导和鼓励国有企业与民营企业在产业发展中的合作与协调发展，以国有企业的力量带动民营企业的市场拓展，以民营企业的活力激发国有企业的创新力。此外，政府要放宽民营企业的市场准入标准和审批监管标准，着重加强对民营企业的服务体系建设，鼓励大中型民营企业不断打造和提升品牌，引导小微民营企业沿着"专、精、特、新"的思路成长为具有高创新性、高市场活力优势的产业主体，并通过建立产业园和产业平台促进小微民营企业集聚发展。

第三，非企业化经营的个体从业主体在海洋文化产业市场中一直处于弱势地位，它们的发展首先需要政府给予充分的定位认可和完善的扶持政策，肯定并引导全社会认识到家族、家庭式以及个人式的产业主体在中国海洋文化产业的发展和保护中的"民本"主体地位，注重充分发挥这一最基层社会主体所具有的不应被忽视、无法被取代的主体作用。政府应完善对"民本""民生"海洋文化产业的战略规划和扶持政策，从国家层面制定全面系统的海洋文化产业发展规划，尤其是农村地区海洋文化产业发展战略，为海洋文化产业在民本、民生基本层面的健康发展做出正确的导向，并提供政策和制度扶持。

第四，完善海洋文化产业中介组织的市场配套机制。具体包括：进一步改善中介组织独立、自律的自主管理体制，通过构建中介组织与政府、市场和社会之间的有序交流和及时互动，改善中介组织在中国海洋文化产业市场中的尴尬处境和氛围，强化市场和社会对中介组织地位和功能的认知和利用，使得中介组织的产业主体地位和功能效应在市场中得到广泛认可和规模化应用；优化中介组织自身内部的信息沟通机制、合作协调机制、激励惩处机制等，促进中介组织内部信息的流通获取和资源共享，提高中介组织自身的素质，以便为其他海洋文化产业主体提供更加优质的中介服务。

第五，在非营利性组织的政策引导理念上，无论是来源于政府力量还是市场力量的非营利性组织，都需要厘清社会福利、社会服务、社会公益之间的相互关系，即来源于政府的非营利性组织要对长期以来"海洋文化事业单位"的定位，改为"海洋文化企业单位"而从事海洋文化产业经营活动的组织结构；来源于民间的非营利性组织则要对长期以来各种属于非政府组织、行业组织、民间社会团体组织性质的学会、协会、基金会等进行部分营利性改革，尤其是具有行业垄断、变相垄断性质的市场经营体制，让它们回归社会福利、社会服务、社会公益性等非政府组织本体。这也是确定海洋文化产业不同类型发展模式中政策定位的题中应有之义。

四 聚焦：海洋文化产业发展中的民生

（一）广义上的海洋文化发展民生问题

从广义层面来讲，海洋文化产业发展中的民生是指海洋文化的发展为了人民，并依靠人民，让人民群众共享海洋文化及其产业发展的成果，提高全民族的海洋意识和海洋文化素养。中国海洋文化目前存在着消费缺口较大、供给相对不足、公益性海洋文化事业发展滞后、海洋文化民生建设不平衡不充分等问题。因此，海洋文化产业的发展必须聚焦民生，即以满足公众日益增长的海洋文化需求为导向，保障人民的海洋文化权利和权益，这是中国海洋文化产业发展的最终目标导向，也是海洋文化建设的逻辑起点。

为了加强海洋文化的民生建设，首先需要建立和完善海洋文化公共服务体系，大力发展公益性海洋文化事业，尤其是要促进城乡海洋文化公共服务的均等化，实现海洋文化的发展成果全民共享；其次，要大力发展海洋文化产业，丰富海洋文化的内涵，通过海洋文化的现代化发展，增加海洋文化产品和服务的有效供给，为公众提供丰富多样的海洋文化产品和服务；最后，充分尊重和保护公众的海洋文化首创精神，以宽松和谐的创意机制引导全民踊跃参与海洋文化的创意创造，推动全社会海洋文化创造力的竞相迸发，进而推动中国海洋文化强国的建设。

（二）狭义上的海洋文化发展民生问题

从狭义层面来讲，海洋文化产业发展中的民生问题是指保障和改善海洋文化产业主体中最为基层的个人、家庭、家族式个体从业者的生存、生计问题，作为海洋文化产业主体中最为边缘化的一个群体，他们数量众多，大多长期生活于社会和市场底层，却极少得到应有的市场地位和关注。党的十九大报告提出："中国特色社会主义进入新时代，我国社会主要矛盾已经转化为人民日益增长的美好生活需要和不平衡不充分的发展之间的矛盾。"① 个体从业主体发展所体现的海洋文化产业主体发展的不平衡、不充分问题既是人民日益增长的美好生活需要的矛盾体现，也是广大基层海洋文化产业主体民生、民计问题的最基本反映，无论是从海洋文化产业可持续发展的角度讲，还是从保障和改善民生的角度讲；无论是从产业主体利益的角度讲，还是从社会和谐与公平正义角度讲，海洋文化产业的个人、家庭、家族式个体从业主体的发展，都应该受到大力保障和促进，更要成为中国政府重视保护和发展的产业主体对象。

因此，首先，需要从国家层面制定科学、全面、系统的海洋文化产业发展规划，为中国海洋文化产业主体在民本、民生基本层面的健康发展做出正确的价值和行为导向，促进海洋文化产业主体的平衡、协调、充分发展；其次，为个体从业主体提供政策和制度上的扶持，建立以政府为主体、民间资本广泛参与的多元化的海洋文化个体从业主体的资本投入机制，在财力资源上做好支撑和保障，以及市场主体地位的保护与认可；最后，要保障和改善个体从业主体的民生、民计问题，还需要更广泛的精神力量，即政府做出正确的政策引导和海洋文化、社会个体的价值定位，统一海洋文化产业主体的社会舆论与认识，争取社会公众及其他产业主体对个体从业主体的支持与保护，尤其是当海洋文化发展在面临经济全球化、市场化、工业化等较为强势的发展导向无处不在的影响时，政府更应该从精神上建立传统海洋文化行业的个体从业主体对传统海洋文化自然、本真发展状态的自觉和自信。

通过对海洋文化产业主体发展政策的层层分析，从宏观到中观，再到微观，形成产业主体系统发展的逐层衔接和逐类保障，最终构架成中国海洋文化产业主体发展的对接政策体系。在这个政策体系中，不同层面、不同性质、不同大小类型的海洋文化产业主体各自对应着不同的发展政策，使得各类产业主体在具体的发展和成长中有政策可依；反过来产业政策在对应到产业主体系统的发展模式中时也有的放矢、保障效率倍增。如此，中国海洋文化产业主体系统便既有合理、科学、高效的发

---

① 参见 2017 年 10 月 18 日习近平总书记在中国共产党第十九次全国代表大会发表的题为《决胜全面建成小康社会　夺取新时代中国特色社会主义伟大胜利》的讲话。

展模式，又有衔接有效的政策支撑，提高了中国海洋文化产业主体发展模式的运作效率，促进了产业主体之间的协调、平衡发展，提高了产业主体系统的稳定性和鲁棒性，推动了海洋文化产业的健康、可持续发展。

第七章　案例——青岛海洋文化产业发展

青岛最大的特色是海洋，作为古代海上丝绸之路的东方起点城市之一，千百年来，中华传统思想与舶来文化等多元文化在此碰撞、融合，为它带来了开放、包容的海派文化。作为山东对外开放新高地的桥头堡、长江以北地区国家纵深开放新的重要战略支点、"一带一路"国际合作新平台以及连接南北、贯通东西的"双节点"，近些年来，青岛市重视海洋文化的发展，着力推动海洋文化基因的有序传承，大力发展海洋文化产业，蓝色软实力不断提升，青岛海洋文化产业的发展格局逐渐铺开，尤其是近两年，青岛市牢牢把握新发展格局这一重大机遇和宝贵的窗口期，不断让文化深度融入青岛市的经济社会，以海洋文化产业发展来助力青岛经济的高质量发展。

截至目前，国家文物局水下文化遗产保护中心北海基地建成运营，海军博物馆新馆、贝壳博物馆新馆建设顺利推进。青岛的海洋特色教育也走在全国领先行列，拥有23个全国海洋科普教育基地，28个全国海洋意识教育基地，100多所海洋特色教育学校，出版全国首套从学前到高中的海洋教育地方课程教材。海洋赛事文化活动精彩纷呈，成功举办克利伯环球帆船赛（青岛站）、远东杯国际帆船周拉力赛、海洋国际音乐节等。通过海洋文化的发展，建设完善了青岛海洋文化公共服务体系，宣传、科普和推广了海洋知识和海洋意识教育，同时也为青岛海洋文化产业的发展注入了活力，海洋文化服务业比重不断增加，海洋文化产业结构逐渐升级；海洋信息服务和海洋文化创意设计产业迅速崛起，产业原创能力显著增强；海洋文化与互联网、旅游、体育等行业融合发展新兴业态逐步形成；农村海洋休闲文化产业发展迅速，产业主体得到有效扶持；沙滩节、国际啤酒节等节庆和赛事热度逐年攀升，海洋文化产品和服务供给质量整体提升。青岛海洋文化产业的发展格局逐渐铺开，并表现出持续的发展潜力和广阔的发展前景。

但与此同时，在青岛海洋文化产业的发展中，仍存在着产业规模偏小、产业结构不合理、产业主体发展不均衡、创新能力不足等问题。在建设全球海洋中心城市的进程中，青岛应该利用好自身的海洋特色文化，滋养海洋文化根脉，提升海洋文化吸引力，以现代化的产业形态来振兴海洋文化，大力发展海洋文化产业，把握青岛海洋文化产业的发展特点和资源要素条件，加快培育海洋文化产业主体，发展新型海洋文化企业、文化业态、文化消费模式，为青岛建设全球海洋中心城市提供文化交流平台，充分展现青岛的海洋文化价值。这是加快青岛海洋经济高质量发展的文化支撑与精神动力，更是全球海洋中心城市建设应有的文化构想和文化担当。

为此，本书以青岛市为案例，通过调研，从青岛实情出发，厘清青岛市海洋文化产业及不同产业主体的发展现状，结合青岛建设全球海洋中心城市的目标要求，提出促进青岛海洋文化产业不同产业主体协同合作以及促进青岛市海洋文化产业高质量发展的路径措施。

第一节　青岛海洋文化资源及产业化发展现状

一　青岛海洋文化资源的历史书写和现有格局

（一）青岛海洋文化资源的历史书写

在青岛市 10654 平方千米的海陆区域，最具有海洋文明特色的就是沿着曲折的黄海海岸线自然形成的"Ω"形滨海文明带。这条孕育数千年青岛海洋文明的"Ω"形滨海文明带，东北端始于即墨金口丁字湾的莲阴河口，西南端止于胶南海青的白马河和吉利河口，全长 730 多千米，宽约 20 千米。若从空中鸟瞰，这条"Ω"形滨海文明带的中间部位，有一个半封闭型天然海湾——胶州湾。[①] 1962 年，三里河史前文明遗址被考古界发现，从考古发掘得知，三里河遗址文化层下的生土层属于海相沉积[②]，这说明在五千多年前，这里已经是良好的渔港。春秋战国时期，黄海海面上莒国、吴国、越国、莱国和齐国各种各样的帆船漂来驶去，"通

---

① 郭泮溪：《对青岛海洋文明历史中几个问题的初步探讨》，《东方论坛》2009 年第 5 期。
② 郭泮溪：《帆都记忆：青岛六千年海洋文明简史》，中国社会科学出版社 2009 年版，第 19 页。

商工之业，便渔盐之利"使得青岛胶州湾的滨海地带作为齐国重要的海陆疆域，变得空前繁忙热闹起来；先秦时期，秦始皇三登琅琊台，派遣徐福东渡，扬帆远行传播胶东文明；唐宋时期，密州板桥镇开启了青岛胶州湾辉煌的海外贸易，胶莱、马濠运河书写了历史上青岛胶州湾畔的两运河文明；到清末民国时期，在清雍正《山东海疆图记》和清乾隆版《胶州志》中，开始出现"青岛口"的记载，在清末德占青岛之前，青岛口已是一处海路四通八达、商贸粗具规模的海滨市镇；新中国成立后，青岛的发展又掀开新的一页，在改革开放时期已跻身首批沿海开放城市之一，海洋文化内涵不断丰富，有以秦始皇三登琅琊台为代表的海洋历史文化资源，以田横祭海节、徐福东渡祭祀活动等为代表的海洋民俗文化资源，有居于全国领先地位的海洋科技文化资源，由多元产品组成的特色鲜明的滨海旅游文化资源，体现人民海军成长历史的海洋军事文化资源和辉煌千年的海洋港口文化资源，还有引领海水养殖业"五次蓝色产业浪潮"的海洋渔业文化资源等独具特色的海洋文化资源。①

（二）青岛海洋文化资源的现有格局

青岛海洋文化资源表现出的"青岛风貌"和"青岛精神"，无论是在物质层面还是在精神层面，都有着本土的特殊性和独特价值。目前，从分类上看，青岛海洋文化资源包括海洋物质文化资源、海洋历史文化资源、海洋民俗文化资源、海洋文学文化资源、现代海洋节庆文化资源等。

1. 海洋物质文化资源

青岛海洋物质文化资源中最突出的就是优美的海洋自然风光，它包括琅琊湾、灵山湾、胶州湾、崂山湾、鳌山湾、青岛湾、汇泉湾、太平湾、浮山湾等在内的多个海湾，以燕岛秋潮为代表的潮汐景观，另外还有青岛沿海的 69 个海岛，是青岛市海洋军事、渔业、旅游、科研等领域的重要活动场所。在公园场馆设施方面，有中国第一座展示活海洋生物的水族馆、多个海水浴场、沙滩公园等。中国第一座海军博物馆也坐落在青岛，另外还有青岛海产博物馆、极地海洋世界、奥帆中心等多个主题会展场馆。作为历史文化名城，青岛市的海洋特色文物遗迹也十分丰富，如展现青岛人文社会变迁的贝丘遗址，作为齐国重要海陆疆域、有

---

① 邢晓燕：《海洋文化产业发展的路径探讨》，《中共青岛市委党校青岛行政学院学报》2013 年第 1 期。

徐福东渡起源之说的琅琊台，此外还有雄崖所、天井山龙王庙、栈桥回澜阁、团岛灯塔、小青岛灯塔、水族馆等文物遗迹。

2. 海洋历史文化资源

青岛市的海洋历史文化资源颇丰：一是渔业文化资源，胶州三里河遗址发现的蓝点马鲛鱼骨是青岛沿海地区渔业发达的有力证明，另外还保存有传统渔业的生产知识、工具与技术等。二是盐业历史文化资源，青岛市盐业历史最早可追溯至夙沙氏煮海为盐，"夙沙氏煮海为盐传说"是青岛市级非物质文化遗产项目，西汉时在计斤（今胶州西南）设有盐官管理盐业，元代时在胶州湾设立了石河场盐场，并延续使用到明清时期，形成了一套完整的胶州湾盐业管理和运销体系。三是航海历史文化资源，胶州湾海上丝绸之路的起源可以追溯到4500多年前的新石器时代，航海历史文化悠久，史前时期胶州湾先民就开拓了自胶州湾至日本列岛的海上船舶航线，并设立了北方唯一的市舶司——板桥镇，开启了胶州湾辉煌海外贸易。四是港口历史文化资源，在青岛胶州湾沿岸上，先秦以来的众多古港码头呈点状分布，比较有名的港口有琅琊、安陵、板桥镇、塔埠头、金家口、女姑口、沧口、沙子口、青岛口等。五是海洋军事历史文化资源，如东接大海的齐长城遗址，防止倭寇侵扰而设置的东西两个明清卫所——鳌山卫和灵山卫，青岛炮台、团岛水上机场等。

3. 海洋民俗文化资源

青岛的海洋民俗文化资源有展示妈祖信仰、海神娘娘信仰、海龙王信仰等海神信仰的天后宫、龙王庙、海云庵、南阁庙、青云宫等，另外还有天后宫庙会、周戈庄"上网节"、海王庙庙会、小龙山庙会等庙会节庆资源。除此之外，传统的民居、民间手工艺（如木质渔船制作技艺等）以及青岛海鲜饮食文化也是青岛海洋民俗生活的重要体现。

4. 海洋文学文化资源

青岛市流传着许多关于海洋的民间传说，由张崇刚主编的《青岛海洋民间故事》从海洋生物篇、海岛海礁篇到渔村民俗篇分别记录了青岛的海洋民间故事。除了海洋民间传说以外，还有许多历朝历代赞咏青岛的海派诗，如元代丘处机的《海上观涛》《海上述怀》，清初丁耀亢的《望海》、近代叶圣陶的《海滩拾贝》、刘禹轩的《忆王孙·青岛前海剪影》、萧三的《青岛海滨晚憩》、汪静之的《青岛的修养季节》、臧克家的《海滨杂诗二首》等。此外，位于青岛的中国海洋大学海洋文化研究所是全国首家海洋文化研究与人才培养机构，出版了《海洋文化概论》等海洋文化书籍 30 余部。

5. 现代海洋特色文化资源

当代青岛市的海洋文化在传统海洋文化资源的基础上内涵不断深化、形式不断变化、种类不断丰富，逐渐衍生出了休闲垂钓、渔业体验、养殖观赏等海洋休闲文化，海上沙滩运动，海洋水上、水下和海空体育运动等海洋体育竞技文化，贝雕、木质渔船制作、渔民画、珊瑚与珍珠工艺品制作等海洋工艺文化，海洋文化相关工程、管理的咨询和海洋文化信息披露等海洋信息文化，海洋相关新闻出版、广播影视与电子网络传媒等海洋传媒文化，海洋文化广告创意与设计、艺术创作、软件开发与设计等海洋创意文化，海洋类音乐、戏剧、曲艺表演及海洋类演艺活动等海洋文艺文化。这些现代化形式的海洋特色文化体现了青岛海洋文化资源保护与发展的力度，也为青岛发展海洋文化产业打下了坚实的基础。

二　青岛市海洋文化产业发展现状

目前青岛市积极开展对海洋文化资源的产业化开发和利用，概括起来主要有以下三个方向：一是将海洋自然资源、公园设施、会展场馆、文物遗迹、海岛文化资源等海洋物质文化资源开发利用为滨海都市风情旅游、海岛游、渔村游、海上游等海洋旅游和休闲文化产业资源等；二是将海洋非物质文化遗产、遗迹、民间信仰、饮食文化、庙会节庆等海洋历史文化资源和海洋文学资源开发为现代节庆文化产业资源、海洋文艺产业资源、海洋影视产业资源、海洋工艺及手工艺业资源等；三是将现代化的、源于海洋的文化创意转化为海洋传媒业资源、海洋创意设计业资源等现代化海洋创意文化产业资源。

从产业具体发展情况来看，青岛市海洋文化产业仍然以海洋文化旅游业为主，该产业门类几乎覆盖了青岛沿海全域，比如将青岛奥林匹克帆船中心和海底世界结合起来的奥帆海洋文化旅游区、前海一线海洋文化风光、海洋主题公园以及青岛市为促进海洋文化旅游集聚发展而推出的海洋文化科普一日游等活动。《青岛市新旧动能转换"海洋攻势"作战方案（2019—2022 年）》和《青岛国际时尚城建设攻势作战方案（2019—2022 年）》《青岛市海洋经济发展"十四五"规划》均提出了挖掘和传承海洋文化、发展海洋文化旅游的目标任务；另外，节庆会展业也是青岛海洋文化产业中发展较好的一个门类，金沙滩啤酒节、国际帆船节、田横岛开海节等节庆活动极大地提升了青岛的城市品牌影响力；在青岛的沿海渔村则有较多海洋民俗文化产业的分布，如青山渔村的崂山湾海洋民俗博物馆、红岛的韩家民俗村等展示青岛渔盐风貌的民俗文化产业以及天后宫等展示海神信仰的民俗文化产业。除此之外，在青岛沿海一线区域还零散地分布着海洋工艺品业、海洋信息服务业、海洋艺术表演业等具体的海洋文化产业门类。

第二节　青岛海洋文化产业发展的问题剖析

近年来，青岛发起"海洋攻势"，强调滋养海洋文化根脉，并针对海洋文化与旅游融合、海洋文化遗产遗迹的修复保护提出了具体的方案和措施，海洋文化产业发展逐渐有了一定的积累，但总体来看，青岛市仍处于较为初级的阶段，主要存在以下几个问题。

（一）顶层规划和政策扶持不足

青岛市具备良好的海洋文化资源禀赋条件和海洋文化产业发展基础，但还没有针对海洋文化发展的科学规范引导和统筹规划，顶层规划和政策扶持不足。虽然在《山东海洋强省建设行动方案》中提出要"合理布局海洋文化产业，着力构建特色鲜明的现代海洋文化产业集群"，青岛市也在《青岛市国民经济和社会发展第十四个五年规划和 2035 年远景目标纲要》中提出海洋文化传承提升工程，但针对海洋文化具体的发展目标、方针、方法、理念，以及对海洋文化市场国有企业、小微企业、个体从业者等不同主体的扶持政策，无论是整个山东省还是青岛市，都没有进行详细而合理的规划和设计，缺乏对青岛市海洋文化产业发展的科学规范引导和统筹规划。

（二）缺少明确定位，地域特色不鲜明，产业发展规模较小

近年来，青岛市各区域陆续开始利用地方海洋文化资源进行产业化发展，但是由于缺少明确的发展定位和鲜明的地域特色，没有完善的经营管理经验、长远的战略规划和健全的保障体系，整体的海洋文化产业发展仍处于初级阶段。第一，青岛海洋文化产业规模总体较小，整个青岛市的海洋文化产业仍以滨海旅游为主，缺乏新的重点工程项目来带动滨海旅游的升级发展。在海洋文化类企业中，大型企业少，难以起到引

领和带动作用，小微企业散而缺乏创新，作为市场主体竞争力明显不足，个体从业者的主体地位低，整个市场中各类主体很难协同而形成产业集群。第二，由于青岛市海洋文化产业以小微企业为主，并且处于产业链的低端，常常因为创新动力不足，致使部分海洋文化产业在发展过程中易于简单效仿甚至直接照搬其他沿海城市海洋文化产业成熟期的发展模式，很难结合青岛海洋文化特色来发展产业，使得青岛市的本土优势无法充分发挥，也就难以在山东省以及周边地区的海洋文化产业发展和海洋经济竞争中胜出。

（三）公众海洋文化意识仍较淡薄，海洋文化产业专业人才匮乏

近年来，青岛市开展了一系列面向国民的、普及性、基础性的海洋文化知识教育活动，市民在海洋资源开发、海洋生态保护、海洋权益维护中的参与意识有所增强，关于海洋安全事件、海洋安全问题的海洋安全观念有所提高。一方面，虽然海洋环境问题日益引起公众的关注和广泛参与，但公众具备的海洋环境知识并不足以对海洋环境问题进行有效的知觉和判断。另一方面，青岛市有多个涉海高校和科研单位，海洋专业人才占全国同类人才的17%，但专门从事海洋文化研究的人才、培育海洋文化人才的单位却较少。青岛有很好的海洋人才基础，却没有借助海洋文化人才优势形成青岛海洋文化科研力量与人才培养的同盟，这无疑不利于青岛海洋文化的不断创新与进步。

（四）产业结构布局不合理，市场创新驱动不足，产业及主体发展不均衡

从青岛市目前的海洋文化产业发展现状来看，传统海洋文化产业门类仍然占据着较高的比重，且整体产业覆盖面不广，相应的海洋文化产品和服务的种类也就不够丰富，从而阻碍了海洋文化产业转型升级的速度。海洋工艺品业等基本消费型海洋文化产业发展增速缓慢，海洋节庆会展业、海洋体育竞技业等发展型海洋文化产业发展增速较快。创新驱动不足也是青岛海洋文化发展面临的一个重要问题，从产业门类的素质结构来看，在海洋文化产品的创作、生产、销售、传播的各个环节中，与科技、网络、大数据等现代化信息技术的结合能力不够，不利于海洋文化产业的创新发展。另外，从青岛海洋文化产业发展的区域布局来看，胶州湾沿线以及青岛市市区内海洋文化的发展较之青岛农村、渔村地区的海洋文化发展有着较大的优势。尤其是在海洋文化产业的发展上，青

岛的农村、渔村地区，虽然海洋文化资源丰富，但资本、人力等市场资源较为缺乏，政府针对农村家庭、家族式个体从业主体的保护和扶持力度仍然不足，海洋文化产业的发展还大有空间。

（五）海洋文化资源缺乏系统挖掘，海洋文化遗产保护力度不足

青岛市的海洋文化资源历史悠久、种类丰富、数量较大，但目前青岛现有的海洋文化资源家底还未理清，尚未建立起青岛海洋文化的基因库，缺少对体现青岛传统海洋文化精髓的海洋文化进行挖掘和整理，海洋文化资源的挖掘和保护是青岛发展海洋文化产业的基础，这样就无法对青岛海洋文化资源进行全面系统的保护，以及合理有序的开发利用。近年来，青岛在积极探索海洋文化遗产的主体多元化保护方式，比如崂山区在政府的主导下，通过制定政策和平台搭建，在充分发挥海洋文化专家作用的基础上建立了崂山湾渔村民俗博物馆，将附近的海洋文化景区、渔村建筑、海洋民俗文化、海洋非物质文化遗产充分结合起来，通过与市场中企业主体、非营利性的高校和科研院所等合力，打造了集海洋文化遗产保护、旅游、科普教育于一体的海洋文化资源开发和保护形式。但总体来看，在青岛海洋文化遗产资源的保护和整体利用上，主要还是依靠政府来支撑海洋文化资源的保障机制，尚没有形成多方力量的通力合作，市场主体和社会主体的力量很难发挥出来。

第三节　青岛海洋文化产业及其主体发展路径优化

青岛海洋文化产业要实现产业主体的协调发展和产业的高质量发展，就要在滋养好青岛海洋文化根脉的基础上，按照山东省建设海洋强省和青岛建设全球海洋中心城市、引领北部海洋经济圈海洋经济高质量发展的部署安排，坚持新发展理念，以推动高质量发展为主题，以全新的意识和高效的扶持政策对青岛海洋文化产业发展谋篇布局，并使之成为青岛特色文化高质量发展的重要支撑点和发力点。为此，本书提出推动青岛海洋文化产业及其主体协同、可持续、高质量发展的七大行动路径。

一　建立青岛海洋文化基因库，大力传承优秀传统海洋文化

青岛市的海洋文化资源种类丰富、数量众多，但同时这些海洋文化

资源分布较为散乱，急需在政府的引领扶持下，建立一个完整的海洋文化资源库，为科学合理地保护、开发和利用青岛海洋文化奠定坚实基础。为此，青岛要实施海洋文化挖掘工程。

在政府的主导下，启动以海洋文化资源和海洋文化遗产为主题的专项调查，组织相关人力对青岛海洋文化资源和遗产情况进行全面系统的普查，建立《青岛老城区申报世界文化遗产预备名录文本》，对特色性较强、价值较大的海洋文化资源进行详细的调查研究，对有产业化潜力的海洋文化资源进行针对性产业开发设计。在此基础上，尽快制定较为详尽而合理的青岛市海洋文化发展规划，明确海洋文化的发展目标、战略布局、发展重点、阶段步骤等，然后通过与企业、金融机构、个体等市场力量的结合，以及高校、科研机构、社会组织等力量的发挥，共同统筹协调，引导全市海洋文化科学发展，加快建设现代海洋文化名城。具体的举措包括：

1. 对青岛的滨海建筑"寻根建档"

以政府为主导，充分调动海洋文化专家智库力量，对琅琊台、金口港、板桥镇等重要遗址，挖掘和梳理它们的历史沿革、价值意义，构建青岛的滨海城市建筑文脉，在符合青岛城市特征和城市肌理可持续保护发展要求的基础上，提出对滨海建筑群进行保护和开发工作的可行性方案。

2. 对海洋历史文化资源分类挖掘

青岛有丰富的渔业历史文化资源、盐业历史文化资源、航海历史文化资源、港口历史文化资源和海洋军事历史文化资源等丰富的历史文化资源种类。要在充分挖掘梳理这些资源的基础上，有重点地开展海洋历史文化的保护工作。第一，实施青岛海洋文化基因解码工程，深入开展海洋自然和文化遗产调查与挖掘保护，放大青岛海上丝绸之路文化遗址价值，保护琅琊台等抗倭海防遗址。第二，积极参与海上丝绸之路的联合申遗，开展海上丝绸之路遗产点的保护研究，对金口港遗址进行考古勘探。第三，充分利用国家文物局水下文化遗产保护中心北海基地优势，配合国家文物局开展胶州湾海域沉船调查，并积极协助中国以及"一带一路"沿线国家海洋文化的挖掘保护工作。第四，加快海洋文化公共服务体系建设，推进海洋非物质文化遗产馆、中国海军博物馆、贝壳博物馆、军事博物馆等基础设施的建设与完善。第五，深入挖掘渔业文化，积极打造休闲渔业品牌，组织创建全国休闲渔业示范基地。

3. 协同各类产业主体，丰富青岛海洋文化产业现代化新内涵

在政府的主导下，充分发挥社会和民间力量，深入挖掘青岛市与海洋相关的民间信仰、节庆庙会、饮食文化、传统民居等海洋民俗文化资源，还要举办有影响力的海洋文化节庆活动，利用好国际航海节等现代化海洋文化节庆资源，丰富青岛市海洋文化产业的内涵。就天后宫来讲，它是一个多种类型海洋文化集合的整体，既是有形的海洋文物遗迹，又是海洋信仰的寄托所在，还是海洋节庆活动的展现场所，如果在资源开发的过程中，能够整合协作，便可以形成一定的规模和影响力，将文物保护、海洋信仰文化、海洋节庆文化融为一体，使人们更加了解和认识青岛深层次的海洋文化底蕴，也使海洋节庆会展业和青岛的海洋文化影响力得到进一步提升。

二　推动"海洋文化+旅游"融合，打造滨海休闲旅游业集群

（一）推动"海洋文化+旅游"融合发展

海洋文化产业的发展要找准自身的优势和特色，突出区域海洋文化的特性，寻求一定的差异性，避免重复化，走品牌化道路，这才能够给人有冲击力的第一印象。滨海旅游业一直是青岛海洋文化产业发展的主导产业，要集聚青岛海洋文化产业各类主体的力量，共同推动"海洋文化+旅游"融合转型发展，重塑"海洋文化+旅游"新格局。为此，可以政府为主导，规划建设滨海文化景观长廊，构筑青岛城市海洋文化线路，体现全球海洋文化中心城市应有的格局和水平。

可在青岛目前名山、名海、名城相依相伴的独特景观基础上，整合渔港、旅游码头，打造特色旅游支撑体系，链接"田横岛旅游组团"—"大小管岛—即墨—崂山旅游组团"—"前海旅游组团"—"竹岔道—凤凰岛旅游组团"—"灵山岛—凤凰岛—胶南旅游组团"，打造城市、海岛、村居"一程多站"式的多主题特色旅游线路和产品，实现海洋主题公园、大型旅游综合体等重大旅游项目的整体突破。同时，依托青岛"山、海、湾"旅游资源禀赋条件，大力发展海岛旅游、远海旅游，构建陆海一体的旅游交通体系，重点突出海岛游和邮轮等滨海度假旅游、海洋休闲旅游与运动、品质渔村旅游及海洋融合创新旅游等发展方向和特色。这种"一程多站"式滨海文化旅游线路可以充分发挥大型企业主体的带动作用，集聚散而小的个体从业主体和小微企业的力量，提高青岛

海洋文化旅游的整体竞争力。

（二）打造滨海休闲旅游业集群

要充分发挥海洋文化在青岛建设全球海洋中心城市中的带动作用，必须要提高青岛海洋文化发展水平，打造滨海休闲旅游产业集群。在青岛现有滨海休闲旅游业的基础上，对海洋文化产业分类规划设计，比如：基于海洋自然遗产调查，打造一批海洋考古文化旅游目的地，建设一批海岛文化遗产旅游小镇；试行有条件开放公海无目的地邮轮航线；扩大完善东方影都影视城等建设，打造一批海岛特色影视小镇；创新打造海上运动赛事、海岛休闲度假等海洋旅游产品体系，合理控制海岛旅游客流；推进崂山观海休闲、即墨滨海古城度假等产品开发；推动海洋主题公园建设，打造统一旅游品牌，全面建成中国最佳滨海旅游目的地、国际海鲜美食旅游目的地、中国海洋旅游强市。

值得强调的是，在青岛长期海洋文化发展中，一个大型的综合性的海洋主题公园应该也在规划之中。比如在红岛，依托天然的海洋文化资源，建设一个能够充分彰显全球海洋中心城市水平和高度的大型海洋文化主题公园，改变青岛只有"海底世界""极地海洋世界"两个海洋主题公园的现状。澳大利亚就是一个很好的借鉴，从1937年建立第一个海洋公园——绿岛海洋公园，到今天，澳大利亚已在各个州建立了60余个不同特色的海洋公园，这些主题公园集综合科普教育研究、自然资源可持续利用和游憩与娱乐于一体，既保护了海洋生态系统，又增加了相关海洋旅游及服务产业带来的收入。

三　创新海洋文化产业业态，构建"智慧型"海洋文化产业发展模式

第一，通过创新来增添产业发展活力。依托地方海洋文化资源的特色和优势打造具有本地海洋文化特色的创意产品是发展海洋文化的重要途径。一方面，要对已有的传统海洋文化产品进行传承创新式发展，借助现代技术，丰富海洋文化产业传统品牌的文化内涵，例如，对海洋极地馆和博物馆的展陈及体验方式可以进一步创新，引入海洋探索博物馆的智慧模式，借助传感技术、射频识别标签（RFID）技术等实现人海智能沟通。另一方面，借助数字技术、新媒体等打造海洋文化新地标，策划青岛海洋民俗文化、海上丝绸之路文化、海防文化等主题展馆，打造海洋文化产业新名片，充分展示青岛海洋文化形象和特色，扩大海洋文化产业的门类和领域。

第二，海洋文化跨界融合协作发展。跨界融合一方面是实现海洋文化与第一、第二产业的融合；另一方面则体现在发展方式上，即海洋文化产业的市场主体把自主技术研发应用到海洋文化的创意和传播形式、产品和服务制造模式中去，如实施"数字+海洋文化"的产业模式。近年来，青岛动漫产业逐渐推出涉海动漫作品，依靠信息网络技术和通信技术在互联网、电视、图书馆等平台进行展播，取得了一定成绩。如能进一步继续挖掘优秀的海洋传说故事、海洋民间信仰、海洋风俗习惯等素材，在更大市场推出涉海类书籍、电影、动画片、游戏等作品，实现海洋文化作品的系列化、网络化、手机化，将会加快其产业化步伐。同样，各类海洋节庆活动，青岛国际啤酒节、青岛海洋节、周戈庄祭海节等，如能参与网络互动，充分利用网络技术实现同步放送，不仅能更好地提升其知名度，而且有助于树立节庆品牌形象，提升市场美誉度。

第三，大力发展青岛乡村、渔村海洋文化产业，振兴乡村海洋经济转型发展。挖掘和拓展沿海乡村地区海洋文化产业创意、元素和灵感，开发利用不同乡村各具特色的海洋文化资源，培育形成沿海乡村特色海洋文化产业，振兴沿海乡村发展。比如打造一批海岛地质文化村和海洋文化小镇。以灵山岛为例，既可以利用"山盟海誓"的主题发展海洋婚庆业，又可以将捕捞与养殖业结合，运营区域特色渔业产品品牌，还可以借助岛上渔家乐、酒店等服务设施发展休闲渔业和休闲体育项目，岛上的军事资源也可以利用起来设立相关的展馆，适度开展军事旅游。

胶州湾是青岛的母亲湾，百余年来，青岛这座城市的兴起和发展正是依托其良好的资源条件，整个城市空间格局的拓展亦围绕胶州湾而展开。本书尝试对胶州湾沿线海洋文化产业发展进行初步规划。

在规划中，青岛不再将海洋文化产资源作为单一的产业资源进行开发利用和保护发展，而是将海洋文化产业与滨海旅游产业、陆域交通运输、沿海生态环境系统的保护、公共基础设施、城市生活及配套服务业和建筑业等领域融合起来，将海洋文化融入城市生活和社会进步发展的方方面面，设计开发一系列海洋特色相关领域发展的整体和配套方案，实现多种涉海资源的融合发展和整体联动发展，创新胶州湾沿线海洋文化产业发展的方式、方法，构建"智慧型""联动型""高质型"海洋文化产业发展模式，将整个青岛沿海区域的发展形成一个海洋特色鲜明的"命运共同体"，这样不仅能够带动青岛海洋文化产业的发展，更深层次、更广范围、更大领域地滋养青岛的海洋文化根脉，同时可以促进其他产业以海洋文化为载体和配套，实现高质量发展，进而以整体带动青岛的城市发展和进步。

在胶州湾东侧沿线，自南向北打造4个海洋文化产业组团。具体包括：（1）南、中、北岛—小港滨海旅游产业组团，该区域可以依托成熟的旅游业，重点发展滨海休闲旅游、公共服务、海上客运交通等产业功能，打造融合海洋文化的复合型都市旅游生活海岸。（2）大港旅游度假产业组团，该区域可以依托邮轮母港建设和老港区更新，弱化货运功能，突出旅游客运功能，重点发展蓝色高端服务业、创意文化产业，以及以工业遗产和邮轮游艇为主题的旅游业等。（3）欢乐滨海城滨海旅游产业组团，该区域可以结合老企业搬迁，依托欢乐滨海城建设，完善城市生活与公共配套服务功能，发展滨海旅游休闲产业，重点开发集水上活动、展示、表演、娱乐等功能于一体的浮岛旅游；结合青少年帆船运动比赛等项目，开发海上运动、海上竞技旅游产品，突出青岛帆船之都旅游品牌。（4）李沧交通及滨水生活产业组团，该区域可以以青岛北客站及周边交通商务区为带动，通过老企业搬迁，发展以城市生活及配套服务业、交通运输业为主的产业功能。

在胶州湾北侧沿线，打造3个海洋文化产业组团。具体包括：（1）城阳滨水生活休闲产业组团，该区域可以通过化工企业搬迁、自然环境修复和环境品质提升，着重发展以中高端居住、滨海休闲娱乐、公共配套服务为主的产业功能。（2）河套生态旅游及滨海商务产业组团，该区域可以依托大沽河河口湿地、少海湿地公园，开展湿地生态旅游产业，重点开发海上湿地观光、海洋生态科考教育等生态旅游产品。（3）红岛旅游度假产业组团，该区域可以利用红岛休闲渔村、韩家民俗村等特色资源，发展以渔村生态观光、海岛游、渔家乐、休闲渔业参与体验项目为主的滨海旅游业，大力发展文化创意等海洋文化产业功能。

在胶州湾西侧沿线，自北向南打造4个海洋文化产业组团。具体包括：（1）胶州国家级经济技术开发区组团，该区域重点发展海洋休闲度假旅游产业、海洋民俗文化产业，打造具有浓郁海洋文化特色的生态型滨海新区。（2）西海岸国际合作产业组团，该区域可以依托石化产业搬迁转型，着重发展海洋生态文化产业、国际商住旅游、影视文化等海洋文化产业，形成海洋文化服务功能综合的滨海新区及跨国际合作先行先试区。（3）前湾港产业组团，该区域可以着重提升和延伸港口文化及滨海老城旅游休闲生活功能。（4）海西湾产业组团，该区域可以依托船舶基地的转型改造，着重发展海洋研发、商业贸易、旅游服务、休闲度假等海洋产业功能。

四 打造反映当代的海洋文化精品力作，提升青岛海洋文化形象

打造反映当代的海洋文化精品力作、塑造青岛海洋文化品牌，要追求差异化，使自身更具个性化。一方面可以借鉴釜山、东京、上海等标杆城市的发展经验；另一方面可以对深圳、宁波等同类城市的品牌定位与构建进行适当分析，找到青岛海洋文化城市品牌的延伸点。

可采取的措施包括：第一，突出海洋特色，通过举办"全国工艺品交易会（秋季）暨青岛'一带一路'国际非遗展""东方时尚——中国（青岛）国际时装周""青岛国际啤酒节"等文化节庆活动大力宣传青岛海洋文化。第二，推进青岛文化旅游商品交易中心建设，开发具有海洋特色的旅游纪念品和伴手礼。第三，围绕城市海洋特色加大文艺精品创作力度，推出青岛系列海洋文艺作品；推动话剧《崂山道士》等文艺作品向文旅产品转化升级。第四，推进实施《青岛市帆船事业和"帆船之都"品牌发展十年规划》。成立山东半岛帆船城市联盟，搭建半岛海上体育合作平台，举办青岛国际帆船周、青岛国际海洋节等赛事活动，增强青岛海洋文化的辐射力。

五 加强海洋文化普及推广，将海洋文化融入教育和生活

1. 海洋文化融入教育

建设中小学海洋教育这一全民海洋教育的"基石工程"，全面落实海洋教育"进校园、进课堂、进教材"，使海洋教育成为中小学的必修课。另外，还要做好海洋文化高等教育人才的培育培养，推动对高校涉海一流学科建设发展的扶持支持力度。具体措施包括：第一，加快海洋教育示范特色城市建设，研究制定中小学海洋教育指导纲要、探索海洋 STEM 课程、推进"海洋专家走进中小学课堂"活动课程化、开展以"海洋、海权、海防"为主题的国防教育等。第二，完善海洋教育基础设施，依托海洋科普联盟，定期组织开展海洋科普网络直播活动，以现代化手段打造精品展馆。第三，以设计构建和优化完善涉海类专业高等教育课程体系为"主渠道"，提升高校和科研机构海洋文化人才的培养能力，为青岛建立海洋文化智库。第四，支持青岛举办全国性海洋教育活动、海洋

夏令营、海洋研学博览会和国际海洋教育论坛，打造具有全国影响力的海洋知识竞赛，通过一系列的活动，突出海洋特色，推动青岛市海洋科普工作水平整体提升。

2. 海洋文化融入生活

开展各类"海洋文化产业+多领域"融合的活动，提升公众的海洋意识。具体包括：第一，建立多层次、全方位、广范围的海洋意识宣传和普及教育体系，提升旅游景点科普功能。规范强化已有海洋文化旅游休闲观光的科学性与科普教育功能，开发沿岸、沿海与岛屿的生态观光、休闲体育与科普教育功能，以推陈出新的形式让海洋文化和海洋意识走近青岛市民，形成全市亲海、爱海、强海的浓厚氛围。第二，运用各种先进技术，大量生产、复制、传播利于推进市民海洋意识水平，提升国民海洋观念的新闻、信息、影视产品及娱乐节目，唤起并逐步提高市民对"海洋问题"的关注度。第三，打造各类海洋主题街、文化节、主题公园与地标，加强海洋观教育和海权文化宣传，地铁海洋主题车厢就是很好的做法，推广至公交、建筑并增加文字科普宣传则更好。第四，加强海权教育基础设施建设，中国海权教育馆在中国海洋大学崂山校区开馆是一次有益尝试，应将相关海洋知识的内容补充到现有的科技场馆、博物馆，整合好资源。要借用网络平台做好宣传教育，可尝试设计虚拟海洋博物馆，让市民在家中就能感受海洋，增进对海洋的直观了解，扩大普及面。

六　打造具有竞争力的海洋文化产业市场主体，在参与国际竞争中提升海洋文化创造力

随着科技进步和产业发展，海洋文化产业链条不断周密、细化，原有的产业市场主体要实现价值链的升级，就需要不断地培育能够产生新的价值形态、实现产业价值创新式、高技术含量式成长的海洋文化产业主体，主动融入国内国际双循环新发展格局。着眼全球海洋文化资源和市场，充分利用国内国际技术、人才、管理等资源，推进海洋文化产业精准招商，推动海洋文化优势产业走出去，提高海洋文化产品质量和附加值，提升青岛海洋文化产业的国际吸引力和竞争力。

同时，抓住山东自贸区青岛片区扩大对外开放和高质量发展海洋经济的机遇，借助东北亚国际航运枢纽建设，大力开拓"海洋文化+旅游"的国际航线，鼓励和引导海洋文化企业加强对金砖国家市场、"一带一路"沿线国家市场、自贸区战略相关市场的开拓力度,支持涉海企业与境外机构共建海洋文化产业园区。

七 积极支持海洋文化发展的人才和体制创新

在体制创新上,建议青岛成立海洋文化发展的专门负责机构,加大资源整合力度,集合人才、资金等方面的优势,探索海洋文化产业科学的运作模式。鼓励尽快组建部分跨行业、跨部门的立体联合集团,以龙头企业为引领,形成一批过得硬、叫得响的海洋文化产业领军团队,实现社会效益和经济效益的最佳结合。

在人才支撑上,青岛市要注重培育一批德才兼备、结构合理的海洋文化人才队伍,实施海洋文化人才战略:借助青岛高校的海洋学科优势,以设计构建和优化完善海洋文化类专业高等教育课程体系为"主渠道",提升高校和科研机构海洋文化人才的培养能力;以强化产学研交流为"闪亮点",从高校吸引优质人才加入海洋文化产业市场,提高海洋文化人才素养和发展空间;以多渠道人才培养投入为"动力点",为海洋文化人才智库建设提供资金支持,充分发挥海洋文化的"智库"作用,在人才层面实现海洋文化产业发展动能的动态优化。

第八章 促进海洋文化产业主体发展的保障措施

海洋文化产业主体系统的稳定运转是产业健康、可持续发展的必然要求，各类产业主体在中国海洋文化产业的实际发展中机遇与挑战并存，优势与问题共生，在成长过程中不可避免地要面对一些困境，出现了一系列的问题。对产业主体的发展模式进行科学设计可以提高产业主体的运转效率，有效地解决和合理地规避存在的部分问题，并通过针对性的政策指导和扶持，为产业主体的发展打造更加优良的生存和成长市场环境和体制机制。本章将进一步阐述促进海洋文化产业主体协调、平衡发展的保障措施，以期为中国海洋文化产业主体的发展提供一套完整的战略思路。

第一节 配套机制的建设与完善

一 建设道德与法制双重保障体系

规范和促进海洋文化产业主体自身健康发展以及整个产业主体系统的平衡、稳定，既需要通过法制建设来规制海洋文化产业主体的行为，又需要发挥道德的约束作用来引领和教化产业主体的发展，对海洋文化产业主体的发展实行道德与法制双重建设的互补配套保障体系。

道德水准的约束力对于产业主体来说，体现在人与海洋的关系、人与人之间的关系以及人与社会等关系的价值观念和文明程度上，是产业主体对海洋文化发展认知和行为的自觉性，具有规范性和调节性的约束作用。法制则是对产业主体行为规则底线的强制性约束，是通过法律的强制执行、教育教导和评价指引等措施来规范产业主体的行为。两者以不同的标准和功能实现对海洋文化产业主体的既有区别又相互补充的约束和规范保障。中国海洋文化产业及其产业主体的发展尚处于起步阶段，各类产业主体以产业的快速发展为目标追求，在这个过程中也因为道德和法制约束的缺失，致使原本"人海和谐相处"的关系失去平衡，失去了道德的内在约束和法制的外在制约，部分产业主体开始无限制地征服与改造海洋世界和海洋文化，由此引发了海洋生态环境污染和破坏、海洋文化资源开发不合理、海洋生态危机加剧、海洋文化价值观念扭曲等一系列问题，致使部分海洋文化产业及其产业主体的发展停滞不前，因此，亟须通过道德和法制手段来规范与约束海洋文化产业主体的行为，建立海洋文化发展道德和法制的双重互补配套机制，实现"构建人海和谐关系，树立海洋文化可持续发展观"的道德"高标"与"产业主体权责明确、监测监察有力"的法制"底线"相辅相成，从不同角度规范海洋文化产业及其产业主体的发展，共同服务于中国海洋文化的发展和海洋生态文明的建设。

　　海洋文化产业及其主体发展的道德约束能够为海洋文化法制规范提供价值理论基础，而法制规范反过来也可以为海洋文化的道德约束提供制度保障。因此，一方面，要通过科学、民主的立法，将海洋文化发展的道德理念融入法制建设中，使海洋文化法律规章包含道德约束力；建立海洋文化法律严格的执法和公正的司法程序机制，使得海洋文化的道德价值要求在产业主体的产业实践行为中得到广泛遵循并大力弘扬，成为衡量海洋文化产业主体法律执行行为的重要标准；倡导全民遵法、守法，尤其是海洋文化产业主体要将海洋文化发展的法律和道德转化为内心的坚定信仰。另一方面，完善中国海洋意识普及和海洋文化道德的理论建设，构建一套既能约束产业主体行为又可以成为全民价值导向的海洋文化建设道德规范体系，以切实可行的实践路径推进道德对海洋文化法制、对整个海洋文化产业发展的滋养、丰富和支撑作用，以海洋文化发展的道德理念和精神价值引导人们遵守和信仰海洋文化发展的法律体系。

　　在海洋文化发展的道德和法制建设中，政府要责无旁贷地引领海洋文化发展与建设的道德风尚，倡导海洋文化价值的道德理念，深入开展海洋文化道德建设的宣传教育工作，加强以海洋文化发展道德观念为先导的海洋文化产业及其产业主体的发展管理，从立法整合机制与立法参与机制两个方面入手来建立海洋文化发展的体制保障。[①] 同时，政府要积极倡导和呼吁民间主体发挥其海洋文化发展主体的自觉向善功能，引导学校建立和完善海洋文化学科的教育机制，鼓励公众将海洋文化道德理念融于日常言行之中，实现政府的强制和惩处功能与民间的监督与自律功能的统一与互补。最终形成以海洋文化建设和发展的道德操守为普遍内在需求的倡导与激励机制，对违反海洋文化道德的普遍性舆论谴责与软性社会惩治规则，以海洋文化建设法律法规为底线的外在强制制度，对违反海洋文化建设法律法规行为的严厉惩处与高压震慑手段，以道德和法律的双重共建加强对海洋文化的保护和海洋文化产业发展的指导。

二　建立人才智库支撑体系

人力资本的储备，尤其是人才的培育积蓄是海洋文化产业市场主体的核心竞争力要素之一，海洋文化人才不仅能够提升产业的自主创新能力和持久发展力，还能提升中国海洋文化的基础学科建设和前沿技术的研究水平，推动中国的海洋文化建设。[②] 中国海洋文化人才总体上看最主要的问题就是人才数量非常少，尤其是在海洋文化产业的发展中，高层次的创意型、制作型、营销型和管理型人才严重缺乏，[③] 难以支撑海洋文化产业的迅速发展；第二个问题就是海洋文化人才结构不合理，专业素质过硬、创新能力强的高端、领军海洋文化复合型、精英型和创新型人才极度稀缺，难以应对当前经济发展新常态下海洋文化产业的转型升级发展；第三个问题就是缺乏对海洋文化人才的管理机制体制建设，没有为海洋文化人才打造适宜的成长环境和通畅的成长通道，从而制约了海洋文化人才能力的充分发挥。

要培育一批规模够大、德才兼备，结构合理的海洋文化产业人才队伍，需要实施海洋文化产业的人才战略，打造人才培养工程，建立人才智库支撑体系。以设计构建和优化完善海洋文化类专业高等教育课程体系为"主渠道"，提升高校和科研机构海洋文化产业管理和技术人才的培养能力；以强化产学研交流为"闪亮点"，从高校吸引优质人才加入海洋

---

① 朱进：《中国海洋文化法律制度研究》，博士学位论文，大连海事大学，2016年，第112页。

② 朱雪波、慈勤英：《创新型海洋高层次人才培养路径研究》，《江西社会科学》2015年第2期。

③ 欧阳友权：《文化产业人才建设：问题与思路》，《福建论坛》（人文社会科学版）2012年第2期。

文化产业市场，提高海洋文化产业主体的人才素养和发展空间；以多渠道人才培养投入为"动力点"，为海洋文化人才智库建设提供资金支持，充分发挥海洋文化"智库"作用。

首先，在学校设计海洋文化产业发展的相关专业课程，加强涉海高等院校和职业院校的技术教育，大力培育海洋文化产业管理和技术人才。一方面，要通过海洋文化学科体系的构建与完善，交叉设置贯穿海洋文化专业基础课、专业课和实践课的综合人才培养课程体系，并重点根据"涉海性"这一特色实现海洋文化与多学科、多方向综合交叉的高弹性培育结合方式，培养复合型、综合型、高素质海洋文化人才。另一方面，拓宽中国海洋文化人才的培养渠道和知识视野，通过定期举办国内外学术讨论和专题研讨会，努力学习国内外先进海洋文化人才培养理念和成功经验，及时掌握和关注国际上人才培育的相关信息与动态，以多种渠道多种力量增加海洋文化人才的培养方式。同时，也要通过开展国际海洋文化人才教育培训的交流与合作，培育具有国际视野、顶尖素养的人才，提高中国海洋文化人才的综合素质和国际竞争力。

其次，建立海洋文化人才数据库，发挥海洋人才智库作用。一方面，通过建立海洋文化人才集聚和服务平台，吸收具有正确的海洋价值观念、创新精神和战略思维的各类海洋文化产业高精尖人才资源，借助海洋文化高层次人才的规模效应构建海洋文化人才智库，利用智库人才在海洋文化产业及其产业主体发展中献计献策，为政府和产业主体的发展提供决策依据，同时使有关部门能及时全面掌握各方面的人才信息，为海洋文化产业提供及时的智力支持。另一方面，建立海洋文化产业市场人才需求数据库，并与人才数据库形成关联，通过市场人才需求的"晴雨表"搭建人才与海洋文化产业发展职位需求的匹配，使市场人才需求和人才供给达到最优组合，打造充满效率与活力、结构较优、规模较大的海洋文化高端智库人才支撑体系，更好地服务于中国海洋文化产业主体的发展大局，实现海洋文化产业的最大效益。①

最后，推进海洋文化人才"产学研"交流与流动，发挥海洋文化人才的实践力。一方面，通过对高校和科研机构海洋文化科研成果的转化，

① 尚方剑：《我国海洋文化产业国际竞争力研究》，硕士学位论文，哈尔滨工业大学，2012年，第43页。

实现海洋文化人才从"学""研"向产业的传递和运用，打造"学科链""专业链"和"产业链"融合体系，使得在人才培育工程下成长起来的专业型、精英型人才资源进入海洋文化产业发展的实践领域，充分发挥海洋文化人才的专业素养和创新技能；另一方面，海洋文化产业主体往往缺乏对人才的专业性、系统性培训和继续教育，导致人力资源后劲不足，因此，产业主体必须意识到提高自身人才素养的重要性，除了举办定期培训外，还可以与学校建立联合培养培训机制，经常开展交流活动，以高校的后期教育来提高产业主体的人才素养和理论知识，以产业主体的实践经验丰富高校教育的应用能力和操作能力，实现"产学研"的合作与优势互补，达到海洋文化人才培养的共赢，以人才之力，推动海洋文化产业的可持续发展。

三　提供科技创新动力支持

将科技创新融于海洋文化发展是中国海洋文化产业规模化、集约化水平提高的有效策略之一，中国海洋文化产业尚处于初期，产业主体发育不成熟，新业态发展动力不足，需要通过科技创新来提升海洋文化产业价值链，创新海洋文化产业主体发展模式。因此，产业主体的发展既要融合海洋文化的软实力，又要跟科技硬实力相结合，以科技创新力服务于满足人们的海洋文化需求，撬动海洋文化产业发展的新动能，优化海洋文化产业结构和产业主体发展水平，实现海洋文化产业的转型升级发展。

第一，政府推动科技创新与海洋文化双向驱动的顶层设计，加速推进海洋文化产业发展和海洋生态文明建设进程。首先，政府引导并制定创新技术与海洋文化产业的融合政策和规划，鼓励海洋文化产业主体加强自身技术创新，并应用于海洋文化的传播形式、产品和服务模式的创新；同时，将有利于海洋文化与科技创新技术相融合、协同的创新机制和创新环境建设作为政府推动的主要着力点，建立健全科技创新技术与海洋文化融合机制，推动海洋文化产业的升级发展。其次，政府带动并鼓励各类产业主体借助科技创新平台开展海洋文化引导和意识普及工作，借助非正式教育组织机构和非传统海洋文化教育课程体系、培训计划等更广泛、更容易被接受的渠道来宣传海洋文化，通过开展与沿海社群和海洋文化空间有关的历史生存经验、家庭与工作作坊、娱乐休闲方式等各种活动，在全民范围内普及海洋知识，弘扬海洋文化，树立有利于海洋生态文明建设的价值理念，提高公民对海洋文化和海洋生态文明的认知和行动。最后，在科技创新支撑下，以海洋文化为根基，以技术创新为关键，在产品、服务和技术上进行海洋文化跨产业的交叉和重组，实现海洋文化产业与其他产业的"跨界融合"，推动海洋文化产业多元化、高技术含量的转型升级发展，拓宽海洋文化产业的覆盖面与内涵深度，增加产业的附加值与竞争力。跨界融合发展是实现海洋文化产业高效与现代化发展的重要途径。跨界融合一方面是实现海洋文化与第一、第二产业的融合，比如通过上下游产业融合将海洋文化旅游业与海洋休闲渔业、海洋工艺产品业以及纵横向的民俗产业、餐饮产业等产业结合起来，实现海洋文化产业在较大程度上的集群式发展，同时建立成熟的海洋文化产业配套产业和相关支持服务系统，扩大海洋文化产业整体格局，提供多样化、一体化的海洋文化产品和服务，在最大限度上带动和满足人们对海洋文化的多样需求。这里的海洋文化产业集群式发展，既可以是区域和区域之间文化资源的统一整合，也可以是区域内部、不同文化资源之间的整合；既可以是横向相关产业之间的资源整合，也可以是纵向上下产业链之间的资源整合。另一方面，海洋文化产业的跨界融合体现在发展方式上，即海洋文化产业的市场主体通过加强自身技术研发，将其应用于海洋文化的创意和传播形式、产品和服务制造模式中去，尤其是在当前互联网技术与服务的不断发展与推进下，海洋文化资源也需要借助"互联网思维"进行网络数字化的开发与整合，实现"互联网+海洋文化"的产业模式。

第二，以科技创新融入海洋文化产业发展的新视角、新思路、新举措。首先，海洋文化产业的发展要始终贯穿保护海洋文化资源和生态环境的理念，因此，一方面，产业主体在发展过程中势必要转变以前资源开发型和劳动密集型的产业发展视角，通过科技的融入实现海洋文化资源开发和高效利用上的突破；另一方面将科技创新技术转化成具体成果应用到产业主体的发展中去，提高产业的科技含量和附加值，推动海洋文化产业更节约、更环保、更高效、更健康的可持续发展。其次，提高海洋文化产业主体的自主研发能力，形成海洋文化产业主体的科技创新体系。在政府提供的海洋科技基础设施建设下，产业主体要加强海洋文化与科技创新融合的基础研究，培养海洋文化产业主体的自主创新力，通过建立海洋文化产业科技成果转化平台，将科技创新与海洋文化产业的实际应用相结合，促进科技创新成果转化成高质量的海洋文化产品和服务，利用新的科技手段有效地传达海洋文化产业的具体内涵和发展理念，提供能让大众更便捷、更广泛接受的海洋文化产品与服务，从而实现海洋文化产业的有效供给，充分体现海洋文化产业的经济效益和社会效益。最后，在政府的引导下，依靠目前的市场机制，组建海洋文化产业主体创新的战略联盟，通过不同产业主体之间的协调发展和优势互补，合作开展海洋文化产业的关键技术研发，鼓励开展多种形式的联盟结合，满足不同性质、不同层次、不同规模产业主体对科技创新的现实需求，完善海洋文化产业的价值链，为海洋文化产业的转型发展提供持续的创新驱动力。

第三，借助科技创新实现海洋文化产业绿色、循环、低碳发展，促进产业主体节约利用海洋文化资源，高效保护和修复海洋生态环境。首先，在尊重海洋自然规律的基础上，利用科技创新技术，不断提升海洋文化资源集约节约和综合利用效率，打造环境保护型和资源节约型海洋文化产业，加快海洋生态环境治理和海洋文化资源破坏的修复，使得海洋文化资源和生态环境保护与产业发展协调统一，促进人与海洋的长期和谐共处，增强海洋文化产业的可持续发展能力。[1] 其次，通过科技创新技术，积极培育扶持海洋文化产业新业态，建立海洋文化科技创新产业体系，促进海洋文化资源的高效、可持续利用，同时不断开拓海洋文化产业的新空间、新领域、新视野，依托技术创新培育具有知识技术密集、资源物质消耗少、成长潜力大、综合效益高、环保可持续等特征的战略性新兴海洋文化产业，不断壮大海洋文化产业，形成海洋文化产业发展的新增长点。最后，产业主体要依托技术创新有效传播海洋文化，合理利用互联网、大数据和新媒体来创新海洋文化产品和服务的流通渠道，优化海洋文化产品和服务的消费环境，提高海洋文化产业的消费升级和供给侧改革，同时，利用技术创新完善海洋文化产业价值链，进行海洋文化价值增值创新，拓宽海洋文化产业市场，充分彰显海洋文化产业的辐射力与影响力，在促进海洋文化产业发展的同时，也为中国海洋生态文明建设添砖加瓦。

---

[1] 马雯月：《开放经济视角下的海洋产业发展》，博士学位论文，中国海洋大学，2008 年，第 98 页。

四 完善海洋文化产业统计和计量工作

建立和完善海洋文化产业统计和计量体系是反映中国海洋文化发展战略目标实现程度的窗口，也是在加快海洋经济转型升级发展、进行文化体制改革和完善海洋文化公共服务体系中标度和衡量海洋文化产业贡献率的有效路径。[①] 因此，在中国"加强海洋强国建设"和"海洋生态文明建设"、树立文化自信的战略布局下，在海洋文化产业发展全面铺开，地方海洋文化统计和计量成果初绽头角的现实状况下，制定全国统一的海洋文化产业统计标准，并推动国家和沿海地区地方统计部门建立和完善海洋文化产业统计和计量工作，才能够及时反映全国和各沿海地区、各相关产业、行业海洋文化产业经济发展的面貌，及时获取其具体的统计学量化数据，使人们对全国和各沿海地区海洋文化产业发展的真实状况形成定性与定量结合的全面把握，也才能使国家和地方扶持海洋文化产业发展的政策决策更为科学合理，更好地促进海洋文化产业的健康、可持续发展。[②]

海洋文化产业统计工作的最基本条件是对海洋文化产业概念内涵和范围分类的界定。中国海洋文化产业发展起步不久，学界和政府对海洋文化产业尚无统一认定的概念内涵界定，尤其是对于海洋文化产业的具体范围和边界问题存在不少分歧，因此，首先，要以马克思主义文化经济发展理论和生产劳动理论为指导，结合海洋文化产业区别于其他传统产业的独有特点，明确海洋文化产业的内涵和统计范围，即在结合海洋文化产业概念和理念的基础上，在满足中国海洋文化和海洋经济发展的现实需求下，确定海洋文化产业的内涵和外延"边界"的统一标准，以及海洋文化产业的统计范围、边界和具体分类指标，保证统计口径的统一。

其次，要明确海洋文化产业统计的具体内容和统计规范，即哪些数据在海洋文化产业的统计范围以内、以外，数据收集的标准和规则是什么，遵循什么样的统计原则和依据，收集的数据需要如何进一步处理消除可能性误差等，在统计范围的确定上，可以根据前瞻性的原则，先将最大、最合理范围的行业门类纳入统计范畴，然后根据统计标准，将不

---

① 张雪：《新形势下我国文化产业统计系统优化路径探析》，《同济大学学报》（社会科学版）2013 年第 6 期。

② 王苎萱：《中国海洋文化产业统计体系的设计与应用》，《中国海洋经济》2017 年第 3 期。

符合要求的剔除，以提高统计数据的准确性。另外，为了简化和避免统计工作的复杂性、困难性，提高数据的科学性和准确性，可以将公益性海洋文化事业和经营性海洋文化产业分开统计，减少统计成本，以分类之法服务于海洋文化产业统计工作以及未来决策的全局，同时又能避免数据二次转化带来的误差和失真。

最后，由政府部门牵头拟定海洋文化产业统计与计量的方法、具体的实施方案，并提供健全的统计行政服务体系和畅通的协调沟通机制，对统计工作人员进行定期培训，保障统计工作的顺利开展。地方省市区以政府拟订的方案为根据开展统计工作，合理分工，专业落实，积极合作，并结合地方海洋文化产业具体情况和实际的发展现状不断验证统计方案和标准，总结经验，及时反馈，不断修订和完善海洋文化产业的统计和计量体系。

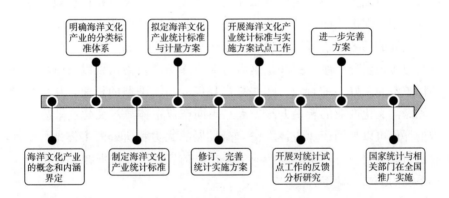

图7-1　海洋文化产业统计与计量体系

五　构建海洋文化产业绩效评价体系

大卫·索斯（David Throsby）在《文化政策经济学》中提出，文化政策一定不能忽略文化诉求，政策要充分体现文化目标的内涵、实现方式和评估方法。[①] 因此，海洋文化产业的发展需要构建一套能够体现中国和谐海洋观，对海洋文化产业主体发展情况进行科学有效测评，有可操作性且可实现性强的海洋文化产业绩效评价体系，来评价分析中国海洋

---

　　① David Throsby, *The Economics of Cultural Policy*, Cambridge University Press, UK, 2010, p. 21.

文化产业发展的社会效益和经济效益，并通过评价结果，分析中国海洋文化产业的发展效率，为提高海洋文化产业发展效率提供决策意见。

海洋文化产业发展的绩效评价需要经过指标数据的收集，评价指标的初选和最终构建，指标的预处理，权重的确定，挑选合适的评价方法进行综合评价，分析评价结果等一系列过程。在这个过程中，数据的收集源于海洋文化产业统计和计量工作的顺利开展，而评价指标体系的构建则是准确衡量海洋文化产业发展绩效的基础和关键。海洋文化产业的发展既要保证经济效益，又要兼顾社会效益，因此，需要分别从社会效益和经济效益两个角度进行评价指标体系的设计。另外，在具体的指标选取时，要能从多个角度分别反映不同区域、不同产业主体、不同海洋文化产业门类的绩效情况，总体的评价能够为中国海洋文化产业资源的合理配置、发展速度和效益提供直观的反馈；不同区域海洋文化产业的绩效评价可以为不同地区协调海洋文化发展的经济效益和社会效益起到引导作用，促进不同区域间产业发展的取长补短和整体进步；不同产业门类发展的绩效评价可以明确哪些是优势行业应该加大支持，哪些是新兴行业应该引导鼓励，哪些是落后行业应该逐渐被淘汰，以及哪些是环境保护资源友好型的行业，哪些是高耗能、高污染型的行业，从而指导中国海洋文化产业的转型升级发展；不同产业主体海洋文化产业发展绩效的评价可以帮助产业主体看清自身发展的优劣和所处的主体地位、拥有的市场竞争力，协调不同产业主体之间的发展，促进海洋文化产业主体系统的平衡、稳定。

在社会效益上，海洋文化产业的发展要体现其基础设施服务的供给所做的社会贡献（包括与公共海洋文化事业发展相关的图书馆等机构数量和从业人员情况等）和所承担的社会责任（包括海洋文化的宣传和海洋意识的普及工作等）、公益性海洋文化事业的社会支持力度（包括展览、表演的参观参展人数等）、海洋文化公共设施的覆盖率（包括城市和农村地区海洋文化基础设施人均拥有量等）、社会影响度（包括海洋文化事业和产业发展对外的合作交流情况等），以及海洋文化产品和服务的示范效应情况（包括海洋文化产业发展示范基地、海洋意识普及教育示范基地的数量等）。

海洋文化产业经济效益的评价是能够比较直观反映海洋文化产业发展现状的评价体系，也是在中国产业发展中应用非常广泛和成熟的评价体系，因此在海洋文化产业经济效益发展评价体系的构建上，可以参考其他产业成熟完善的评价方法，但同时一定要兼顾海洋文化产业的"涉海性""文化意识形态性"等特殊之处，为海洋文化产业的发展做出科学的评价和正确的判断，引导产业发展追求经济效益的方式优化。另外，在对经济指标的构建中，尤其要兼顾沿海社群中处于较低产业主体地位的渔村渔民等社群的民生、民计情况，分析个人、家庭、家族式个体从业主体在海洋文化产业发展中所带来的不可忽略的经济效益，明确它们的产业主体地位。

总之，对于所构建的绩效评价体系，要对评价方式和结果进行权威的检测以及正规的评估公报发布，披露中国海洋文化产业发展的相关信息，政府部门和各类不同海洋文化产业主体要根据评价结果进行及时的监督和反馈，为不同产业主体之间的改进提升以及政府进一步的战略规划提供参考，推动海洋文化科学发展和可持续发展。同时，政府要引导地方建立与产业发展评价结果相挂钩的公平准确、奖罚分明的激励制度，通过实行表彰、奖励与警告、惩罚等方法，健全和完善评价标准体系。

六　建立海洋文化产业主体风险机制

我们处在一个市场风云变幻的时代，面对的是一个海洋文化需求日新月异的世界，外部世界环境和社会氛围的变迁，加之产业内部海洋文化的意识形态性、精神创造性和海洋文化需求的不确定性，都加剧了海洋文化产业发展可能面临的海洋文化环境自然风险、社会政治风险、市场技术和经济风险，给正在发展初期的海洋文化产业带来了一定程度的冲击。风险并不是危险，更不是失败，通过建立风险机制，对产业发展过程中可能遇到的风险进行评估、预测、识别和控制，合理地进行风险的规避和转移，就能分散和化解风险，使产业主体根据风险反馈及时做出调整和改善，化险为夷，增强产业主体的持续发展能力，促进中国海洋文化产业的健康发展。[①]

风险防范是风险管理机制中最为核心和关键的环节，因此，在宏观上，政府应该从对海洋文化产业发展的整体布局的把控出发，通过对产业发展的市场内外部环境、人才和技术环境、文化环境、市场占有率和竞争力等情况的考察，从国家层面构建海洋文化产业发展合理有效的风

---

① 刘彦、周红芳：《文化产业发展中的风险防控机制研究》，《中华文化论坛》2011 年 2 期。

险预警机制，提高海洋文化产业灵活面对、积极应变风险的能力；在微观上，海洋文化产业的各类产业主体则要在经营过程中制定产业价值链各个环节上包括市场运营、政策、知识产权保护、投资、创意转化等风险在内的防控和应对战略规划，把风险管理上升到战略管理的高度加以重视，主动、灵活、开放、前瞻性地分析未来发展过程中可能遇到的风险以及风险规避的方法和手段，增强产业主体的风险预防能力。

在具体的风险控制和应对方法上。首先，政府要从宏观上利用产业政策规制为海洋文化产业发展做好风险的事前控制，通过完善市场的机制来控制可能面对的风险控制市场失灵状况。同时，在政府的引导下，通过成立海洋文化创业基金会或者大力发展海洋文化产业中介组织，进行风险投资的介入，通过客观公正的风险评估做出正确的投资决策和风险预防控制建议。其次，在政府的扶持下，建立海洋文化产业主体信息平台，增强不同产业主体之间的信息交流和互动，减少产业市场中信息的不对称，同时产业主体还可以通过平台信息的共享了解产业发展的软硬环境，吸收其他产业主体风险管理的经验和教训，从而做出正确的决策，减少不必要的损失和成本。最后，政府以顶层设计完善保险机构等中介组织对海洋文化产业发展的支持和服务，为产业主体的风险管理进行全方位的部署和指导，同时，完善民间保险机构等中介组织，与政府力量形成合力，为海洋文化产业主体的发展搭建一张"安全网"，提供全面的风险保障，减轻风险发生后为产业主体带来的灾害与损失，为海洋文化产业及其产业主体的健康发展保驾护航。①

第二节　保护海洋文化，提升海洋意识

海洋文化是人与海洋互动的产物，是意义世界的海洋呈现②，是海洋文化产业发展的精神动力和最基本要素，海洋文化产业的发展能够为中国海洋文化的建设提供物质基础和保障；而基于传统海洋文化价值观念发展起来的海洋意识是中国海洋文化的构成要素之一，海洋文化意识的

---

① 张玉玲：《保险支持文化产业要量身定做，更要全程支持》，《光明日报》2011 年 1 月 17 日，第 9 版。

② 张开城：《主体性、自由与海洋文化的价值观照》，《广东海洋大学学报》2011 年第 10 期。

提升也是中国海洋文化建设的战略目标，因此，积极保护海洋文化，传承和发扬海洋文化精神，提高公众的海洋文化意识，将助力海洋文化产业的发展，推动中国加快建设海洋强国和海洋生态文明的步伐。

一　保护和复兴中国传统海洋文化

中国海洋文化的发展受中国文化主体观念的支配，在中华民族腹地广阔、地大物博的条件中发展起来，因此，中国的传统海洋文化所体现的价值观念有别于西方"重利轻义""冒险""扩展"思想，其核心理念是"和"，包含"和平、和谐""四海一家""天下一体""天人合一"等思想内涵，这种以"和"为特征的中国传统海洋文化价值理念深刻反映了中华民族对人与海洋关系的理解与认知，同时也深刻展现了中华民族在人海和谐相处问题上的深邃智慧与博大胸怀，由此形成了中国海洋文化发展的价值取向，成为中国海洋文化战略思想和行为的指导，并经历了数千年时间的冲洗，在现代海洋文化产业的可持续发展中仍然起着中流砥柱的中坚作用。

中国海洋文化历史悠久，虽然新时代海洋文化资源及其特征、价值观念已发生较大变化，但其核心价值观念依然是现代海洋文化建设的核心精神，且中国海洋文化的发展与传统海洋文化的一脉相承，在当代海洋事业与海洋发展理论建设上依然有着重要的借鉴意义。尤其是在当今世界发展海洋经济的浪潮中，伴随经济增长的是海洋环境的污染和资源的破坏，海洋争端问题此起彼伏，海洋价值扭曲严重。因此，建设中国海洋文化基因库，加快提升海洋文化内涵，以中华民族海洋价值观为指导科学发展海洋经济和解决海洋争端问题，保护和复兴中国传统海洋文化迫在眉睫。

建立中国海洋文化基因库①，即通过建设中国海洋文化发展示范基地、建立海洋文化交流平台、讲述中国海洋文化故事、举办海洋文化节庆活动、创新海洋文化产业创意等多种现代化手段，对体现中国传统海洋文化精髓、凸显中国特色海洋文化发展观念的海洋文化进行挖掘和整理，从中国海洋社群及其民俗海洋文化传统、海洋信仰谱系、传统造船与航海技术、沿海海洋文化遗产等角度梳理、归纳分类中国海洋文化及

---

① 苏文菁：《建设中国海洋文化基因库，复兴中国传统海洋文化》，《中国海洋报》2016 年6 月21 日，第 01 版。

其所体现的价值观念，将海洋文化基因库作为海洋文化展示和海洋意识教育、传承保护海洋文化、进行海洋文化科考研究、发展海洋文化产业、丰富海洋文化精神的平台。

通过基因库建设，为海洋文化打造一个"保护区"，保护中国优秀的传统海洋文化在全球化的今天抵御外来有悖于中国特色社会主义价值观念文化的冲击，复兴并充分发挥海洋文化基因库的精神指导作用，以其强大的亲和力与凝聚力，把各地区、各民族的人集聚起来，形成一种强大的海洋文化合力，并在"人海和谐"的生态平衡理念指导下，发展世界和中国海洋生态文明，在全球形成海洋文化关注、开发、利用以及保护的良好氛围，维护和平发展的新秩序，建立和平、和谐、美好的海洋世界。

二 传承和创新海洋文化

中国海洋文化有着深厚而宏阔的价值观内涵和取向，它不仅包含了人类与海洋和平和谐相处，尊重海洋、保护海洋、四海一家等精神与价值理性方面的内涵，还包含了人类驾驭海洋、利用海洋、开发海洋等偏重于实用与工具理性方面的内涵。人们的海洋认知、海洋观念正是根植于这些中华民族优秀的海洋文化积淀和历史传统而发展起来的，且对于当代人们重新理解人海关系、正确认识海洋价值、形成现代海洋意识具有重要的意义。包括习近平关于新时代海洋强国的论述所表达的"走向海洋、关心海洋、认识海洋、经略海洋"观念，即以保护海洋环境为根本而真切地关心海洋，以提高全民海洋意识为目标而深刻地认识海洋，以维护海洋权益为保障而坚定地走向海洋，以发展海洋经济和海洋科技为核心和实践而全面地经略海洋，以"和平和谐""四海一家"的主张而参与治理全球海洋，构建人类命运共同体，这些思想都是在传承和保护传统海洋文化的基础上，结合中国的国情和当前海洋发展的实际，在传承的基础上通过创造性的转化和创新性的发展来建设现代海洋文化，发展现代海洋文化产业，进而加快建设新时代中国特色海洋强国，实现中华民族伟大复兴的中国梦。

建设海洋文化，要在不忘本来的基础上开辟未来，在善于继承的基础上更好地创新，才是必要之举。但是，我们传承和保护海洋文化不是为了完全"复古"，而是在一定程度上的"古为今用""旧邦新命""推陈出新"，让海洋文化在历史长河的任一阶段都能一直处于有机自然的活态发展中。首先，要建立海洋文化保护和传承的国家机制，通过国家顶层设计规划和指导中国海洋文化的保护和传承工作，为中国海洋文化的保护和传承提供基本原则、方针、线路和目标，统筹规划海洋文化资源保护和传承的人力、物力资源，实现从个人到社会到国家的海洋文化保护和传承体系，同时，政府也要加强海洋文化保护的法制化和道德化双重建设，为海洋文化的保护和传承提供政策和法律上的保障。其次，构建海洋文化保护的保障机制，尤其是加大对海洋文化保护和传承的财政投入和人才投入，保证海洋文化摸底调查和考古调研工作的顺利开展，完成中国海洋文化资源的梳理和归类，通过建立海洋文化基因库的形式，完善中国海洋文化档案，储备并保护好海洋文化遗产。最后，建立海洋文化的传承体系，从海洋文化传承人到海洋文化遗产保护区、到海洋文化保护制度、再到创新保护和传承形式，形成多方位的海洋文化传承和保护体系。

对于海洋文化的创新，则要从内生机制和外部机制两个方面进行全面系统的创新。在内生机制上，根据中国海洋文化发展的实践和公众的海洋文化需求，自主地在传统海洋文化的基础上进行创新，通过与现代生产力和生产方式的结合，形成现代先进的海洋文化，重新赋予海洋文化新的时代内涵和现代化表现形式，丰富海洋文化的内涵，激活海洋文化的生命力；外部机制上，随着全球化时代带来的文化流通和传播，外来异质性文化的入侵与本土海洋文化发生价值观念冲撞，要使中国海洋文化能在世界多元文化的冲突和竞争中永葆生机与活力，[1] 就必须"去其糟粕，取其精华"，吸收和借鉴外来文化的先进之处，然后将其转化内生为符合新时代中国特色社会主义思想的海洋文化建设，在坚定中华民族海洋文化主体性地位的前提下，采取"海纳百川，有容乃大"的态度"吐故纳新"，捍卫具有中华民族精神根源的海洋文化核心价值，树立海洋文化自信。

无论是海洋文化创新的内生机制还是外部机制，培育和发展海洋文化产业作为载体是实现海洋文化多样化创新的最有效表现形式。[2] 通过智慧和创意，将海洋文化元素转化成具体的海洋文化产品和服务，并利用

---

① 郗戈、董彪:《传统文化的现代转化：模式、机制与路径》,《学习与探索》2017 年第 3 期。

② 厉以宁:《持续推进供给侧结构性改革》,《中国流通经济》2017 年第 1 期。

产业化的经营思维，借助现在的多媒体、互联网等高新技术实现海洋文化的传播形式、产品和服务形式的创新驱动，将海洋文化以具象化的形式融入公众的生活中，满足公众日益增长的文化需求和对美好生活的需求。

在具体的创新行动上，一方面，要对已有的传统海洋文化产品进行创新式发展，借助现代技术，对产品的功能、展现形式等进行深入探索与挖掘，在传统海洋文化产品鲜明品牌定位的基础上，不断丰富海洋生态文化产业品牌的文化内涵，进一步扩大传统品牌的影响力。例如，对海洋极地馆和博物馆的展陈及体验方式可以进一步创新，韩国的国立海洋博物馆就很有特色，它是韩国首座海洋综合博物馆，位于以活力之都定位的釜山，国立海洋博物馆不仅有海洋图书馆、海洋展示馆（由航海船舶、海洋历史人物、海洋文化、海洋产业、海洋科学、海洋领土、海洋生物、海洋体验和儿童博物馆 9 个常设展示馆和 1 个企划展示馆组成）和影像馆，还有可以体验 4D 立体海洋世界的 4D 影像馆。此外，关于博物馆一种较为新颖的思路是引入海洋探索博物馆的智库模式。随着旅游市场娱乐休闲题材的大量增加，人们开始追求文化产品的内涵，单一的视觉体验与一般性的互动已经无法满足，海洋探索博物馆的互动体验模式是更深层次的智库式探索体验模式，也是更优于互动体验模式的创新模式，可以让体验者在探索中揭示奥秘，在体验中论证科学，在互动中获得知识，在娱乐中体验分享，使海洋探索博物馆有鲜明的海洋文化特色呈现。

另一方面，要打造海洋文化产业新名片，树立海洋文化产业的新形象、新特色，通过对海洋文化资源的深入挖掘，扩大海洋文化资源的开发利用方式和途径，扩大海洋文化产业的门类和领域。海洋文化中蕴含了"趋利避害"的产业经济发展智慧，即依托地方海洋文化资源特色，将比较优势转化为竞争优势。因此，在海洋文化产业发展过程中，要严格控制产品和服务的同质化发展倾向，不仅要注重提高产品和服务的文化价值、技术含量、艺术品位、情感享受，而且要通过创新将具有当地竞争优势的海洋文化资源因子融入其中，发展具有地方特色内容和明显地域海洋文化资源特征的产品和服务，打造具有地方优势的海洋文化产业，提高海洋文化产业的核心竞争力。

三　坚持海洋文化开发与保护并重

海洋文化产业的灵魂根基是海洋文化，对于一般海洋产业来说，其发展都是社会效益和经济效益的综合矛盾体，但对海洋文化产业来说，则要站在传统文化传承和保护，以及海洋文明生态化发展的原则上，坚持海洋文化保护优先，以海洋经济发展为辅，兼顾海洋生态环境保护，实现海洋文化的开发和保护相辅相成的辩证统一。海洋文化产业主体更应该发挥其能动作用和社会责任担当，在开发海洋文化资源的同时，要保护好海洋文化，保护好中国传统文化精髓，这是海洋文化产业主体健康、可持续发展的精神保障和思想支持。

坚持海洋文化保护优先，就是在中国海洋文化产业的发展中，整个产业的发展导向以及所有产业主体要以"人海和谐""四海一家""协和万邦""海纳百川"等中华传统海洋文化思想为价值观导引，以保护好传统海洋文化这一瑰宝为产业发展的最重要战略目标之一。从宏观上说，在中华民族五千多年的历史中，在海洋文化沧海桑田的历史变迁下，中华民族借由海洋文化的发展而创造了独具中国特色的海洋价值观念，也在亲近海洋、开发海洋、利用海洋、保护海洋、实现人与海洋和谐相处的具体实践中形成了独具中国特色的海洋发展观念，共同成为中国向海洋大步前进的思想嬗变和实际指南；从微观来看，在现代海洋文化产业发展中，产业主体的创意来源于海洋文化，现代海洋文化的创新和发展也建立在传统海洋文化良好的保有状态基础上，因此，保护好海洋文化既是保护传统海洋文化资源，又是保护好现代海洋文化发展的根和魂，没有了这个根和魂，现代海洋文化产业的发展就难以实现长久的、健康的推进。

以海洋经济发展为辅，并不是要海洋文化产业的发展完全让步于海洋文化的保护，而是为了满足公众日益增长的海洋文化需求，在海洋文化产业的发展中，以海洋文化为思想引擎，但同时要大力发展现代海洋文化产业来为海洋文化的进步提供经济支撑，实现海洋文化保护和海洋文化产业发展的共生共荣。因此，在海洋文化产业的发展中，从顶层上政府要制定海洋文化资源开发的功能区规划、管理制度、法律制度和政策保障体系，强化国家对于海洋文化资源合理开发、高效利用的权威指导力和行动力；在海洋文化产业市场中，产业主体则要在总体战略的引导下，通过内部的自主创新或借助海洋科学技术来解决所面临的海洋文化资源开发不合理、开发能力不足等问题，实现对海洋文化资源多层次、高效化的开发和利用，提高产业主体发展海洋文化事业和海洋文化产业的综合效益，在实现海洋文化产业结构优化升级的同时，提升海洋文化软实力。

兼顾海洋生态环境保护，就是指海洋文化的发展必须实现资源开发与海洋生态环境保护的并重，人类开发利用海洋的一系列活动已对海洋尤其是近岸海洋生态系统带来了健康和清洁运行的严重威胁，海洋文化产业的可持续发展必须注意要在实现经济目标的同时，完善海洋生态结构、增强海洋生态功能，提高海洋生态效益，修复海洋生态环境。因此，在海洋文化产业发展中，政府主体首先要做好海洋生态环境保护的管理体制、机制和宣传导向，制定并完善海洋生态环境治理的法律法规，优化和改变政府强制性治理和末端治理的海洋生态环境治理模式；产业主体要在海洋文化价值观观念的指引下，建立反思自身行为对海洋生态环境所带来的威胁的思想意识，在海洋文化产业的生产方式上建立基于生态系统的高效海洋文化资源开发模式，从海洋文化资源高效、可持续利用的角度，有效地利用科技支撑和财务支撑等政策的扶持，积极、主动地参与海洋文化生态环境保护；政府和主体要同时建立产业发展的信息披露制度，以政府的强制性、产业主体的自觉性、公众的主动参与性来形成对海洋文化产业资源与生态环境保护的信息披露和监督情况，并建立科学的产业主体"海洋生态环境友好型、海洋文化资源保护型"的评价指标体系，为整个产业主体发展海洋文化产业和保护海洋生态环境并重的观念原则和发展实践形成有效的评价监督和督促体系，以政府、市场和公众多元化力量共同促进海洋文化产业的可持续发展。

四 全面提升公众海洋意识

海洋意识是海洋文化精神元素之一，是在海洋文化发展过程中积淀并内化而来的，因此海洋意识是海洋文化的核心灵魂。中国公众海洋意识的高低在一定程度上也反映了中国海洋文化的发展层次和深度，它不仅是中国海洋文化政策和战略的内在支撑[①]，也是中华民族海洋发展的内在动力，更是中国加快海洋强国建设的软实力基础。因此，提高公众的

---

① 冯梁：《论 21 世纪中华民族海洋意识的深刻内涵与地位作用》，《世界经济与政治论坛》2009 年第 1 期。

海洋意识是实现海洋文化产业发展的思想基础和精神支撑，更是实现中华民族伟大复兴的重要组成部分。[①]

中国海洋意识形成的历史漫长，并在坎坷的海洋发展进程中不断变化，随着全世界海洋战略地位的提高和中国对海洋的不断重视，公众的海洋意识明显提升，但与中国海洋强国建设的战略目标仍不相匹配，海洋意识淡薄、匮乏和落后已成为中国海洋事业发展和海洋强国建设的瓶颈[②]，全面提升公众的海洋意识迫在眉睫。因此，政府要从顶层设计上为海洋意识提升工作做好规划和导向，从海洋文化、海洋经济、海洋权益、海洋安全、海洋环境等多方面着力提升全民的海洋意识。

首先，挖掘中华民族海洋历史，普及海洋文化知识。中华民族的海洋历史也是中国海洋意识的形成和演化史、中国悠久海洋文明的发展史，在这白驹过隙中孕育了辉煌而灿烂的海洋文化。通过挖掘海洋历史，梳理灿烂的海洋文化遗产和资源，将海洋历史和海洋文化转化成符合现代人生活方式的海洋文化呈现方式，让人们知古而察今，看到海洋文化和海洋意识的时代价值、看到国家"加快建设海洋强国"的美好愿景和行动、看到全世界对海洋和平世界的期盼，让公众一起去感受海洋文化和海洋文明，培育公众热爱海洋、关心海洋的情感，进而提高公众的海洋意识。

其次，开展海洋意识宣传教育，建立海洋意识调查评估体系。2016年，由国家海洋局联合教育部、文化部等多部门印发的《提升海洋强国软实力——全民海洋意识宣传教育和文化建设"十三五"规划》中提出，要建立包含中国"公众关心海洋、认识海洋和经略海洋等内容和意识体系的海洋意识"的战略任务，因此，建立多层次、全方位、广范围的海洋意识的宣传和普及教育已成为当今十分迫切的任务。在海洋意识的宣传教育上，开展多渠道、多措施、多层次的海洋意识增强机制，中央和地方带头将海洋意识普及教育纳入各层级宣传教育的工作体系中去，并建立、健全相关的规章制度和协调机制，推进海洋知识和海洋意识教育"进教材、进课堂、进校园"，建立完善的海洋意识教育体系，同时依托各级政府、各类涉海机构和媒体创办海洋意识教育示范基地、举办各种

[①]　陈艳红：《发展海洋文化的关键在于海洋意识教育》，《航海教育研究》2010年第4期。

[②]　王宏：《增强全民海洋意识提升海洋强国软实力》，《人民日报》2017年6月8日，第15版。

海洋文化节庆会展、宣传和赛事等活动，以推陈出新的形式让海洋文化和海洋意识走近公众，形成全社会亲海、爱海、强海的浓厚氛围；建立公众海洋意识的调查和评估体系是对中国国民海洋意识水平的一种客观、科学的反映，要通过对国民海洋意识的普及调查和综合评价，掌握中国公众的海洋意识高低情况和变化趋势，为科学指导海洋意识的提高提供科学的决策依据，并通过对全社会公众海洋意识的普查，提高全社会对海洋意识的认知和对海洋意识的重视，让公众自觉地去关注、了解和认识海洋，学习海洋知识，思考海洋问题，促进全民海洋意识的提升。

最后，倡导中国特色社会主义海洋发展理念。从古代中国海洋实践的缘起，到近代中国海洋意识的萌芽，再到当代中国海洋经略的探索，中国海洋文化自古便传达了"和平""和谐"的价值理念，在当代中国海洋的发展中，"和平""合作""共赢"的理念推动中国为核心建立了"环中国海"文化圈，并成为致力于构建"人类命运共同体"的佼佼者，这些成就和地位得益于自古到今在中国海洋发展中，"使用的不是战马和长矛，而是驼队和善意；依靠的不是坚船和利炮，而是宝船和友谊"①。让中国公众对这种饱含了海洋文化"和平""和谐"价值理念和"合作""共赢"发展理念的海洋发展观形成高度的认同感和自豪感，将在提升中国海洋文化自信的同时，极大地提高公众的海洋意识。

五　开拓海洋文化建设公众参与机制

海洋文化建设的公众参与机制是转变公众在海洋文化建设中由被动参与变为主动、自觉参与的过程②，是在政府的指导下，公民主体全员性、全过程参与海洋文化发展的一种状态，它能够促进政府、市场和公众之间建立良性的交流与互动，提升公众参与海洋文化建设的积极性，进而提升海洋文化产业主体的发展效率，实现海洋文化产业健康、可持续发展的战略目标。因此，推进海洋文化公众参与机制建设是推动海洋文化产业发展的重要保障，开拓海洋文化发展公众参与机制，激发和增强公众参与海洋文化建设的自觉行动，将会为海洋文化产业的发展提供强大的社会共识和精神动力。

为此，首先要在政府的主导下，对公众参与机制给以法制化保护，

---

① 习近平：《携手推进"一带一路"建设》，人民出版社2017年版，第2页。
② 吕建华、柏琳：《我国海洋环境管理公众参与机制构建刍议》，《中国海洋大学学报》（社会科学版）2017年第2期。

通过完善相关的法规和政策，保障公众参与机制的顺利开展，为公众参与海洋文化发展提供良好的舆论环境；同时形成从中央地方海洋文化发展相关职能部门的引导体系，引导公众参与海洋文化发展的全过程，尤其是形成海洋文化产业主体之间的合力、合作，提高产业主体的发展效率。

其次，建立、健全海洋文化公众参与机制。允许并鼓励公众从多方位参与海洋文化建设的政策和法规制定，尤其是注重鼓励不同层级、不同所有制性质、不同规模的产业主体参与其中，根据它们发展海洋文化产业的切实所需提出完善海洋文化政策和法规的有效意见，提高海洋文化产业政策和法规的有效性；拓宽和创新公众参与海洋文化建设的渠道，将公众力量拓宽到市场中，例如海洋文化企业的发展同样需要公众的声音，通过企业市场定位与公众需求的最佳契合来提供最大限度满足公众需求的海洋文化产品和服务。另外，在具体的参与技术上，借助互联网等高新技术建立公众参与平台，实现海洋文化发展相关信息在政府、市场和公众之间的共享，形成三者之间的良性互动；建立和完善公众参与海洋文化产业发展的评价和监督体系，通过对海洋文化发展相关信息的权威披露，让公众参与海洋文化建设的监督和评价，尤其是在海洋文化产业发展中，对产业主体的行为进行积极的监督和督促，共同维护良好的产业环境。

最后，着重建设海洋文化公共服务体系中的公众参与机制。海洋文化公共服务体系要在满足公众海洋文化需求的同时实现公共海洋文化服务的均等化，这就需要在全社会范围内形成服务对象的公平统一化、服务效率高效化、被服务主体多元化，而公众的参与便是基于公众满意的程度而实现海洋文化公共服务平等、均等化的保障因素之一。因此，要在提高公众参与意识、规范公众参与程序的基础上鼓励和引导公众参与海洋文化公共服务政策和法规的制定、执行、评估，增强公众对公共海洋文化服务需求的回应，提高海洋文化公共服务的均等化程度和满意度，进而提高中国海洋文化供给的有效性。

第九章　总结与展望

第一节　研究结论

本书以海洋文化产业主体为研究对象，以马克思主义文化经济学、习近平关于新时代海洋强国的论述、产业主体论、产业价值链理论、海洋经济可持续发展理论等基本理论和方法为指导，对中国海洋文化主体系统的具体分类构成及其发展和优化进行了系统的研究。建立了海洋文化产业主体系统研究的基础理论结构框架，界定了海洋文化产业主体的相关基本概念，梳理了本书所依据的基本理论，并分析了目前中国海洋文化产业发展的基本现状，找出本书研究的突破口。剖析了中国海洋文化产业主体系统的具体构成，从横向产业实践主体体系和纵向产业市场主体体系两个维度来分析中国海洋文化产业主体的具体分类、内涵、功能和特征，以及两个维度中产业主体的交互发展。分析了中国海洋文化产业系统整体的运转和协调发展关系；从哲学意义和经济学意义上分别分析了中国海洋文化产业市场主体的发展现状，从政策的有效性角度分析了既作为产业主体又作为产业发展支撑环境的政府主体的发展情况，从营利性市场层面分析了企业、中介组织和个体从业者三类产业主体的发展情况，从政府和民间非营利性组织两个角度分析了非营利性组织的发展状况；对各类海洋文化产业主体发展状况进行分析，提出目前存在的问题，并分析导致海洋文化产业主体系统目前状况和问题的原因，为进行产业主体发展模式的优化提供突破口和思路；对中国海洋文化产业主体的发展模式进行重构式优化设计，从产业价值链、公益性海洋文化事业、经营性海洋文化产业三个层面分别分析各类海洋文化产业主体应有的发展观和发展思路，构架出海洋文化产业主体系统总的发展模式，并针对发展模式，进行了政策的对接优化。基于以上的研究，提出了海洋文化产业主体平衡、协调运转和海洋文化产业健康、可持续发展的保障性措施和建议。通过系统的理论构架和实证分析，最终得出了以下几个主要结论：

（1）界定了海洋文化产业主体及主体系统平衡、协调发展的内涵。在对相关基本理论和基本概念进行梳理之后，确定了中国海洋文化产业主体的内涵，明确了产业主体是海洋文化产业发展的能动者、主导者，也是海洋文化产业研究最基本的逻辑起点；并提出产业主体平衡、协调运转状态即产业主体之间相辅相成、和谐统一、协同互动的状态是海洋文化产业主体健康、可持续发展的必然条件，而产业主体间性的表达和存在，即产业主体系统中所有产业主体彼此之间不间断地进行相互作用、交流、互动的内在联系，是产业主体之间能够达到平衡、协调与和谐关系的保证。

（2）分析了中国海洋文化产业主体的具体分类和特点。以产业价值链作为切入点，分析了海洋文化产业包括创意生产、筛选、转化、生产营销、渠道推广、消费交换、评价反馈和再次衍生等环节在内的独特价值链体系，并一一对应到十类海洋文化产业活动实践主体，然后纵向分析这些产业活动实践主体在市场中的组织类型，即政府、企业、中介组织、个体从业主体和非营利性组织等海洋文化产业市场主体体系构成元素，并从政府力量—市场力量—社会力量三个层面分析了这些市场主体在具体的公益性海洋文化事业和经营性海洋文化产业发展中所具有的功能特点，提出从民生和生态的角度着重关注个体从业主体，以此作为分析海洋文化产业主体及其发展的着力点和落脚点之一。

（3）明确了中国海洋文化产业主体之间的交互运转。提出了海洋文化产业实践主体系统是一个动态的网状立体结构，系统内各类产业活动实践主体之间是相辅相成、相互关联的，并不间断地进行充分交互和协同发展；借由海洋文化产业市场主体的功能特点分析了产业市场主体系统的运转，提出了海洋文化产业主体之间不断进行着能量、物质、信息之间的交换，共同形成一个动态的、开放的、自组织的"群风车式"的市场主体运转体系；着重提出了无论政府作为产业主体的一部分，还是整个海洋文化产业发展的支撑环境，都要与其他各个海洋文化产业主体不断地进行相互的交流和充分的互动，并为所有产业主体提供资源、信息和运转规则。

（4）定性和定量判断中国海洋文化产业主体的发展现状。从哲学意义上定性地分析了蕴含着海洋精神与文化价值的海洋文化产业主体的文化效益及产业主体博弈四个阶段中主体间性的表现，同时也从经济学意义上定量地考察了所有产业主体发展海洋文化产业的绩效，得出了在经济效益上对海洋经济和国民经济发展的贡献率，以及在社会效益上对文化、政治和美学上带来的提升；在政府主体层面，定量分析了政府之手——海洋文化产业相关政策的数量、类型及其变化情况，并对政策进行了有效性计量分析；在市场和社会层面，以问卷调查的形式考察了企业、个体从业主体的基本情况，政策需求以及发展的制约因素等情况，借助信息平台披露的部分数据阐述了中介组织和非营利性组织在海洋文化产业中的基本情况和运行现状。

（5）明确了海洋文化产业主体发展存在问题和原因。通过对各类海洋文化产业主体发展现状的分析，确定了海洋文化产业实践活动主体结构性差异、市场主体地位不平衡、社会主体力量难以充分发挥、个体从业主体保护力度不足等原因导致的海洋文化产业主体发展不平衡问题；确定了海洋政策针对性、有效性、支撑力、平等性不足等原因导致的海洋文化产业政策不完善问题；确定了公益性海洋文化事业和经营性海洋文化产业区分过重、政府角色定位有效性不足、资源配置失当下的市场竞争无序、海洋文化产品和服务供给效率不高等问题的存在需要进一步完善海洋文化产业市场的机制体制；确定了现有的产业主体发展模式中存在的产业主体之间交互不充分、不同产业主体发展模式趋同、产业主体发展不平衡、不协调，缺乏对传统海洋文化精神的传承保护等问题。

（6）重构了产业主体的发展模式。提出了海洋文化产业主体多元化、平衡、协调、交互、健康、可持续的发展视角和进行产业主体发展模式重构的必要性，提出了产业价值链实践主体的交互发展体系、公益性海洋文化事业发展层面产业主体发展体系和经营性海洋文化产业主体层面体系中各类产业主体应有的发展观念、发展战略、发展目标以及在这三个体系层面中产业主体之间的相辅相成发展模式体系，最终从海洋文化产业发展的总体视角出发提出了海洋文化产业主体系统中各类产业主体围绕公益性海洋文化事业和经营性海洋文化产业齐抓共管，并通过在产业价值链活动的精细化分工和专业化运作，实现政府、市场和社会不同层面的不同产业主体之间分工和协作、竞争和合作博弈的最优均衡组合这样一种发展模式总构架。

（7）建立了政策对接的优化机制。在本书重构的发展模式基础上，提出了产业发展模式的政策衔接，建立了从宏观上进行高效科学的产业顶层设计，从中观上营造健康规范的产业市场环境，从微观上培育完善均衡的产业主体，并最终聚焦于海洋文化产业发展中的民生、民计的政策优化机制，以层层落实、全面辐射、重点突出的衔接政策助力所构建的产业主体发展模式的高效发挥。

（8）提出了海洋文化产业主体发展的保障措施。从建设道德与法制双重保障体系、建立人才智库支撑体系、提供科技创新动力支持、完善海洋文化产业统计和计量工作、构建海洋文化产业绩效评价体系、建立海洋文化产业主体风险机制六个层面提出了海洋文化产业主体发展配套机制的建立和完善；着重提出了要保护和复兴中国传统海洋文化、传承和创新海洋文化、坚持海洋文化开发与保护并重、全面提升公众海洋意识、开拓海洋文化建设公众参与机制等措施来提升海洋意识，保护海洋文化，为海洋文化产业主体的发展提供思想基础和精神保障。

第二节　不足之处与展望研究

（一）不足之处

本书在对海洋文化产业主体的概念界定和相关理论借鉴的基础上，阐述了中国海洋文化产业主体系统的分类构成以及各类产业主体的内涵、特征、功能和交互运转，并分析了各类产业主体的发展现状，构建了促进海洋文化产业主体协调、平衡运转的发展模式和对接政策优化机制，所得研究结论对于完善海洋文化产业理论体系研究有一定的促进意义。但是笔者受能力和时间精力的限制，对海洋文化产业主体的研究尚有诸多不足之处，有待于进一步的深入研究。总结不足之处和待完善工作如下：

第一，产业主体是海洋文化产业研究最基本的逻辑出发点，现有的研究大多落脚于对海洋文化资本和价值等产业物质的研究，而忽略了对人及其所构成的产业主体的研究，本书通过对海洋文化产业主体研究所得出的结论,海洋文化产业主体系统的平衡、协调、稳定状态是实现海洋文化产业健康、可持续发展的根本途径,因此,在以后的研究中,要持续跟踪、着重深化,进一步完善海洋文化产业主体系统的运转状态,倡导海洋文化可持续发展的延续。

第二,由于中国对于海洋文化产业尚无官方数据披露,也未建立相关的数据统计和计量体系,本书研究的数据指标大多通过推算而来,存在着一定程度上的误差,因此,限制了对各类海洋文化产业主体的研究,所得结论不能全面反映各类产业主体的发展现状、存在问题,从而降低了研究结论的准确性。

第三,本书所构建的海洋文化产业主体的发展模式是一种建立在良好的市场氛围、政策支持和文化、技术环境下的模式体系,在构建之时,虽综合了多种思路、条件和因素,但尚有诸多影响因素没有考虑在内,因此所构建的模型有待于进一步地完善和优化。同时,由于文章篇幅限制,未能全面展开阐述中国各地海洋文化产业发展的各个不同方法和方案,若能结合不同地区海洋文化产业发展现状和特点,提出更具针对性的发展模式并对发展模式进行验证,研究结论或将更具科学性和合理性。

第四,海洋文化产业主体系统是一个动态的、立体的、交互发展运转系统,本书设计了产业主体系统的发展模式和政策对接体系,但是各区域在海洋文化产业发展水平上存在一定差异,各类产业主体的生存状况也不同,因此,为了实现海洋文化产业主体系统的协调运转,要结合区域海洋文化产业发展实际状况对海洋文化产业主体发展的具体路径进行适当的调整。另外,不同区域在海洋文化产业主体发展的原则和指导下,如何结合当地实情进一步出具详细的发展模式规划和方案,仍有待于做进一步的研究。

(二)研究展望

1. 中国海洋文化产业研究趋势展望

第一,海洋文化产业发展与国家战略关系的探讨。

海洋文化产业是一门多专业综合性学科,其研究会从历史、地理、人文等视角逐步向现在的经济需求、政治需求、国防需求、政策需求等延伸。尤其是随着海洋战略地位的不断提升,探讨海洋文化产业发展与"一带一路"倡议、"海洋强国"战略、海洋生态文明建设、"海洋命运共同体"构建等国家战略之间的关系将成为学者研究的一个热点。如何发挥海洋文化产业的"文化属性"和"经济属性"所带来的各类效益，如何借助"21世纪海上丝绸之路"海洋特色文化产业带和产业平台等来扩大海洋文化产业的发展，如何寻求海洋文化产业发展带动经济、政治、国防、文化等发展的恰当模式，诸多问题都值得学者去思考并关注。站在国家战略高度来思考中国海洋文化产业发展这一历史课题，形成具有吸附力、向心力、凝聚力的中国海洋产业核心价值理念不可阙如，它是提高中国海洋国际话语权应有的文化构想和担当。

第二，探寻海洋文化产业"跨界融合"发展的新业态、新模式。

消费观念的转型升级衍生出许多海洋文化产业的新业态，如海洋养生休闲业、数字海洋文化产业等。这些新业态的兴起在模式上体现的是海洋文化产业与其他产业或技术、资源的"跨界融合"。尤其是当前海洋第一、第二产业的发展带来的资源和环境瓶颈问题日趋严重，海洋文化产业与第一、第二产业的融合发展成为促进中国海洋经济转型升级的有效途径。因此，探索如何发展低碳环保、高端创新、知识和技术密集的新兴海洋文化产业，如何培育形成海洋文化产品和服务供给的新动能和海洋文化产业市场多元化新主体，如何创新性开拓海洋文化产业发展的空间将是学者思考中国海洋文化产业发展的一个关注点。

第三，以区域为视角，关注海洋强省建设，振兴乡村海洋文化产业。

中国海洋文化产业资源在空间分布上虽集中在沿海各省份，但却"十里不同风，百里不同俗"，在资源和特征上不尽相同，因此，从区域的视角研究具有相同或类似特征的海洋文化产业发展方式一直是学者热心的领域。尤其在加快海洋强国的建设步伐下，沿海各省份都积极思考如何发展海洋文化产业来支撑海洋强省建设，抢占海洋文化强省的新高地。另外，中国沿海的农村、渔村地区有着大量的海洋文化产业资源，如何利用这些资源来帮助沿海地区的农村、渔村进行渔业和渔村的转型发展，带来渔民增收，这将是对振兴乡村发展战略的有效落实，也是中国沿海乡村民生、民意的关注。

第四，构建中国特色海洋文化产业内涵体系。

中国学者对海洋文化产业的内涵体系已有一定的把握，但对于新时期中国海洋文化产业的内涵体系尚未形成系统的理论构建。海洋文化产业内涵体系既是对海洋文化产业的本质、内涵和外延、特征、发展思想、发展战略等产业基础性理论的把握，更要从中国文化、海洋文明、马克思主义文化经济学、海洋产业经济、现代化市场体系等多个角度来理解中国海洋文化产业所体现的"中国式"传统文化精神和核心价值观念以及"中国特色"社会要义。中国海洋文化产业的内涵体系要在兼顾其"经济属性"的基础上，更注重具有中国特色的、包含中国海洋文明精髓的"文化属性"。因此，基于中国的实情来完整而系统地构建中国海洋文化产业内涵体系，是中国海洋文化产业的内涵体系在新时代被定义时应该思考的问题。

中国海洋文化产业学科研究体系尚未形成，海洋文化产业的基础性研究在未来很长一段时间内应该成为学者关注和研究的重点，这就需要继续扩大研究力量，从思想、制度、政策、方式等多个维度层层拓展中国海洋文化产业的研究思路、研究领域、研究范畴①，夯实研究基础，深化研究理论，形成科学规范的学术研究体系。同时，要注重在海洋文化产业相关的理论、体系、方法、机制等方面不断进行学术创新，为中国海洋文化产业的可持续发展提供智慧和方案。

2. 结语

中国海洋文化的发展是一段跨越时空长河和历史积淀而逐步走向完善、正规、成熟、健康、可持续的源远流长而又日新月异的历程，当我们了解了传统海洋文化的价值理念及其吸引力、看到了灿烂的海洋文化遗产和资源、掌握了海洋文化的时代价值；当我们了解了"和平""和谐""包容""合作"的海洋发展价值理念、看到了国家"加快建设海洋强国"的美好愿景和具体行动、掌握了公众对海洋文化和美好生活的需求后，我们就需要在历史的启示下，在对海洋文化精神价值的传承和保护下，把握海洋文化发展的具体现实，规划海洋文化发展的美好未来，形成中华民族发展海洋文化的普遍认同感、自豪感和责任感，自信而又团结地一起发展海洋文化、共建海洋生态文明，描绘"和谐海洋""美丽海洋"的宏伟蓝图。

中国海洋文化产业的发展不仅是中国海洋崛起条件下的时代经济发展追求，也是对华夏千百年来传统海洋文化及其精神的一种继承，是在与时俱进下，对海洋文化发展赋予的一种鲜活的时代特征、人文气息和

---

① 李国强：《关于中国海洋文化的理论思考》，《思想战线》2016 年第 6 期。

经济发展理念。① 今天，在海洋文化"和平和谐""四海一家""天下一家"的精神指引下，沿着蓝色海岸带，不断孕育出海洋文化产业发展的新成果，描绘出海洋文化产业主体交互发展的新图景。虽然产业发展水平不同、地域资源禀赋各异，身处的海洋文化市场环境也存在差别，但当人们享用海洋文化产业发展带来的传统文化熏陶和先进文化供给体验时，海洋文化的发展便形成了广泛的共识，激荡起产业主体更丰富的创意和智慧。回头看海洋文化产业主体的发展，不平衡的状态让人印象深刻，对于民生的呼吁也不绝于耳，因此，实现海洋文化产业健康、可持续发展，打造海洋文化产业主体系统平衡、协调、稳定发展之路仍然任重道远。但"浩渺行无极，扬帆但信风"，只要我们一往无前地传承海洋文化精神、百折不挠地保护海洋文化、务实奋进地发展海洋文化产业、勇敢坚定地完善海洋文化产业主体，就一定能推进海洋文化产业的健康、可持续发展。

我们处于一个美好的新时代，中国思考、中国方案、中国行动，正跟随每一位海洋文化科研奋斗者的脚步，在世界的各个角落掀起波澜。就像面对浩瀚无边的海面、连绵不绝的群山，很难抚平内心激荡起伏的豪情一样，当身处这样一个转型与崛起的新时代，紧随国家全面加快建设海洋强国的步伐，我们也期待与恢宏时代的连接，期待能在海洋文化研究中拓展科研深度与广度、激发学术活力与潜力，期待我们一起承担促进中国海洋文化研究发展的使命。

---

① 姜延迪：《国际海洋秩序与中国海洋战略研究》，博士学位论文，吉林大学，2008 年，第 27 页。

附录一

关于中国海洋文化类企业发展情况的调查

尊敬的先生/女士：

您好，我们是来自中国海洋大学的博士研究生。我们正在对从事海洋文化的企业发展现状进行调研，为此麻烦您抽出宝贵的几分钟来完成一份问卷，万分感谢。

注：海洋文化产业就是以海洋文化资源为内容和载体，为了满足人们的海洋性文化消费需求而从事涉海文化产品生产和服务供给的经营性和非经营性即公益性行业，那些利用海洋文化资源和元素为一般商品提供文化附加值而取得效益的涉海行业，也属于海洋文化产业的范畴。

1. 企业名称：［填空题］［必答题］

_____

2. 企业成立的时间［填空题］［必答题］

_____

3. 企业的性质和类型［多选题］［必答题］

□国有企业　□民营企业　□大型企业

□中型企业　□小型企业　□微型企业

4. 企业涉及的行业有_____［多选题］［必答题］

A. 海洋文化旅游、休闲　　　B. 海洋文化商品

C. 海洋体育竞技　　　　　　D. 海洋节庆会展

E. 海洋民俗文化　　　　　　F. 海洋工艺品

G. 海洋文化传媒　　　　　　H. 海洋创意设计

I. 其他

5. 公司在岗员工人数有_____［单选题］［必答题］

A. 1—25 人　　　　　　　　　B. 26—50 人

C. 51—100 人　　　　　　　　D. 100 人以上

6. 公司去年营业收入是_____［单选题］［必答题］

A. 50 万（含）元以内　　　　　B. 50 万—200 万（含）元

C. 200 万—500 万（含）元　　　D. 500 万—1000 万（含）元

E. 1000 万以上

7. 企业员工的年均工资水平［单选题］［必答题］

A. 3 万元以下　　　　　　　　B. 3 万—5 万（含）元

C. 5 万—10 万（含）元　　　　D. 10 万—20 万（含）元

E. 20 万元以上

8. 您对目前公司规模的满意程度是_____［单选题］［必答题］

A. 很满意，是理想规模　　　　B. 比较满意，但规模仍有扩大的
空间

C. 规模太小，亟须扩大　　　　D. 其他

9. 企业的研发和创新行为有_____［多选题］［必答题］

A. 海洋文化产品和服务新创意研发与创新

B. 海洋文化创意转化新技术研发与创新

C. 海洋文化产品和服务生产制造研发与创新

D. 海洋文化产品营销推广研发创新

E. 海洋文化渠道传播研发与创新

F. 海洋文化衍生品研发与创新

G. 其他

10. 您觉得企业在发展过程中生产要素的制约因素有哪些？（在相应的答项前打钩）［多选题］［必答题］

□金融税收等资金因素

□人才人力等劳动力因素

□产业资源等原材料因素

□海洋功能区域等土地因素

□交通电力因素

□其他

11. 您觉得企业在经营过程中面临的限制因素有哪些？（在相应的答

项前打钩）［多选题］［必答题］

□资金紧张

□人才缺乏

□创新技术缺乏和创意能力欠缺

□企业战略规划缺乏或不力

□企业发展模式不恰当

□企业管理方式不科学

□企业文化不健全

□其他

12. 公司目前享受政策情况是_____［单选题］［必答题］

A. 已享受政府部门资金扶持政策　　B. 未享受政府资金扶持政策

未享受原因_____

C. 已享受税收优惠政策　　　　　　D. 未享受税收优惠政策

未享受税收优惠政策的原因_____

13. 您希望企业得到政府哪一方面的政策支持_____［多选题］
［必答题］

A. 融资税收等财政政策　　　　　B. 产业发展服务性政策

C. 人才政策　　　　　　　　　　D. 技术创新政策

E. 法律法规政策　　　　　　　　F. 公共基础设施和服务政策

G. 知识产权保护政策　　　　　　H. 产业发展平台政策

I. 企业资质认证政策　　　　　　J. 其他

14. 您觉得企业产品和服务的品牌竞争力如何？［单选题］［必答题］

A. 很高　　　　　　　　　　　　B. 比较高

C. 一般　　　　　　　　　　　　D. 很差

15. 您觉得企业在未来发展应该注重的是_____［单选题］［必答
题］

A. 清晰的战略规划和目标

B. 不断地创新和创意

C. 完善的人力资源体系架构（包括薪酬、绩效）

D. 打造品牌化精品

E. 资本运作情况

F. 企业文化氛围

G. 企业激励机制

H. 其他

16. 您认为有竞争力的海洋文化企业必须具备的条件是_____ ［多选题］［必答题］

A. 有知名品牌效应　　　　B. 拥有完善的产业配套设施及服务链

C. 企业发展定位准确　　　　D. 有提高学习和交流的机会

E. 企业"海洋性"文化　　　　F. 企业人才充足

G. 企业资金充足　　　　H. 其他_____

17. 您对我国海洋文化产业的发展前景的看法是_____ ［单选题］［必答题］

A. 乐观　　　　　　　　B. 不乐观

C. 有潜力，但难以估计　　D. 说不清楚，不好判断

18. 您认为目前海洋文化产业发展存在的问题是_____ ［多选题］［必答题］

A. 海洋文化资源开发利用不充分

B. 海洋生态环境污染破坏

C. 海洋文化遗产保护力度不足

D. 海洋文化产业形式趋同

E. 公益性和经营性海洋文化产业过于区分

F. 不同性质海洋文化产业企业发展不均衡

G. 海洋文化产业政策针对性和有效性不高

H. 缺乏品牌效应和国际竞争力

I. 缺乏良好的海洋文化产业市场环境

19. 您认为我国海洋文化产业对下列因素的依赖程度的情况 ［矩阵量表题］［必答题］

	非常重要	比较重要	一般	不大重要	不重要
滨海城市形象	○	○	○	○	○
海洋文化资源状况	○	○	○	○	○
沿海区域地理位置	○	○	○	○	○
沿海区域人文条件	○	○	○	○	○
滨海城市经济因素	○	○	○	○	○
国家和地方政策扶持	○	○	○	○	○

居民消费观念　　　　○　　　　○　　　　○　　　　○　　　　○

20. 您认为我国的海洋文化产业如何才能更好地发展？（在相应的答项前打钩）［多选题］［必答题］

□A. 成立海洋文化产业集聚联盟，建立信息互通机制，形成有利于分工合作的产业链

□B. 为海洋文化创意设计提供销售渠道，推动设计与品牌或企业相接洽

□C. 为海洋文化创意设计提供配套服务，如媒体推广宣传等

□D. 通过"跨界"打通第二、三产业，推动文化与经济融合发展

□E. 打造龙头海洋文化企业，形成合理布局

□F. 培养和引进高端人才

□G. 创办各类培训学校，加快创意人才的培养

□H. 实行关联互动战略，延伸产业链

□I. 其他_____

21. 您对公司未来发展方向的看法［填空题］

_____

附录二

海洋文化产业个体经营者调查问卷

尊敬的先生/女士：

您好，我们是来自中国海洋大学的博士研究生。我们正在对海洋文化个体经营者的生活、生存和民生状况进行调研，为此麻烦您抽出宝贵的几分钟来完成一份问卷，万分感谢。

注：海洋文化产业就是以海洋文化资源为内容和载体，为了满足人们的海洋性文化消费需求而从事涉海文化产品生产和服务供给的经营性和非经营性即公益性行业，在海洋文化产业市场上，包括了大量的非企业化形式的已在工商管理部门注册的、拥有营业执照的个体经营者和没有在工商管理部门注册的、无营业执照的个人经营者。

1. 请问您是海洋文化产业的（   ）［单选题］［必答题］

A. 个体经营者　　　　　　　B. 个人经营者

2. 请问您的经营方式是（   ）［多选题］［必答题］

A. 创意团队式个体　　　　　B. 家族家庭式个体

C. 家族家庭式个人　　　　　D. 纯个人

3. 您所从事的海洋文化主要行业是_____［多选题］［必答题］

A. 海洋文化旅游休闲业

B. 海洋文化商品业

C. 海洋体育竞技业

D. 海洋节庆会展业

E. 海洋民俗文化产业

F. 海洋工艺手工业品业

G. 海洋文化传媒业

H. 海洋创意设计业

I. 其他

4. 您的海洋文化产品和服务主要用途是_____［多选题］［必答题］

A. 获取市场利润

B. 维持生存生计

C. 公益和自用

D. 出于习俗的相互馈赠、互通有无

E. 其他

5. 您从事海洋文化行业的主要原因是_____［单选题］［必答题］

A. 继承上一代

B. 拥有海洋文化创意和技术

C. 能够赚取更多的钱改善生活

D. 想要自由创业

E. 依托于现代新型渔村建设的有利条件

F. 纯粹个人兴趣和爱好

G. 其他

6. 您的收入是否稳定［单选题］［必答题］

○不稳定

○较稳定

○非常稳定

7. 您从事海洋文化行业的年收入是_____［单选题］［必答题］

A. 低于 3 万元

B. 3 万—5 万（含）元

C. 5 万—10 万（含）元

D. 10 万—20 万（含）元

E. 高于 20 万元

8. 您从事海洋文化行业的月均支出情况［单选题］［必答题］

○5000 元（含）以内

○5000 元—10000（含）元

○10000 元—20000（含）元

○20000 元以上

9. 您从事海洋文化行业的主要支出项目是_____ ［多选题］［必答题］

A. 工作场地租赁费

B. 原材料或商品成本

C. 水电交通

D. 其他

10. 您对目前的经营和生活状况是否满意？［单选题］［必答题］

○不满意，希望有较大提升

○比较满意，但仍希望能够更好

○非常满意，希望能够维持

11. 您觉得您从事海洋文化行业的主体地位有没有得到认可？［单选题］［必答题］

○没有得到认可

○得到一点认可

○得到充分认可

12. 您觉得在经营过程和生活维持中面临的限制因素有哪些？［多选题］［必答题］

○资金紧张

○创新能力不足

○团队管理不到位

○社会地位得不到认可

○经营能力欠缺

○公共服务和保障措施缺乏

○人力资源或继承人缺乏

○其他

13. 目前是否享受到政府的优惠政策？［单选题］［必答题］

○是　已享受到何种政策？_____

○否　未享受到政策的原因是什么？_____

14. 您希望获取政府哪方面政策支持？［多选题］［必答题］

○金融财税政策

○法律法规政策

○人力资源政策

○技术创新政策

○公共设施服务政策

○产业发展平台政策

○创业培训服务政策

○知识产权保护政策

○海洋文化遗产传承保护政策

○其他

15. 您通过什么方式进行海洋文化产品和服务的营销推广？［多选题］［必答题］

○通过朋友或者熟人推广

○通过代理、中介机构推广

○通过互联网平台

○通过产业交易平台

○通过新型渔村、商场、集市等线下实体市场

○不需要推广

○其他

16. 您身边的海洋文化产业发展存在哪些问题？［单选题］［必答题］

○海洋文化资源没有得到充分开发

○农村海洋文化产业发展力不足

○缺乏对海洋文化遗产的保护

○带来了一定程度的海洋生态环境破坏

○影响了沿海社区原住居民的生活

○传统海洋文化产业在逐渐没落

○市场化程度过高带来的海洋文化精神变异

○其他

17. 您的其他意见和诉求［填空题］

_____

参考文献

一 中文参考文献

包国强：《论我国文化市场主体培育的路径选择》，《湖北社会科学》2011 年第 2 期。

陈立旭：《公共文化发展模式：市场经济条件下的重构》，《江苏行政学院学报》2010 年第 3 期。

陈少峰：《促进民营文化内容企业发展的对策思考》，《福建论坛》（人文社会科学版）2012 年第 6 期。

陈艳红：《发展海洋文化的关键在于海洋意识教育》，《航海教育研究》2010 年第 4 期。

崔旺来、李百齐：《政府在海洋公共产品供给中的角色定位》，《经济社会体制比较》2009 年第 6 期。

范志杰：《发展文化事业促进文化产业政策研究》，博士学位论文，财政部财政科学研究所，2013 年。

方林、徐祯：《关于重塑文化市场主体几个理论问题的思考》，《东方传播》2008 年第 8 期。

冯梁：《论 21 世纪中华民族海洋意识的深刻内涵与地位作用》，《世界经济与政治论坛》2009 年第 1 期。

［德］伽达默尔：《真理与方法》，洪汉鼎译，商务印书馆 2007 年版。

高乐华、曲金良：《基于资源与市场双重导向的海洋文化资源分类与普查——以山东半岛蓝色经济区为例》，《中国海洋大学学报》（社会科学版）2015 年第 5 期。

国家海洋局宣传教育中心：《粤桂琼海洋文化产业蓝皮书（2010～2013）》，2014 年。

［德］海德格尔：《存在与时间》，王庆节等译，商务印书馆 2016 年版。

韩顺法、彭秋玲：《文化经济学视野下的意识形态效应及中国实践》，《山东大学学报》（哲学社会科学版）2017 年第 2 期。

韩兴勇、刘泉：《发展海洋文化产业促进渔业转型与渔民增收的实证研究——以上海市金山嘴渔村为例》，《中国海洋社会学研究》2014 年第 2 期。

郝鹭捷、吕庆华：《基于产业集群视角的福建海洋文化产业发展研究》，《广东海洋大学学报》2015 年第 5 期。

郝鹭捷、吕庆华：《我国海洋文化产业竞争力评价指标体系与实证研究》，《广东海洋大学学报》2014 年第 10 期。

郝鹭捷、吕庆华：《我国海洋文化产业与海洋经济关系实证研究》，《广东海洋大学学报》2015 年第 4 期。

郝鹭捷、吕庆华：《我国沿海区域海洋文化产业溢出效应研究》，《中国海洋大学学报》（社会科学版）2016 年第 5 期。

何龙芬：《海洋文化产业集群形成机理与发展模式研究——以舟山群岛为实证》，博士学位论文，浙江海洋学院，2011 年。

胡惠林：《中国文化产业评论》，载沈继松《论制度变革与我国文化产业发展不平衡的辩证统一——以建立健全现代文化市场体系为视点》，上海人民出版社 2014 年版。

胡惠林：《中国文化经济学：历史、现状与特点》，《福建论坛》（人文社会科学版）2017 年第 12 期。

［德］胡塞尔：《笛卡尔式的沉思》，张廷国译，中国城市出版社 2002 年版。

黄沙、巩建华：《中国海洋文化产业发展历程、意义与趋势》，《中国海洋经济》2016 年第 2 期。

黄泽民：《经济学基础》，清华大学出版社 2016 年版。

李刚：《青岛市海洋文化产业的统计与探析》，《中国统计》2013 年第 8 期。

李加林、杨晓平：《中国海洋文化景观分类及其系统构成分析》，《浙江社会科学》2011 年第 4 期。

李涛：《基于科技与文化融合的海洋文化产业研究》，《文化艺术研究》2014 年第 4 期。

厉以宁：《持续推进供给侧结构性改革》，《中国流通经济》2017 年第 1 期。

梁银花、李杰耘：《生态位角度的海洋文化产业竞争力分析》，《管理纵横》2012 年第 6 期。

林泓：《经济转型升级背景下福建省海洋文化产业发展研究》，《台湾农业探索》2014 年第 4 期。

刘赐贵：《加强海洋生态文明建设，促进海洋经济可持续发展》，《人民日报》2012 年 6 月 17 日。

刘红岩、秦淑倩、李彬：《政府—市场关系演变与文化中介组织适应性创新》，《山东大学学报》（哲学社会科学版）2017 年第 2 期。

刘金祥：《论我国文化中介组织的培育和发展》，《浙江树人大学学报》2012 年第 5 期。

刘堃：《海洋经济与海洋文化关系探讨——兼论我国海洋文化产业发展》，《中国海洋大学学报》（社会科学版）2011 年第 6 期。

刘彦武、周红芳：《文化产业发展中的风险防控机制研究》，《中华文化论坛》2011 年第 2 期。

刘友金、赵瑞霞、胡黎明：《创意产业组织模式研究——基于创意价值链的视角》，《中国工业经济》2009 年第 12 期。

陆运锋：《市场运行的一般原理知识》，《市场经济导报》1994 年第 6 期。

吕建华、柏琳：《我国海洋环境管理公众参与机制构建刍议》，《中国海洋大学学报》（社会科学版）2017 年第 2 期。

吕振波：《论山东半岛蓝色经济区构建下的海洋文化产业发展》，《产业经济》2011 年第 12 期。

马建丽、徐轶瑛：《北京文化创意产业集群发展的主体行为分析》，《现代传播》2010 年第 3 期。

毛振鹏：《涉海科技型中小企业发展政策需求研究》，《中国海洋经济》2017 年第 1 期。

宁波：《海洋文化产业及其发展策略刍议》，《中国渔业经济》2013 年第 2 期。

欧阳友权：《文化产业人才建设：问题与思路》，《福建论坛》（人文社会科学版）2012 年第 2 期。

齐晓丰：《中国海洋文化产业的优势分析及几点建议》，《海洋信息》

2014 年第 4 期。

曲金良：《发展海洋事业与加强海洋文化研究》，《青岛海洋大学学报》（社会科学版）1997 年第 2 期。

曲金良：《海洋文化概论》，中国海洋大学出版社 1999 年版。

曲金良：《环中国海文化共同体重建大战略——"21 世纪海上丝绸之路"的文化精义》，《学术前沿》2014 年第 12 期。

曲金良：《中国海洋文化基础理论研究》，海洋出版社 2014 年版。

曲金良：《主流文化产业要姓"公"》，《人民论坛》2016 年第 10 期。

苏文箐：《建设中国海洋文化基因库，复兴中国传统海洋文化》，《中国海洋报》2016 年 6 月 21 日。

谭劲松、程恩富：《国有文化企业要在文化产业中发挥主导作用》，《马克思主义研究》2014 年第 3 期。

《马克思恩格斯文选》，人民出版社 2012 年版。

万长松、张传辉：《产业主体论》，《科学经济社会》2009 年第 3 期。

王凤荣、夏红玉、李雪：《中国文化产业政策变迁及其有效性实证研究——基于转型经济中的政府竞争视角》，《山东大学学报》（哲学社会科学版）2016 年第 3 期。

王国华：《完善文化产业市场主体的方法与路径》，《思想战线》2010 年第 3 期。

王宏：《增强全民海洋意识提升海洋强国软实力》，《人民日报》2017 年 6 月 8 日。

王琪、邵志刚：《我国海洋公共管理中的政府角色定位研究》，《海洋开发与管理》2013 年第 3 期。

王文佳、胡高福：《海洋文化集群内在规律及发展思路探讨——以浙江舟山为例》，《亚太经济》2015 年第 4 期。

王颖：《山东海洋文化产业研究》，博士学位论文，山东大学，2010 年。

王颖、阳立君：《舟山群岛海洋文化产业集群形成机理与发展模式研究》，《人文地理》2012 年第 6 期。

王苧萱：《中国海洋文化产业统计体系的设计与应用》，《中国海洋经济》2017 年第 3 期。

王自堃：《我国首次发布国民海洋意识发展指数》，《中国海洋报》2016年11月7日。

吴继荣：《发展文化产业与构建多元化的产业主体探讨》，《产业经济》2014年第8期。

吴小玲：《利用海洋文化资源发展广西海洋文化产业的思考》，《学术论坛》2013年第6期。

郗戈、董彪：《传统文化的现代转化：模式、机制与路径》，《学习与探索》2017年第3期。

肖云：《创意产业主体的系统构成及其交互研究》，《中华文化论坛》2014年第6期。

谢安、邹瑜静：《广东海洋强省发展战略背景下发展海洋文化产业的思考与对策建议》，《中国集体经济》2016年第18期。

熊澄宇：《多元文化建设主体与文创产业活力包含的四个要旨》，《中原文化研究》2014年第2期。

徐从江、瞿群臻：《长三角区域海洋文化产业发展模式与路径选择》，《安徽农业科学》2013年第8期。

徐舒静、于慎澄：《海陆统筹视角下的海洋文化产业发展》，《东岳论丛》2012年第10期。

叶芳：《"海洋公共服务"概念厘定》，《浙江海洋学院学报》（人文科学版）2012年第12期。

叶武跃、林宪生：《辽宁省特色海洋文化产业的集聚化发展模式探讨》，《海洋开发与管理》2013年第10期。

叶云飞：《试论海岛海洋文化产业的发展策略——以舟山群岛海洋文化产业发展为例》，《浙江海洋学院学报》（人文科学版）2005年第4期。

［德］尤尔根·哈贝马斯：《交往行为理论》，曹卫东译，上海人民出版社2004年版。

尤晓敏、瞿群臻：《海洋文化产业集群协同创新问题及对策研究》，《中国渔业经济》2013年第5期。

于凤、王颖：《我国海洋文化事业发展现状和建设研究》，《海洋开发与管理》2017年第8期。

袁会敏：《论利益和谐是和谐社会建设的基础》，《湖北社会科学》2014年第6期。

〔日〕日下公人：《新文化产业论》，范作申译，东方出版社 1989 年版。

张朝霞：《经济集聚视角下中国文化产业的发展机制分析》，《统计分析》2016 年第 8 期。

张开城：《广东海洋文化产业》，海洋出版社 2009 年版。

张开城：《海洋文化产业现状与展望》，《海洋开发与管理》2016 年第 11 期。

张开城：《海洋文化和海洋文化产业研究述论》，《理论研究》2016 年第 4 期。

张开城：《文化产业和海洋文化产业》，《科学新闻》2005 年第 24 期。

张开城：《主体性、自由与海洋文化的价值观照》，《广东海洋大学学报》2011 年第 10 期。

张睿、瞿群臻：《我国海洋文化产业及其人才集聚模式优化研究》，《经济与管理》2013 年第 2 期。

张韶伊：《我国涉海文化产业机构和组织研究》，硕士学位论文，浙江海洋学院，2015 年。

张雪：《新形势下我国文化产业统计系统优化路径探析》，《同济大学学报》（社会科学版）2013 年第 6 期。

张耀谋、李世新：《海洋文化与海南海洋文化产业发展思考》，《海南金融》2011 年。

张玉玲：《保险支持文化产业要量身定做，更要全程支持》，《光明日报》2011 年 1 月 17 日。

赵宁：《〈2017 中国海洋发展指数报告〉量化评价》，《中国海洋报》2017 年 12 月 28 日。

赵燕华、李文忠、申光龙：《天津：海洋文化产业战略体系构建》，《开放导报》2016 年第 4 期。

郑翀、蔡雪雄：《福建省海洋文化产业发展与海洋经济增长关系的实证分析》，《亚太经济》2016 年第 5 期。

郑贵斌、刘娟、牟艳芳：《山东海洋文化资源转化为海洋文化产业现状分析与对策思考》，《海洋开发与管理》2011 年第 3 期。

郑敬高、范菲菲：《论海洋管理中的政府职能及其配置》，《中国海洋大学学报》（社会科学版）2012 年第 2 期。

郑宇:《民族文化产业的主体集群差异》,《云南民族大学学报》（哲学社会科学版）2007 年第 11 期。

郑宇:《民族文化产业的主体集群差异》,《云南民族大学学报》（哲学社会科学版）2007 年第 11 期。

周达军、崔旺来:《我国政府海洋产业政策的实施机制研究》,《渔业经济研究》2009 年第 6 期。

朱进:《中国海洋文化法律制度研究》,博士学位论文,大连海事大学,2016 年。

朱雪波、慈勤英:《创新型海洋高层次人才培养路径研究》,《江西社会科学》2015 年第 2 期。

壮丹丽、董德福:《从主体性到主体间性：马克思主义大众化传播方式的转向》,《江苏社会科学》2013 年第 6 期。

二 外文参考文献

Golgan S., "The Ocean Economy of the United States: Measurement, Distribution&Trends", *Ocean&Coastal Management*, Vol. 71, No. 2, 2013.

Chris Ryan, "Tourism and Cultural Proximity Examples from New Zealand", *Annals of Tourism Research*, Vol. 29, No. 4, 2002.

David Throsby, *The Economics of Cultural Policy*, Cambridge University Press, UK, 2010.

Sandro Formica, Muzaffer Uysal, "Market Segmentation of an International Cultural – Historical Event in Italy", *Journal of Travel Research*, Vol. 7, No. 3, 1998.

Ron Ayres, *Cultural Tourism in Small – Island States: Contradictions and Ambiguities*, *Island Tourism and Sustainable Development*, Praeger Publishers, 2002, p. 234.

Russo A P., "The Vicious Circleof Tourism Development in Heritage Cities", *Annals of Tourism Research*, Vol. 29, No. 1, 2002.

Sandro Formica, Muzaffer Uysal, "Market segmentation of an International Cultural – Historical Event in Italy", *Journal of Travel Research*, Vol. 7, No. 3, 1998.